タンパク質科学

ー生物物理学的なアプローチー

有坂 文雄 著

裳華房

Protein Science
— A Biophysical Approach —

by

Fumio ARISAKA

SHOKABO
TOKYO

まえがき

2004年発行の『バイオサイエンスのための蛋白質科学入門』(以下，旧版)は，東京工業大学生命理工学部での講義「蛋白質科学」の講義ノートを元に加筆，再構成したものであるが，幸い読者から好評を得，今日まで発行が続いた。しかし，初版発行からすでに16年が経過し，この間，タンパク質に関わる多くの発見やタンパク質概念の変更を迫るような発見もあり(11章参照)，この間の発展を本書に補完したいと考えていたところ，この度，出版社のご厚意により，それらを補完し，また図版なども大幅にリニューアルして，新しく『タンパク質科学』として出版が実現されることとなった。

生命現象を可能にしているのはタンパク質であり，タンパク質のもっとも重要な性質はパートナー分子との「特異的相互作用」である。酵素をはじめ，タンパク質がパートナー分子を精確に認識し，必要な相互作用を進行させることができるのは，その立体構造と構造のゆらぎ(柔軟性)であって，アンフィンセンドグマ(Anfinsen's dogma)によれば，立体構造を決めるのは一次構造である。つまり，立体構造を決定し，パートナー分子の認識を可能にするのは突き詰めればタンパク質の一次構造，すなわちアミノ酸配列ということになる。アミノ酸配列自体がその折りたたみ方を決めており，その結果，立体構造を規定し，さらにパートナー分子との相互作用まで規定しているということは驚くべきことである。

「タンパク質概念の変更を迫る発見」に関する1つの例として「天然変性タンパク質」について少し述べておきたい。天然変性タンパク質(IDP = intrinsically disordered protein)が発見され，話題になったのは今から20年ほど前(2000年頃)のことだった。旧版では，天然変性タンパク質をタンパク質分類の第4のカテゴリーとして捉え，「コラム．天然変性蛋白質」として，当時の理解が説明されている。しかし，このようなタンパク質は，当時は例外的なものだろうと考えられた。常識になっていたアンフィンセンドグマによれば，タンパク質は特定の立体構造を取って初めて機能を発揮する，と考えられたからである。ところが，その後，IDPは，真核生物には数多く存在し，全タンパク質の30%にも上ることが明らかになってきた。2003年にヒトゲノムの全塩基配列が解明されると，配列の解析からも多種のIDPの存在が予測された。最近になって，核小体をはじめ，細胞核内外の「膜をもたないオルガネラ」が液－液相分離によって形成されること，そして，そこに天然変性タンパク質が大きく関わっていることがわかってきた。振り返ってみると，20年前に発見されたIDPには転写因子などが多く，しかもそれらが核に局在していたということは，今日の知見に照らして考えれば自然な成り行きだったと言える。つまり，当初はIDPが転写因子であったり，核に局在するのはなぜなのか不思議に思われたが，IDPの役割が理解できたことによってやっと「腑に落ちた」のである。

筆者は日本で修士を終えた後，米国に渡ってオレゴン州立大学のK.E.Van Holde教授の指導の下で博士号を取得した。Van Holde教授は昨年2月，92歳で逝去された。同教授の下で過ごした3年間は筆者の研究者としての基礎を培った大切で思い出深い時期であり，故Van Holde教授に心からの感謝を捧げたい。

旧版と同様，今回も本書の完成までには多くの方々からご教示・ご協力をいただいた。青森大学名誉教授の熊崎 隆博士にはすべての原稿に目を通していただき，誤りを指摘していただき，多くのコメントをいただいた。なお，タンパク質の立体構造のうち，主鎖に側鎖を加えて表示した図（図2･8）は金丸周司博士によりソフトウェアChimera（Pettersen, E.F. *et al.*, 2004）を用いて作成された。また，裳華房の野田昌宏氏には旧版に引き続いて今回の改訂新版に当たっても執筆から校正に至るまで，形式を含めて細かくご検討いただき，大変お世話になった。ここに記して感謝申し上げる。

2021年7月

有坂文雄

目　次

1章　タンパク質とは何か

2章　タンパク質の高次構造

3章 タンパク質の立体構造を安定化する力

4章 ポリペプチドの折りたたみ（フォールディング）

5章 タンパク質のサブユニット構造

6章 タンパク質の生合成

7章 タンパク質と低分子リガンドの結合

8章 タンパク質分子の相互作用

9章 消化酵素・細胞内プロテアーゼ・エネルギー依存性タンパク質分解システム

10章 超分子タンパク質集合体

11章 タンパク質の概念に大きな影響を与えた発見

12章 ゲノムとタンパク質―タンパク質科学の新しい局面―

1章 タンパク質とは何か

タンパク質は，20種類のアミノ酸が，数十個から数百個ペプチド結合で線状につながったものである。この20種のアミノ酸が線状に結合したものを，ポリペプチドとよぶ。多くのポリペプチドはそのままでは機能がないが，アミノ酸配列に基づいて固有の形に折りたたまれることによって，機能をもつタンパク質となる。

1963年，アンフィンセン（Anfinsen, C.B.）が，リボヌクレアーゼAという酵素を使って，タンパク質の折りたたまれ方はアミノ酸配列によって決まり，そのほかには何も必要ではないことを示したので，「タンパク質のアミノ酸配列が立体構造を規定している」ことは「アンフィンセンのドグマ」（Anfinsen's dogma；以下，アンフィンセンドグマ）とよばれている[※1-1]。

以下の章で見ていくように，20種のアミノ酸が線状に結合した重合体から，実にさまざまな形の，さまざまな機能をもった，タンパク質やタンパク質複合体が形成される。

1.1 遺伝子からタンパク質へ

遺伝子の化学的本体が，タンパク質と核酸のどちらであるかということは長い間不明で，1940年代以前は，遺伝子はむしろタンパク質だと考える研究者が多かった。その理由は，生命の複雑で精巧な現象を規定していると考えられる遺伝子は，複雑な分子である方が考えやすく，4種類のヌクレオチドからできている核酸よりも，20種類のアミノ酸からなるタンパク質の方が複雑な情報を蓄える可能性が高い，と思われたからである。

1928年，グリフィス（Griffith, F.）は，肺炎双球菌の**形質転換**という現象を発見した（図1·1）。莢膜とよばれる多糖類からなる被膜で覆われた，病原性の肺炎双球菌S株(smooth)を，熱処理して死滅させたものはマウスを殺すことはない。また，単独では病原性を示さない非病原菌R株（rough；莢膜をもたない）をマ

※1-1　天然変性タンパク質という，天然状態で決まった形をとらないタンパク質も意外と多く存在することがわかってきたが，天然変性タンパク質については11.4節で考察することにする。

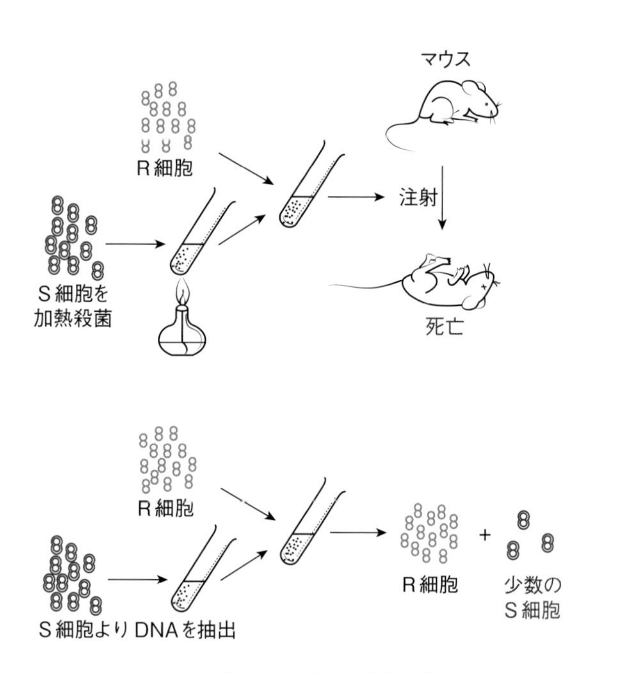

図1・1　肺炎双球菌の形質転換

ウスに注射しても死ぬことはない。しかし非病原性の菌に，死滅した菌（形質転換因子とよばれた）を混ぜて注射すると，少数だが病原性のS株が生じた。これを形質転換とよぶ。この形質転換を起こす因子を研究したアベリー（Avery, O. T.）は，長年にわたってこれを精製し（当時はクロマトグラフィーもなく，タンパク質の精製は今日よりずっと困難だった），核酸であることを示した。このことは，遺伝子が核酸であることを強く示唆した。

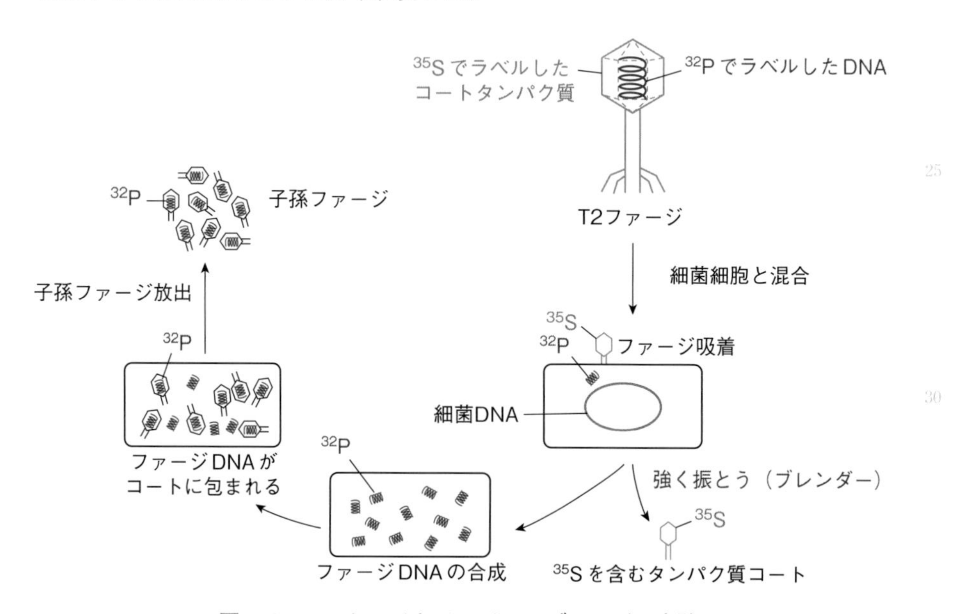

図1・2　ハーシェイとチェイスのブレンダー実験

1952年にはハーシェイ（Hershey, A.D.）とチェイス（Chase, M.）によって，T2ファージ（細菌に感染するウイルスをバクテリオファージまたは単にファージという。タンパク質でできた頭部にDNAが格納されている）が大腸菌に感染する際に，タンパク質は感染菌の外に残すがDNAは感染菌の中に注入されることを示し（図1·2），DNAが遺伝子の本体であることがさらに強く印象づけられた。

その翌年の1953年には，ワトソン（Watson, J.D.）とクリック（Crick, F.H.C.）によって，DNAの相補的な二重らせん構造が明らかになった（図1·3）。DNAの2本鎖は互いに反対の向きに（片方が3′端から5′末端方向に，他方が5′端から3′末端へ）連結されている。この構造はそのまま複製の機構も示すものだった。すなわち，複製は2本鎖からほどけた1本鎖に相補的な核酸塩基（GとAにはそれぞれCとT, CとTにはそれぞれGとA）が水素結合によって結合し，酵素（DNA合成酵素）によって結合されていくことが示唆された。

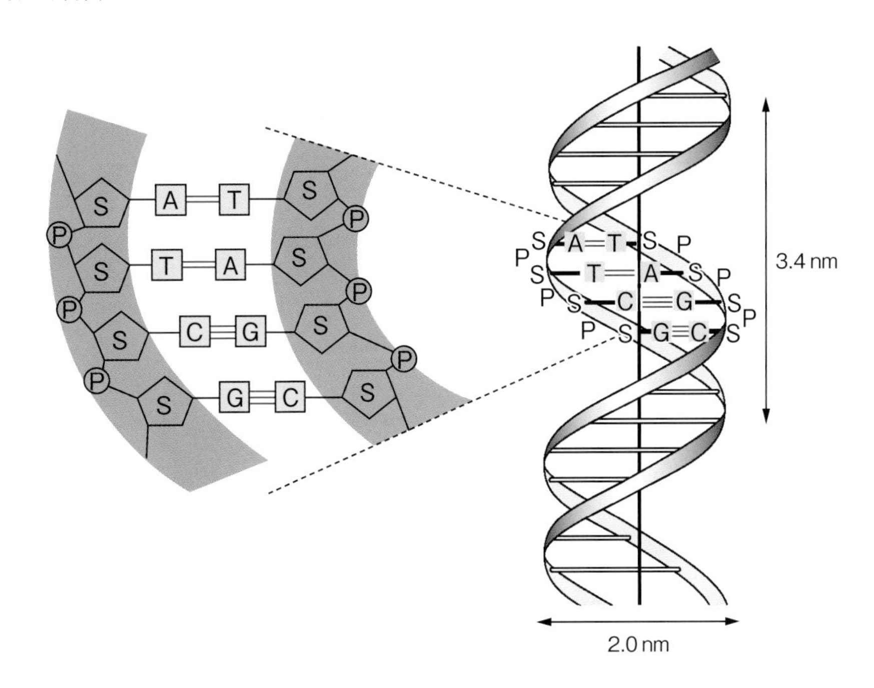

図1·3　DNAの分子構造
A：アデニン，T：チミン，G：グアニン，C：シトシン，S：糖（＝デオキシリボース），P：リン酸

1958年には，クリックによってセントラルドグマ（図1·4 a）が提案された。すなわち，遺伝情報はDNAからmRNAに転写され，mRNAのアミノ酸配列情報はリボソーム上で翻訳されて，ポリペプチドが合成される。RNAウイルスの逆転写酵素の発見によって，RNAからDNAへの転写もあることがわかって，セ

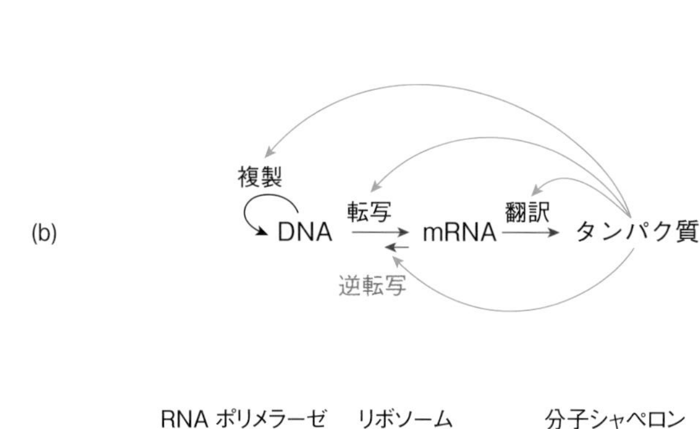

図 1･4　セントラルドグマ
詳細は本文参照。

ントラルドグマにはマイナーな修正があったが（図 1･4 b），重要なのは，遺伝情報は核酸からタンパク質に流れるのであって，その逆はないということである。1960 年代以降，これらの機構の詳細が次々と明らかにされていった（図 1･4 c）。

1.2　タンパク質を構成するアミノ酸

タンパク質に取り込まれるアミノ酸は，2 つの例外を除いて，すべて α-L- アミノ酸（図 1･5）で，図に示すように，カルボキシ基の結合した α 炭素にアミノ基が結合している。α 炭素は不斉炭素であるため，アミノ酸には鏡像対称であるL 体と D 体があり，タンパク質には L 体のみが取り込まれる。

2 つの例外のうち，1 つはグリシンで，側鎖をもたず（水素原子），その結果 L体と D 体の区別がない。もう 1 つの例外はプロリンで，これはアミノ基ではなく，イミノ基をもっているので厳密にはイミノ酸である。

なぜ L 体のみが選ばれたのか，いくつかの説があるが，わかっていない。また，数多くのアミノ酸の中からなぜこれらの 20 種類のアミノ酸が選ばれたのかも不明である。理由はわからないが，この 20 種が選ばれたおかげで，生命の誕生を可能にした高度な機能をもつタンパク質が生まれたのである。

(a)

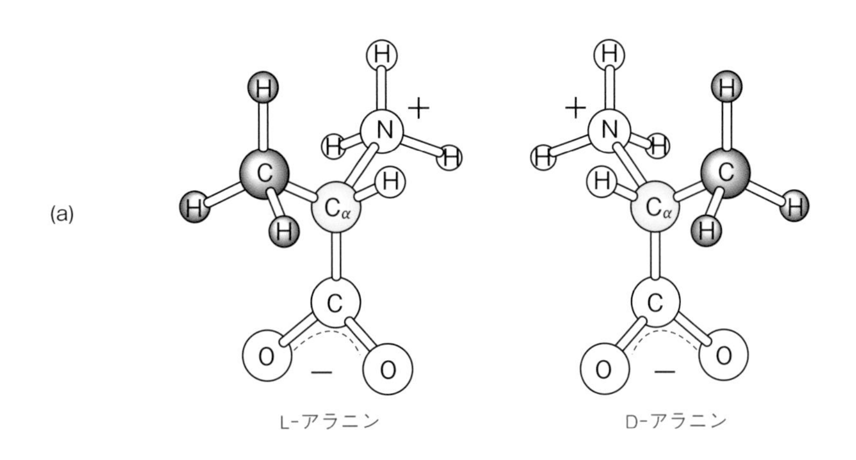

(b)

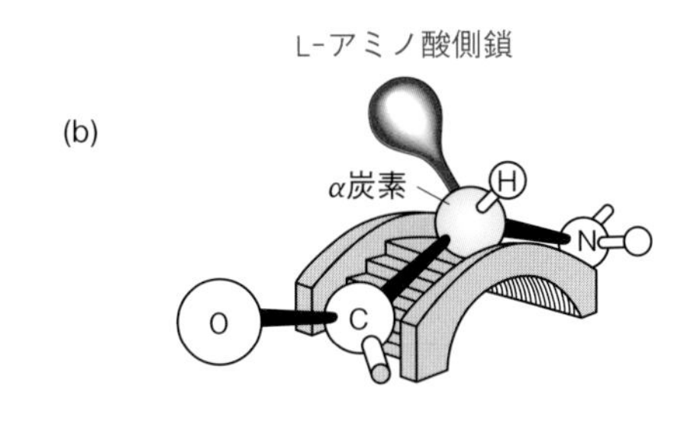

図 1·5　アミノ酸の鏡像異性体（α-L- アミノ酸と α-D- アミノ酸）
a：アミノ酸の鏡像異性体（L 体と D 体），b：L 体と D 体の見分け方。窒素を橋の向こう側に，α 炭素を橋の上に，カルボニルの炭素をこちら側に向けたとき，アミノ酸側鎖が左側にくるのが L 体である。逆に右側にきたときが D 体である。

20 種類のアミノ酸を図 1·6 (a) と (b) に示してある。図 1·6 (a) には縦軸方向に親水性・疎水性[※1-2]，横軸方向に酸性・塩基性を指標としてアミノ酸が並べてある。炭素原子の呼び方は図 1·6 (c) に示してある。可溶性球状タンパク質（後述）では，タンパク質内部に疎水性アミノ酸，表面には親水性アミノ酸の側鎖が配置されることによって全体として水に溶けやすい構造になっている。

以下に 20 種類のアミノ酸を，物理化学的性質を基に分類して説明を加える。アミノ酸の名称の後ろの括弧内に 3 文字表記および 1 文字表記の略号を付してある。タンパク質の一次構造（アミノ酸配列）のデータベースではこの 1 文字表記が用いられる。

※ 1-2　親水性と疎水性：
親水性は水への溶けやすさ，疎水性は油（炭化水素）への溶けやすさを示す。電荷をもっていたり，OH 基のように電子の分布に偏りのあるものは親水性（水も電荷の偏りがある），電荷に偏りのないものは疎水性である。親水性分子どうし，疎水性分子どうしで集まる傾向がある。

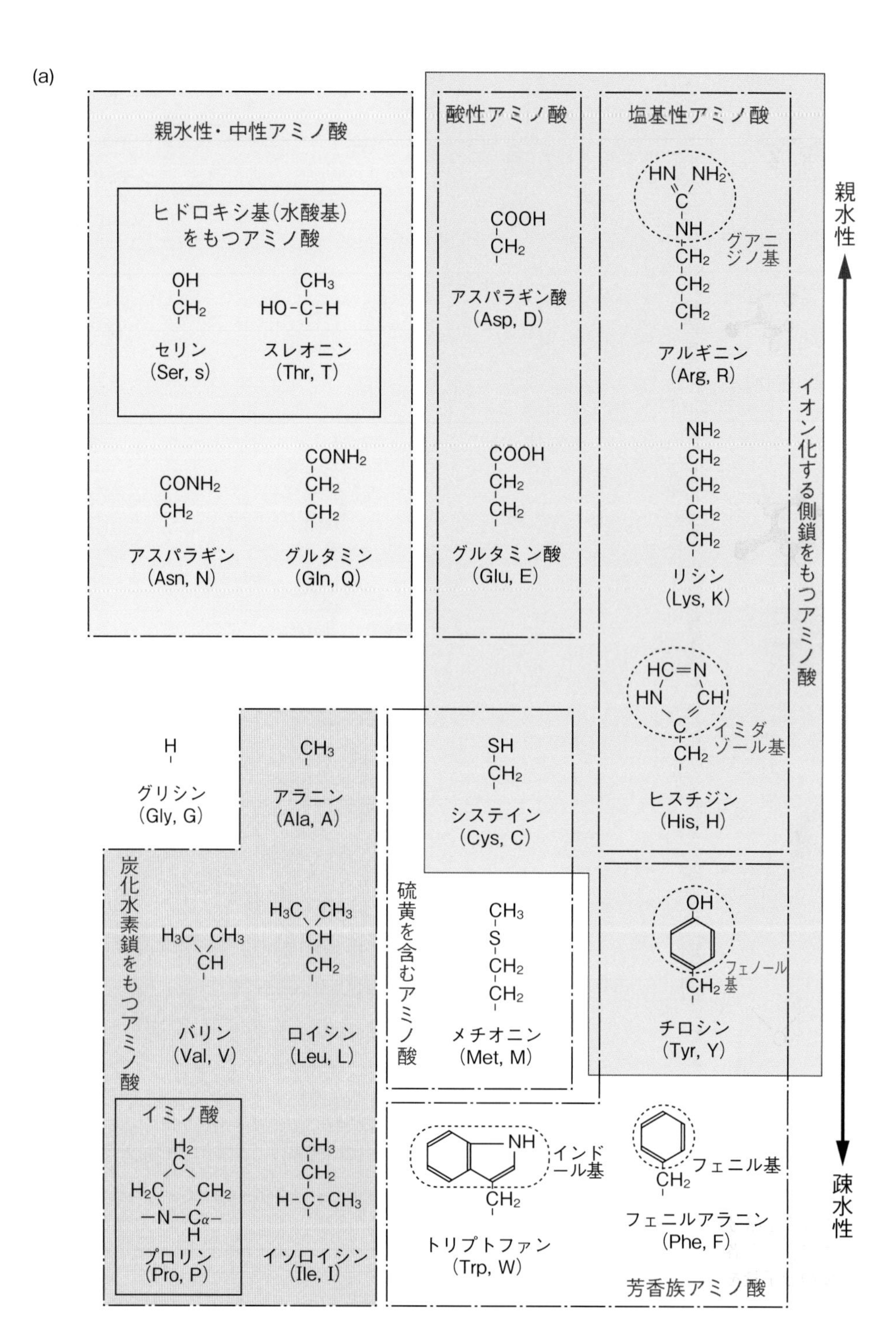
(a)
親水性・中性アミノ酸
ヒドロキシ基（水酸基）をもつアミノ酸
セリン (Ser, s)
スレオニン (Thr, T)
アスパラギン (Asn, N)
グルタミン (Gln, Q)
酸性アミノ酸
アスパラギン酸 (Asp, D)
グルタミン酸 (Glu, E)
塩基性アミノ酸
グアニジノ基
アルギニン (Arg, R)
リシン (Lys, K)
イミダゾール基
ヒスチジン (His, H)
イオン化する側鎖をもつアミノ酸
親水性
疎水性
グリシン (Gly, G)
アラニン (Ala, A)
システイン (Cys, C)
炭化水素鎖をもつアミノ酸
バリン (Val, V)
ロイシン (Leu, L)
硫黄を含むアミノ酸
メチオニン (Met, M)
フェノール基
チロシン (Tyr, Y)
イミノ酸
プロリン (Pro, P)
イソロイシン (Ile, I)
インドール基
トリプトファン (Trp, W)
フェニル基
フェニルアラニン (Phe, F)
芳香族アミノ酸

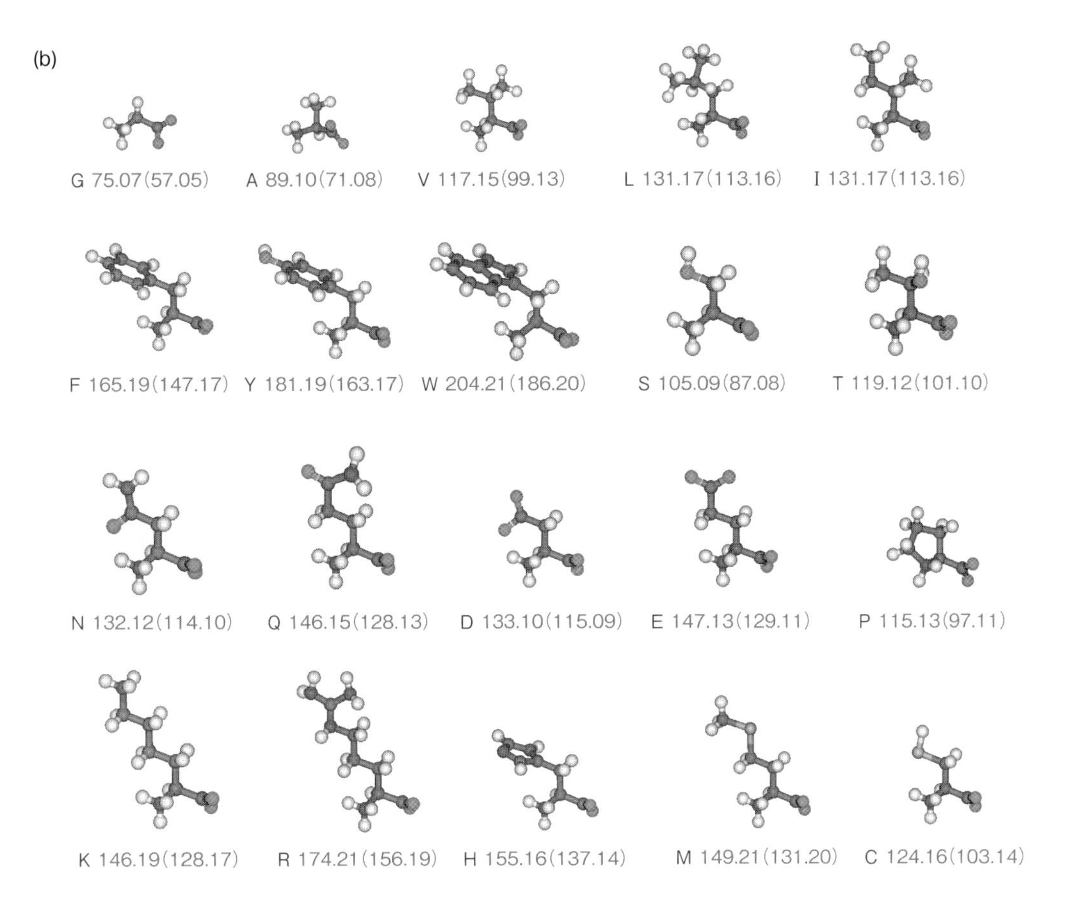

図 1·6　アミノ酸の構造と炭素原子の呼び方

a：タンパク質を構成する 20 種のアミノ酸。側鎖のみを構造式として示した。括弧内は各アミノ酸の 3 文字略号と 1 文字略号（石倉久之ら，2000 より改変）を表す。b：αアミノ基，αカルボキシ基まで含めた各アミノ酸の立体構造を示す。立体構造の下に各アミノ酸の 1 文字略号とアミノ酸としての分子量を示してある。括弧内は残基量（分子量から水分子の分子量を差し引いたもの。タンパク質の分子量を計算する場合は，残基量に各アミノ酸残基数をかけて加え，さらに水の分子量 1 モル分を加えればよい）。c：炭素原子の呼び方

1.2.1　疎水性アミノ酸

▶非極性の脂肪族側鎖をもつアミノ酸

グリシン（Gly, G），アラニン（Ala, A），バリン（Val, V），ロイシン（Leu, L），イソロイシン（Ile, I），プロリン（Pro, P）

グリシンは，側鎖をもたない（水素原子のみ）が，便宜上ここに入れてある。グリシンはL体，D体の区別がない唯一のアミノ酸で，β炭素※1-3がないために，ほかのアミノ酸と比べて自由な構造（コンホメーション※1-4）をとることができる。脂肪族側鎖（アルキル基）をもつこれらのアミノ酸の側鎖は疎水性相互作用で互いに集まろうとする傾向があり，球状タンパク質の内側に多い。ロイシンがγ位の炭素で枝分かれしているのに対し，バリンとイソロイシンではβ位の炭素で枝分かれしている。プロリンだけは正確にいうとアミノ酸ではなくてイミノ酸であって，メチレン基が4個つながった側鎖の先端がαアミノ基と結合した形になっている。グリシンとプロリンはタンパク質の構造を形成する上で特殊な役割を担っている。βターンにおいてPro-Glyの配列がしばしば見られる（2.3.3項参照）。

▶芳香族の側鎖をもつアミノ酸

フェニルアラニン（Phe, F），チロシン（Tyr, Y），トリプトファン（Trp, W）

フェニル基をもつフェニルアラニン，フェノール基をもつチロシンや，インドール基をもつトリプトファンも脂肪族側鎖と同様に疎水性で，タンパク質の内部に多く存在する。タンパク質を定量するときに280 nmの紫外吸収を用いることが多いが，この吸収はほとんどがトリプトファンとチロシンの吸収によるものである。

図1·7にトリプトファン，チロシン，フェニルアラニンの紫外吸収スペクトル，図1·8にタンパク質の典型的な吸収スペクトルを示してある。分子量1万以下の小さなタンパク質では，トリプトファン，チロシンを含まないタンパク質もあり，その場合には280 nmの吸収ピークは存在しない。

※1-3　図1·6cに記すように，カルボキシ基の結合する炭素をα炭素，その隣の炭素をβ炭素，次をγ炭素（以下δ, ε…）とよぶ。

※1-4　コンホメーション（立体配座）とコンフィグレーション（立体配置）：
共有結合を切らずに1つの立体構造からほかの立体構造に転換できるとき，2つの構造はコンホメーションが異なるという。これに対して，L-アミノ酸とD-アミノ酸のように共有結合を切断・再結合することなしには互いに他の構造に移れないとき，2つの構造は異なるコンフィグレーションをもつという。

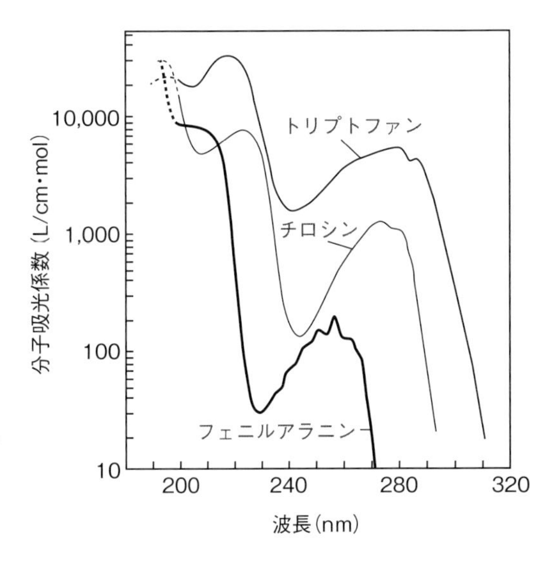

図 1・7 芳香族アミノ酸の紫外吸収スペクトル
縦軸が対数であることに注意。

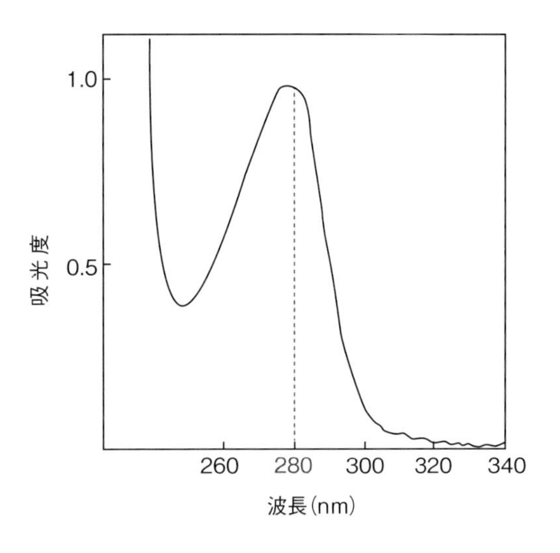

図 1・8 タンパク質の紫外吸収スペクトル

1.2.2 親水性アミノ酸

疎水性アミノ酸が球状タンパク質の内側に多く存在するのに対して，親水性アミノ酸はタンパク質の外側にあって水と接している。

▶ヒドロキシ基をもつアミノ酸

セリン（Ser, S），スレオニン（Thr, T）

セリンやスレオニンのヒドロキシ基はアルカリ性の条件でも解離せず，反応性が低いが，水素結合を形成することができる。ただし，セリンは周りの残基の影響で活性になり，タンパク質分解酵素トリプシンなどの活性部位を構成することがある。セリンやスレオニンには糖鎖（*O* 型糖鎖）やリン酸が結合することもある。

▶アミドをもつアミノ酸

アスパラギン（Asn, N），グルタミン（Gln, Q）

アスパラギンとグルタミンは側鎖のカルボキシ基がアミド化された形をしていて，極性をもっているために親水性である。アミド基は水素結合を形成できる。アスパラギンには糖鎖（*N* 型糖鎖）が結合することがある。

▶酸性アミノ酸

アスパラギン酸（Asp, D），グルタミン酸（Glu, E）

アスパラギン酸，グルタミン酸の側鎖のカルボキシ基は中性 pH で解離して負

表1·1　アミノ酸の解離基

解離基	解離反応	pK_a
α-カルボキシ基	R−COOH ⇄ RCOO⁻ + H⁺ → $R{-}COOH \rightleftarrows RCOO^- + H^+$	2.0
β-カルボキシ基(Asp)	$R{-}COOH \rightleftarrows RCOO^- + H^+$	3.9
γ-カルボキシ基(Glu)	$R{-}COOH \rightleftarrows RCOO^- + H^+$	4.2
イミダゾール基(His)	R−C＝CH (HN, NH⁺, C−H 環) ⇄ R−C＝CH (HN, N, C−H 環) + H^+	6.0
フェノール基(Tyr)	R−(ベンゼン環)−OH ⇄ R−(ベンゼン環)−O^- + H^+	10.1
スルフヒドリル基(Cys)	$R{-}SH \rightleftarrows R{-}S^- + H^+$	8.3
α-アミノ基	$R{-}NH_3^+ \rightleftarrows RNH_2 + H^+$	9.5
ε-アミノ基(Lys)	$R{-}NH_3^+ \rightleftarrows RNH_2 + H^+$	10.0
グアニジノ基(Arg)	$R{-}NH{-}C({=}NH_2^+){-}NH_2 \rightleftarrows R{-}NH{-}C({=}NH){-}NH_2 + H^+$	12.5

の電荷をもっているため，極性が高く，ほとんどがタンパク質分子の表面に出ている（表1·1）。アスパラギン酸は酵素の活性部位にあって触媒反応に関与していることがある。その場合，活性部位はタンパク質分子のくぼんだ奥にあって疎水性の環境にあるため，異常に高い pK_a をもっている（図1·10参照）。普通のアスパラギン酸の側鎖のカルボキシ基の pK_a は4〜5だが，7に近い pK_a をもつものもある。

▶塩基性アミノ酸

リシン（Lys, K），アルギニン（Arg, R），ヒスチジン（His, H）

リシンのアミノ基，アルギニンのグアニジノ基は中性 pH では正に荷電していて，側鎖の解離基は分子表面に存在する。アミノ基は反応性が高く，種々の試薬で修飾される。

イミダゾール基をもつヒスチジンは，中性付近に pK_a 値をもつ唯一のアミノ酸であり，酵素の活性部位を形成することがある。また，Zn^{2+} などの金属イオンやヘムに配位することも多い。

1.2.3　硫黄を含むアミノ酸

メチオニン（Met, M），システイン（Cys, C）

20種のアミノ酸の中には，硫黄原子をもつものが2つあり，メチオニンとシステインである。

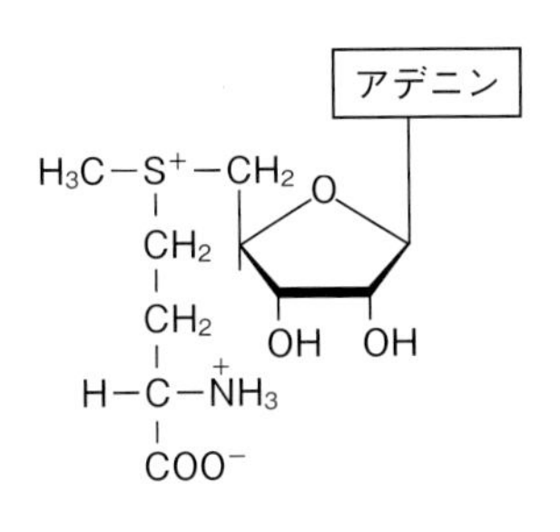

S-アデノシルメチオニン

メチオニンは，*S*-アデノシルメチオニン（SAM）となり，代謝反応でメチル基供与体として重要な役割を果たしている。側鎖は疎水性である。

システインは，ヒスチジンのように Fe^{2+}，Zn^{2+} などの金属イオンを配位したり，パパインなどのプロテアーゼのように，酵素の活性部位を形成する場合もある。また，酸化によりスルフヒドリル基（SH基）どうしで反応して，ジスルフィド結合を形成し，タンパク質の構造を安定化している。ジスルフィド結合によって結合した2つのシステインを，まとめて**シスチン**とよぶ。

<セレノシステイン Sec>

20種のアミノ酸以外で，翻訳されうるアミノ酸として**セレノシステイン（Sec）**がある。Secはシステインの硫黄原子がセレンに置き換わったもので，グルタチオンペルオキシダーゼ（活性酸素消去系酵素の1つ）をはじめとする10数種の酸化還元酵素の活性部位を形成している。Secは読みとり枠内に存在する終止コドンの1つ，UGAでコードされており，これを認識するSec-tRNAの存在も知られている。

Secを含むタンパク質のmRNAにおいて，原核生物ではUGAの直後に，真核生物では3′-非翻訳領域にステムループ構造を取り得る配列が共通して存在しており，この配列の存在がUGAを終止コドンとせず，Secとして読みとられるために必須だと考えられている。

セレンは必須微量元素であり，セレン欠乏で認められる多様な症状の原因は，Secを含む酵素の低下によるものと思われる。

<セレノメチオニン>

セレノメチオニンは，メチオニンの硫黄原子がセレン原子に置き換わったアミノ酸で，植物や細菌がメチオニンを合成する際，硫黄とセレンを区別できないため，硫黄とセレンの存在比に依存して生合成される。高等動物もセレノメチオニンをメチオニンと区別できず，タンパク質内に取り込むと考えられている。X線結晶構造解析でセレノメチオニンをメチオニンの代わりに取り込ませたタンパク質を用い，X線の多波長異常分散[※1-5]を利用して位相を決定する方法がしばしば利用される。

※1-5　多波長異常分散法（MAD法）：
重原子によるX線の異常分散の波長依存性を利用して位相を求める方法。

1.2.4　アミノ酸の解離基と等電点

タンパク質の性質は，分子表面に多く存在するアミノ酸側鎖の解離基の状態，すなわち解離基の電荷の状態に依存する。とくに酵素の活性は，活性部位の解離基の状態に大きく依存する。また，タンパク質を精製するときには，タンパク質の種々の性質を利用する。電気的性質もその１つである。まずアミノ酸の個々の解離基について述べる。

① 解離基の pK_a

タンパク質では，主な解離基はカルボキシ基とアミノ基であり，その他ではヒスチジンのイミダゾール基，システインのスルフヒドリル基，チロシンのフェノール基，アルギニンのグアニジノ基がある（表 1·1）。今，解離基を RH とし，解離定数を K_a とすると，

$$K_a = \frac{[R^-][H^+]}{[RH]} \tag{1-1}$$

両辺の常用対数をとり整理すると，

$$-\log[H^+] = -\log K_a + \log\frac{[R^-]}{[RH]} \tag{1-2}$$

p = − log とおいて

$$pH = pK_a + \log\frac{[R^-]}{[RH]} \tag{1-3}$$

を得る。この式は**ヘンダーソン・ハッセルバルヒ（Henderson-Hasselbalch）の式**とよばれる。この式から，pH が pK_a に等しいところでは解離基の半分が解離していることがわかる（図 1·9）。

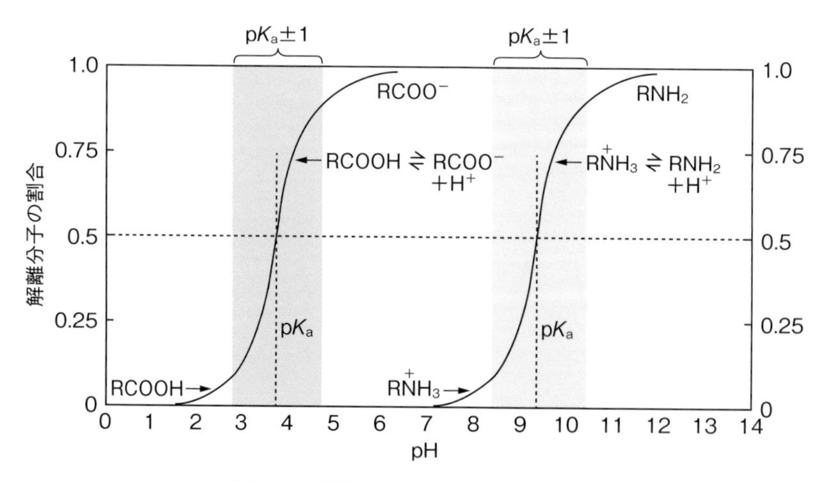

図 1·9　官能基の解離と pH の関係

② pK_a に及ぼす分子内の他の官能基の影響

解離基の pK_a は近くに存在する他の官能基または原子によって影響を受ける。たとえば，プロピオン酸のカルボキシ基の pK_a は4.87であるが，グリシンのカルボキシ基の pK_a は2.35である。これは，窒素の電気陰性度が酸素より小さいために電子がカルボキシル側に引き寄せられ，その結果，カルボキシ基のプロトンが遊離しやすくなっているためである。同様のことが，アミノ基についてもエチルアミンとグリシンのアミノ基の pK_a の比較からわかる。表1·2に各アミノ酸の解離基の pK_a を示してある．

カルボキシ基の pK_a

$$H_3C-CH_2-C(=O)-O^- \qquad pK_a = 4.87$$

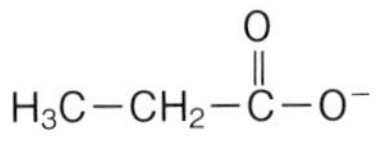

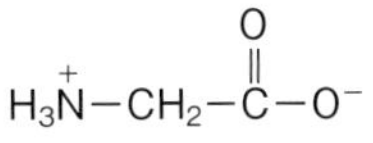

$$H_3\overset{+}{N}-CH_2-C(=O)-O^- \qquad pK_a = 2.35$$

アミノ基の pK_a

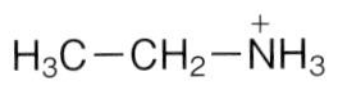

$$H_3C-CH_2-\overset{+}{N}H_3 \qquad pK_a = 10.66$$

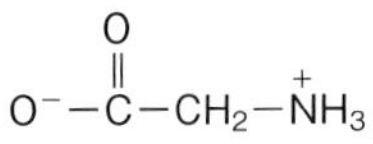

$$O^- -C(=O)-CH_2-\overset{+}{N}H_3 \qquad pK_a = 9.78$$

表1·2　タンパク質に見いだされるアミノ酸の性質

名 称	α-カルボキシ基の pK_a	α-アミノ基の pK_a	側鎖解離基の pK_a	残基量（ダルトン）
アラニン	2.3	9.7	—	71.08
アルギニン	2.2	9.0	12.5	156.20
アスパラギン	2.0	8.8	—	114.11
アスパラギン酸	2.1	9.8	3.9	115.09
システイン	1.8	10.8	8.3	103.14
グルタミン	2.2	9.1	—	128.14
グルタミン酸	2.2	9.7	4.2	129.12
グリシン	2.3	9.6	—	57.06
ヒスチジン	1.8	9.2	6.0	137.15
イソロイシン	2.4	9.7	—	113.17
ロイシン	2.4	9.6	—	113.17
リシン	2.2	9.0	10.0	128.18
メチオニン	2.3	9.2	—	131.21
フェニルアラニン	1.8	9.1	—	147.18
プロリン	2.0	10.6	—	97.12
セリン	2.2	9.2	—	87.08
トレオニン	2.6	10.4	—	101.11
トリプトファン	2.4	9.4	—	186.21
チロシン	2.2	9.1	10.1	163.18
バリン	2.3	9.6	—	99.14

（Mathews, C.K. & Van Holde, K.E., 1996より改変）

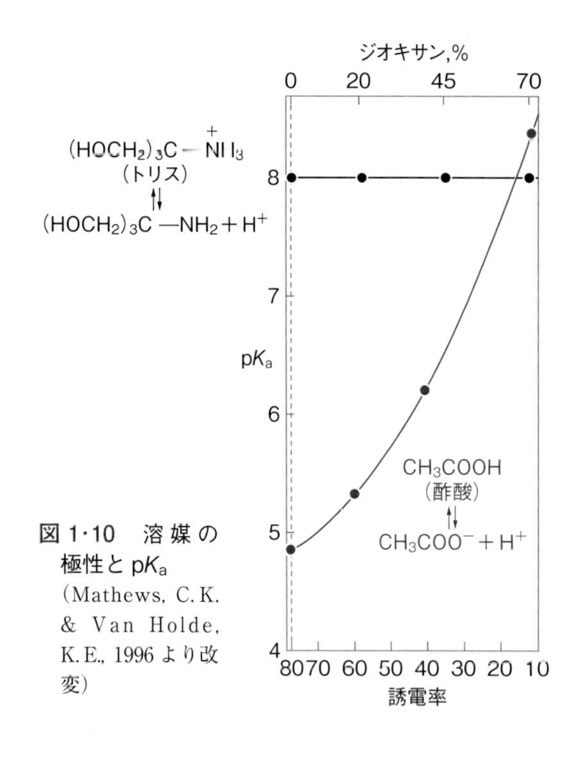

図 1·10　溶媒の極性と pK_a
(Mathews, C. K. & Van Holde, K. E., 1996 より改変)

③ pK_a に及ぼす誘電率の影響

カルボキシ基の pK_a は約 4.5 であるが，酵素の活性部位にあるカルボキシ基では中性に近い異常に高い pK_a 値を示すことがある。これは，活性部位がタンパク質内部，すなわち，誘電率の低い環境にあるためである。図 1·10 にカルボキシ基とアミノ基のジオキサン濃度依存性を示す。25℃での酢酸のカルボキシ基は水溶液では $pK_a = 4.76$ であるのに対して，70％ジオキサン中では $pK_a = 8.32$ である。

④ pK_a に及ぼすイオン強度の影響

電荷の周りには，塩の対イオン（counter ion：逆の符号をもった電荷）が引き寄せられて，エネルギー的に安定化される。そのため，塩の濃度，すなわちイオン強度は，解離によって電荷の状態が変化する解離基の pK_a に影響を与える。

イオン強度 I は

$$I = \frac{1}{2}\sum_i (Z_i)^2 C_i \tag{1-4}$$

と定義される。ここで，C_i は塩の各イオンのモル濃度である。

イオン強度が上がると，解離して生じたイオンはそこに集まる対イオンで遮蔽されるので，解離したイオンが安定化されるため pK_a は下がる。生理的条件下での酵素活性や複合体の形成は生理的条件下のイオン強度で調べなくてはならない。

⑤ アミノ酸の等電点

正負両電荷をもつ化合物の電荷の総和が 0 となる pH を**等電点**という。ここではまずアミノ酸の等電点について調べてみよう。まず，側鎖に解離基をもたないアミノ酸の例としてグリシンを考える。グリシンのカルボキシ基の pK_a は 2.3，アミノ基の pK_a は 9.6 であり，これをそれぞれ pK_1，pK_2 とする。グリシンには 3 つの解離の状態があり，互いに平衡にある：

$$\overset{+}{H_3N}-CH_2-COOH \underset{}{\overset{pK_1}{\rightleftarrows}} \overset{+}{H_3N}-CH_2-COO^- \overset{pK_2}{\rightleftarrows} H_2N-CH_2-COO^-$$

R^+　　　　R^0　　　　R^-

$$[R^+] = \frac{[H^+][R^0]}{K_1}, \quad [R^-] = \frac{K_2[R^0]}{[H^+]}$$

等電点では $[R^+] = [R^-]$ なので,

$$\frac{[H^+][R^0]}{K_1} = \frac{K_2[R^0]}{[H^+]} \qquad \therefore \ [H^+] = K_1K_2$$

両辺の対数をとり, p = − log を用いて,

$$pI = \frac{pK_1 + pK_2}{2} \tag{1-5}$$

を得る（pI は等電点）。すなわち, グリシンの等電点は両解離基の pK_a の平均を取ればよいことがわかる。

次に, 側鎖にも解離基が存在する例としてアスパラギン酸を考えてみよう。α- カルボキシ基, γ- アミノ基, α- アミノ基のそれぞれの pK_a は 2.1（pK_1）, 4.5（pK_2）, 9.8（pK_3）である。この場合には, まず各 pH 領域でアスパラギン酸の総電荷（電荷の総和）がおよそいくらになるかを調べてみるとよい。

上式で, R の右肩の添え字は電荷の総和を表している。この式から等電点は pH 2.1 と 4.5 の間にあることが予想される。等電点では $[R^1] = [R^{1-}] + 2[R^{2-}]$ だが, pK_3 とは pH 単位で 6 程度異なり, $[R^1] : [R^{1-}] : [R^{2-}] \fallingdotseq 1 : 1 : 10^{-6}$ なので, $[R^{2-}]$ は無視できる。そうすると, グリシンと同様にして

$$[R^+] = \frac{[H^+][R^0]}{K_1}, \quad [R^-] = \frac{K_2[R^0]}{[H^+]} \qquad \text{から}$$

$$pI = \frac{pK_1 + pK_2}{2}$$

を得る。

リシンの場合も同様に考えられる。

⑥ タンパク質の等電点

タンパク質の等電点もアミノ酸の等電点の考え方を基本として導かれる。タンパク質の等電点については7.6節で述べるが，タンパク質の各電荷が独立で他の電荷の影響を受けない，という仮定の下で求められているので必ずしも正確でない。尿素存在下の変性したタンパク質の等電点とは比較的よく一致する。ふつうは等電点電気泳動などによって実験的に求められる。アミノ酸の等電点と同じく，等電点より酸性側では正に帯電し，等電点よりアルカリ側では負に帯電している。タンパク質の等電点はイオン交換クロマトグラフィーによってタンパク質を分離する際に重要である。

コラム 1.1　タンパク質のアミノ酸の種類が 20 と決定されるまで

現在ではアミノ酸のコドン表があって，タンパク質のアミノ酸が 20 種であることは自明のように思われているが，コドン表が明らかにされたのは 1966 年のことであり，それ以前はタンパク質化学による研究が行われていた。

タンパク質を加水分解（6 M HCl 存在下，110℃，24 時間という条件がよく用いられた）すると，20 種のアミノ酸以外に，S-S 結合でつながったシステイン（シスチンとよばれた）や，翻訳後修飾されたメチル基の付いたリシンなど，さまざまなアミノ酸が生成する。同時にグルタミンやアスパラギンはアミドが加水分解されて，グルタミン酸やアスパラギン酸となり，トリプトファンも酸加水分解で壊れる。トリプトファンの定量にはアルカリ分解が必要だった。最終的にはコドン表の完成によって，コドンとアミノ酸の対応が確立されて，20 種のアミノ酸が確定した。

1.3　ペプチド結合

2つのアミノ酸がαアミノ基とαカルボキシ基で脱水縮合すると，ジペプチドになる。こうしてできる結合は，ペプチド結合とよばれる（図 1･11）。アミノ酸は高温高圧下で反応させるとペプチド結合が形成され，重合体を生じる。常温常圧下では，反応は単量体アミノ酸に大きく傾いているので，試験管内でアミノ酸を混合しても重合体は形成されないが，細胞内では mRNA の情報がリボソーム上で読み取られ，GTP の加水分解のエネルギーと酵素の助けを借りて常温常圧下でペプチド結合が形成される。このようにリボソームはペプチド結合の形成を触媒する酵素と言えるが，5 章で述べるように，この反応を触媒するのはリボソームのタンパク質成分ではなく，rRNA であることが明らかになっている（リボザイム，すなわち RNA 酵素である）。ここでは，ペプチド結合の構造について述べる。

図 1･11 (b) に示してあるように，ペプチド結合に含まれる 6 つの原子は平面上にある。ペプチド結合の C−N 間の結合距離は 0.132 nm であり，これは同じ原子間の単結合の場合の 0.146 nm と二重結合の場合の 0.126 nm の場合の中間の値

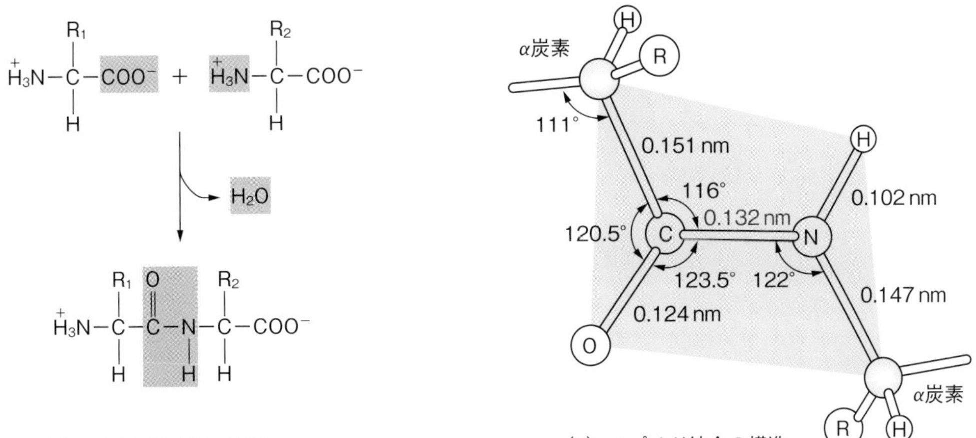

(a) ペプチド結合の形成

(b) ペプチド結合の構造

図 1･11　ペプチド結合

で，二重結合性を帯びている。ペプチド結合の平面性はこの二重結合性に由来している。

この二重結合性は，ペプチド結合が構造ⅠとⅡ（下図）の間で共鳴していることによると考えることができる。その結果，カルボニルの酸素原子が負に，アミドのHが正に部分的に荷電しているため，双極子モーメントを生じる。共鳴は互変異性のような化学平衡とは異なり，温度を下げるなどしても2つの構造を分離することはできない。二重結合性をもっていると言うことは，このC−N間の結合が自由に回転することはないことを示している。

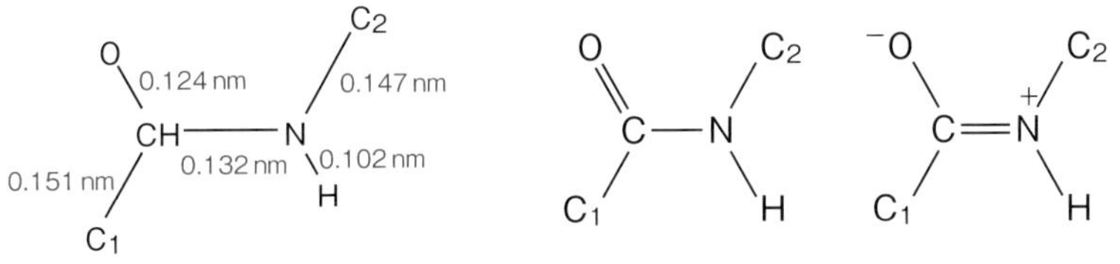

（Ⅰ）　（Ⅱ）

ペプチド結合で結合した2つのアミノ酸は，立体障害のためにシス（*cis*）形の位置はほとんどとれず，トランス（*trans*）形となるが（*trans*：*cis* ＝ 10^3：1），プロリンに限って有意にシス形の位置をとるものがある（*trans*：*cis* ＝ 80：20）（図 1･12）。タンパク質の構造を調べると，プロリンが天然の状態でシス形になっている場合があり，その場合には，折りたたみの過程でもともとトランス形であったものがシス形になる必要や，その逆の場合がある。その場合，プロリンのシス・トランス異性化がタンパク質の折りたたみ反応（4章）の律速段階になっている場合がある。

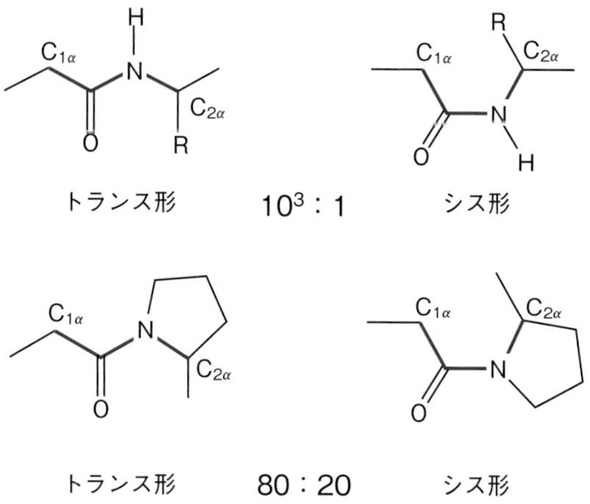

トランス形　$10^3:1$　シス形

トランス形　80：20　シス形

図 1·12　ペプチド結合のトランス形とシス形
下はプロリン残基。

ペプチド結合は下記に示すようにカルボニルのOからアミドのHに向かう双極子モーメントをもつ。後述のαヘリックスではこの双極子モーメントがヘリックスの軸の方向を向き，αヘリックス全体として大きな双極子モーメントを形成している。

ペプチド結合を形成する6つの原子が同一平面上にあることによって，ペプチドのコンホメーションの数が大きく減り，タンパク質の立体構造は大きな制約を受けていることになり，それだけ立体構造が予測しやすくなるとも言える。

アミノ酸がペプチド結合によって2個以上，20～30個までつながったものをペプチド，さらに長いペプチドをポリペプチドとよぶ。タンパク質はアミノ酸残基数が約50以上のポリペプチドである。ここで，アミノ酸残基とはペプチドまたはポリペプチドに組み込まれているアミノ酸を指す。

ペプチド結合とアミノ酸残基のα炭素をたどる鎖を主鎖とよび，α炭素から出ているその他の部分を側鎖とよぶ。

生体内ではタンパク質ばかりでなく，ペプチドも重要な役割を果たしている。いわゆる生理活性ペプチドにはホルモンや神経伝達物質が含まれる（表1·3）。また，蛇毒や細菌由来毒素（百日咳毒素，ジフテリア毒素など）など，ペプチド

表 1·3　生理活性ペプチド

① 視床下部ホルモン
甲状腺刺激ホルモン放出ホルモン（TRH）
成長ホルモン放出因子（GRF）
ソマトスタチン（SRIF）など
② 下垂体ホルモン
バソプレッシン（抗利尿ホルモン）
メラニン細胞刺激ホルモン（MSH）
甲状腺刺激ホルモン（TSH）
副腎皮質刺激ホルモン（ACTH）
成長ホルモン（GH）など
③ 消化管ホルモン
セクレチン
ガストリンなど
④ その他の内分泌ホルモン
カルシトニン
副甲状腺ホルモン（PTH）
心房性ナトリウム利尿ペプチド（ANP）など

性の強力な毒性化合物も知られている。

生理活性ペプチドはふつう，より大きなポリペプチドとして合成された後，特異的なプロテアーゼによるプロセシングによってそのポリペプチドから切り出される。図 1·13（例：プレプロオピオメラノコルチン）に，いくつかのペプチドホルモンが共通の前駆体タンパク質からプロセシングによって切り出される例を示してある。

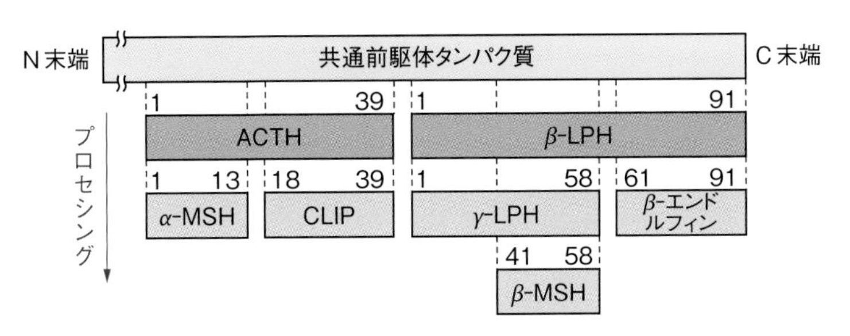

図 1·13　前駆体タンパク質から切り出される生理活性ペプチドの例
（大島泰郎ら編，2007 より改変）

コラム 1.2　ペプチド結合の平面性とポーリング

ペプチド結合の平面性を最初に報告したのはポーリングである（Pauling, L. *et al.*, 1951；Pauling, L. & Corey, R. B., 1951）。報告されたのは α ヘリックスと β シートの構造だが，これは X 線結晶構造解析によって初めてタンパク質の立体構造が発表された 1960 年より，9 年も前のことであるのが驚かされる（Perutz M. F. *et al.*, 1960；Kendrew J. C. *et al.*, 1960）。ポーリングらは，ペプチド結合を含む低分子の分子構造と，理論的予測に自信をもち，α ヘリックス，β シートの構造にもペプチド結合の平面性を取り入れている。

この研究では，分子の実体モデルを用いて両二次構造を構築していた。この実体モデルを用いた立体構造の決定法が，2 年後 1953 年のワトソンとクリックの DNA 二重らせんモデルの構築にも応用されている（Eisenberg, D., 2003）。

2章　タンパク質の高次構造

タンパク質の立体構造はいくつかの階層に分けると考えやすい。ここでは高次構造を理解するために階層構造の詳細を述べる。

2.1　タンパク質の階層構造

タンパク質は構造の階層性に対応して一次構造から四次構造まで定義されている。一次構造はアミノ酸配列を含む共有結合構造を指す。したがって，一次構造にはアミノ酸配列だけでなく，S-S 結合や，共有結合で結合している糖鎖なども含まれる。二次構造は α ヘリックス，β シート，β ターンなど，主鎖の水素結合に基づく局所的な規則構造，三次構造は二次構造が折りたたまれて形成される立体構造で，ドメインやサブユニットとよばれる。ドメインは 1 本のポリペプチドの中に存在する 1 つまたは複数の構造単位，サブユニットは 1 本のポリペプチドからなる。

四次構造は三次構造をとったポリペプチド鎖がさらに複数個集合して生じる集合体で，四次構造の各ポリペプチドの空間配置と化学量論を**サブユニット構造**とよぶ（図 2･1）。四次構造の延長としてさらに大きな，電子顕微鏡で容易に観察可能な構造を超分子（supra-molecular structure※2-1）とよぶ。

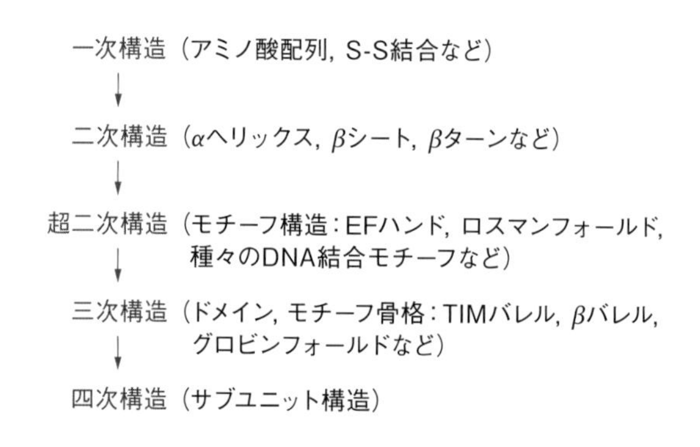

図 2･1　タンパク質の階層構造

※2-1　日本語の「超分子」は「優れた機能をもつ（super）分子」という意味でも用いられることがある。

2.2　ラマチャンドランプロット（φ - ψ プロット）

タンパク質の立体構造は全原子の座標を与えることによって一義的に決まるが，主鎖の折りたたみに関しては，平面構造を取っているペプチド結合の二面角 φ と ψ を与えることによって一義的に決定される。φ，ψ の取り得る値は限定されており，φ-ψ の組み合わせが二次構造に対応している。また，決定された構造が妥当であるかどうかを確認するためにも用いられることがある。

図 2･2 に示すように，アミノ酸残基の C^{α} と隣の N 原子との結合の周りの角度を φ，C^{α} と C 原子の結合の周りの角度を ψ と名づける。ペプチド結合が平面であるという制限があるので，各 α 炭素の φ, ψ をすべて与えると，主鎖のコンホメーションは一義的に決まってしまう。この φ，ψ を二面角とよぶ。すなわち，タンパク質の主鎖のコンホメーションは，各 α 炭素の 3 次元座標（x_i，y_i，z_i）を与える替わりに（φ_i，ψ_i）を与えることによって記述することができる。φ と ψ は図 2･2b に示すようにゼロの位置を決め，それぞれ時計回りの回転を正と定義する。この φ と ψ を x 軸と y 軸にとるプロットを，φ - ψ プロットまたは提案者の名前をとって**ラマチャンドランプロット**（Ramachandran plot）とよぶ（図 2･3）。

φ も ψ も単結合の周りの回転なので自由回転できるが，実際には β 炭素やペプチド結合の立体障害のために，許容される角度の組み合わせは意外と少ない（図 2･3 a）。図 2･3 a はアラニンを剛体球として可能なコンホメーションの領域を

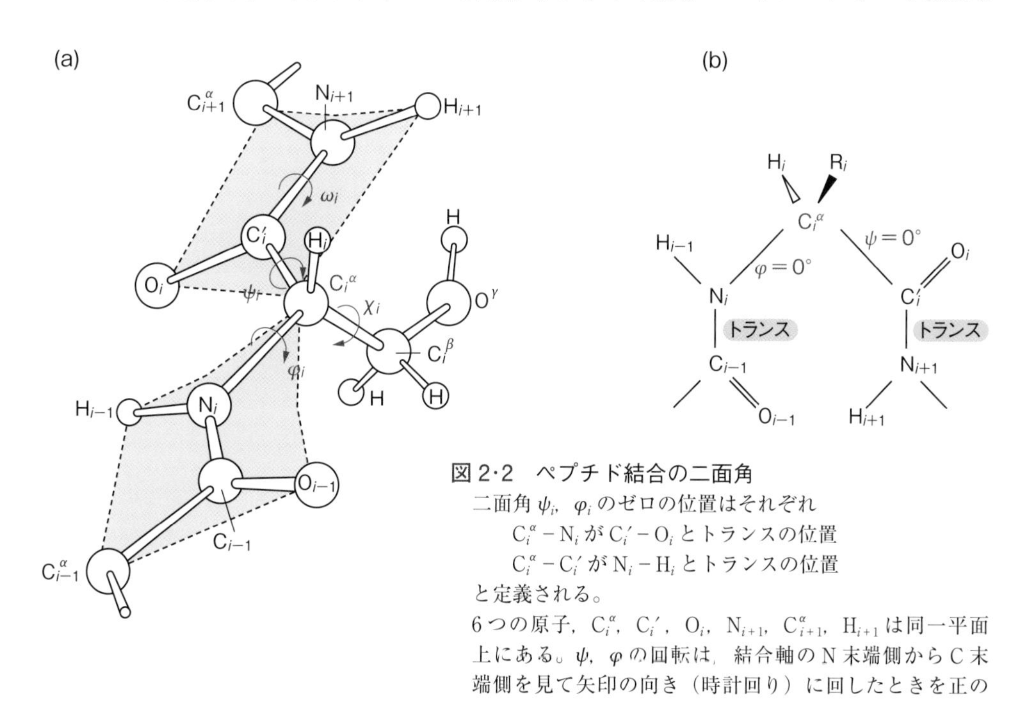

図 2･2　ペプチド結合の二面角
二面角 ψ_i，φ_i のゼロの位置はそれぞれ
$C^{\alpha}_i - N_i$ が $C'_i - O_i$ とトランスの位置
$C^{\alpha}_i - C'_i$ が $N_i - H_i$ とトランスの位置
と定義される。
6 つの原子，C^{α}_i，C'_i，O_i，N_{i+1}，C^{α}_{i+1}，H_{i+1} は同一平面上にある。ψ，φ の回転は，結合軸の N 末端側から C 末端側を見て矢印の向き（時計回り）に回したときを正の方向とする。

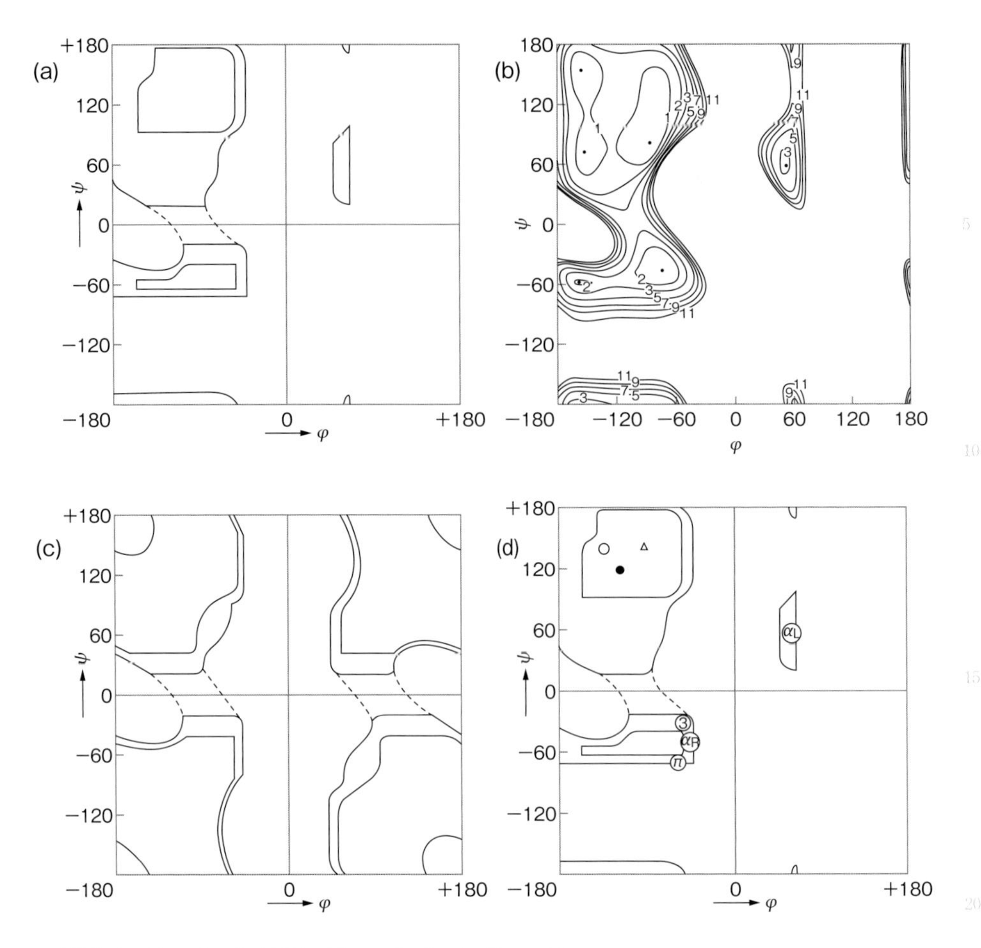

図 2·3　ラマチャンドランプロット（**φ-ψ** プロット）

a：アラニン，剛体球モデル，b：レナード - ジョーンズ・ポテンシャルを考慮したアラニンの φ-ψ プロット（等高線の数字はエネルギーを表し，小さいほど安定な領域となる），C：グリシンの場合，d：二次構造と二面角

d の記号の説明

α_R：右巻き α ヘリックス，α_L：左巻き α ヘリックス，○：逆平行 β シート，●：平行 β シート，3：右巻き 3_{10}- ヘリックス，π：右巻き $\pi(5_{16})$ ヘリックス，△：ポリプロリン - ヘリックス

調べたものである。また，図 2·3 b では，原子間に働く力のポテンシャルを用いてエネルギーの等高線を描いてある。アラニンでは完全許容領域は 7.5% であり，多少のゆがみを許す許容領域は 22.5% である。図 2·3 c にはグリシンの場合が示してある。グリシンでは中央の点に関してポテンシャル曲面が対称になっている。これはグリシンの α 炭素が不斉炭素でないことによる。また，β 炭素がないので，グリシンでは完全許容領域 45%，許容領域 61% と，取り得る（φ，ψ）の領域が他のアミノ酸より大変広くなっている。なお，プロリンでは，φ が $-60°$ と固定されている。図 2·3 d には各二次構造（次節）の 2 面角の位置が示してある。

2.3 二次構造

主鎖の水素結合に基づく局所的な規則構造は二次構造とよばれる。αヘリックスとβシートが代表的な二次構造で，二次構造が集まってさらに高次の三次構造が形成される。

2.3.1 αヘリックス（3_{10}ヘリックス・πヘリックス）

αヘリックスはβ構造と共に代表的な二次構造である。右巻きαヘリックスは $\varphi = -57°$，$\psi = -48°$ 近傍にあり，1 残基当たりヘリックスの中心軸に沿って 0.15 nm 移動し，3.6 残基で 1 回転し，中心軸に沿って 0.54 nm 進む（図 2·4 c）。$\varphi = +57°$，$\psi = +48°$ は左巻きのαヘリックスを表すが，右巻きに比べて不安定

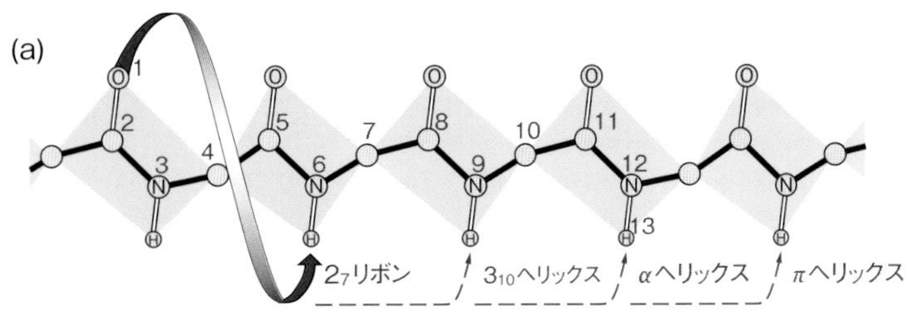

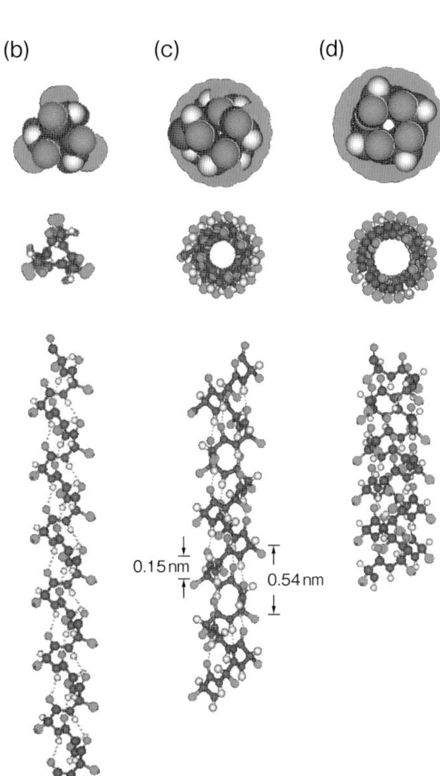

図 2·4　タンパク質のヘリックス構造
a：ヘリックス構造の定義。
b：3_{10} ヘリックス，c：αヘリックス（4_{13} ヘリックス），d：5_{16} ヘリックス（πヘリックス），上からそれぞれ上面図（ファンデルワールスモデル），上面図（棒串モデル），側面図。側鎖（β炭素）を青丸で示してある。

である。主鎖のらせん内部にはほとんど水分子のはいる隙間もなく，側鎖はらせん中心から外に向かって突き出ている。

プロリン残基は水素結合を形成すべき水素原子をもたないので，ヘリックスを壊す傾向があり，ふつうヘリックス中には存在しない。たまに存在するときにはヘリックスを曲げる役割を果たしている。なお，αヘリックスのN末端部は必ずしも水素結合を形成する必要がないので，はじめの4残基の位置にプロリンが存在可能である。

αヘリックスではペプチド結合の双極子モーメントが同一方向に並ぶため，全体として大きな双極子モーメントをもつ。図2·4aに示すように，ヘリックスを形成する主鎖の原子に沿って進み，水素結合で折り返すと1つの閉じた環を形成する。その環に含まれる残基数に原子数を添え字で付して表すと，αヘリックスは4_{13}と表される。αヘリックス以外のタンパク質に見られるヘリックス構造として，3_{10}ヘリックスと5_{16}ヘリックス（πヘリックス）がある。3_{10}ヘリックスはαヘリックスをさらに強く巻いて1残基分少なくなる位置で水素結合をかけ直したもの，逆に5_{16}ヘリックス（πヘリックス）はαヘリックスを弛緩させて1残基分環に多く含まれるように水素結合をかけ直したものである。

2.3.2　βシート（βヘアピン・βスパイラル・βヘリックス）

β構造はαヘリックスに比べて形の上でバラエティーがあるが，基本的な形態は微視的に見ると平行または逆平行βシートである。βシートはポリペプチド鎖がほとんど完全に伸びた構造であるβ構造のストランド（鎖）が平行または逆平行に並んでシート状構造を形成したものである（図2·5）。図から明らかなように，側鎖は互い違いにシートの両側に直角に出ている。

絹フィブロインはβシートからなり，セリン－グリシンまたはアラニン－グリシンがくり返す配列が多く，その結果，片側にはグリシン，もう一方の側にはセリンが並ぶ。絹のしなやかな性質は，この分子構造に由来すると考えられる。平行βシートでは1残基当たり0.32 nm，逆平行βシートでは0.34 nmであり，後者では形成される水素結合がほぼ平行であるのに対し，前者では互い違いに角度をなしている（図2·5a,b）。逆平行βシートの方が平行βシートより若干安定している。β構造はβシート以外にもβシートが環をなすβバレル（図2·5c）やβヘアピン（図2·5d）とよばれる構造を構成する。βヘアピンは細菌のDNA結合タンパク質であるHuタンパク質などのDNA結合部分となっている。βシートは多くの場合平面的でなくていろいろな程度にねじれている。

なお，バクテリオファージを含むウイルスにはβヘリックス（図2·5e）やβスパイラル（図2·5f）とよばれる構造が見いだされる。βスパイラルはアデノウ

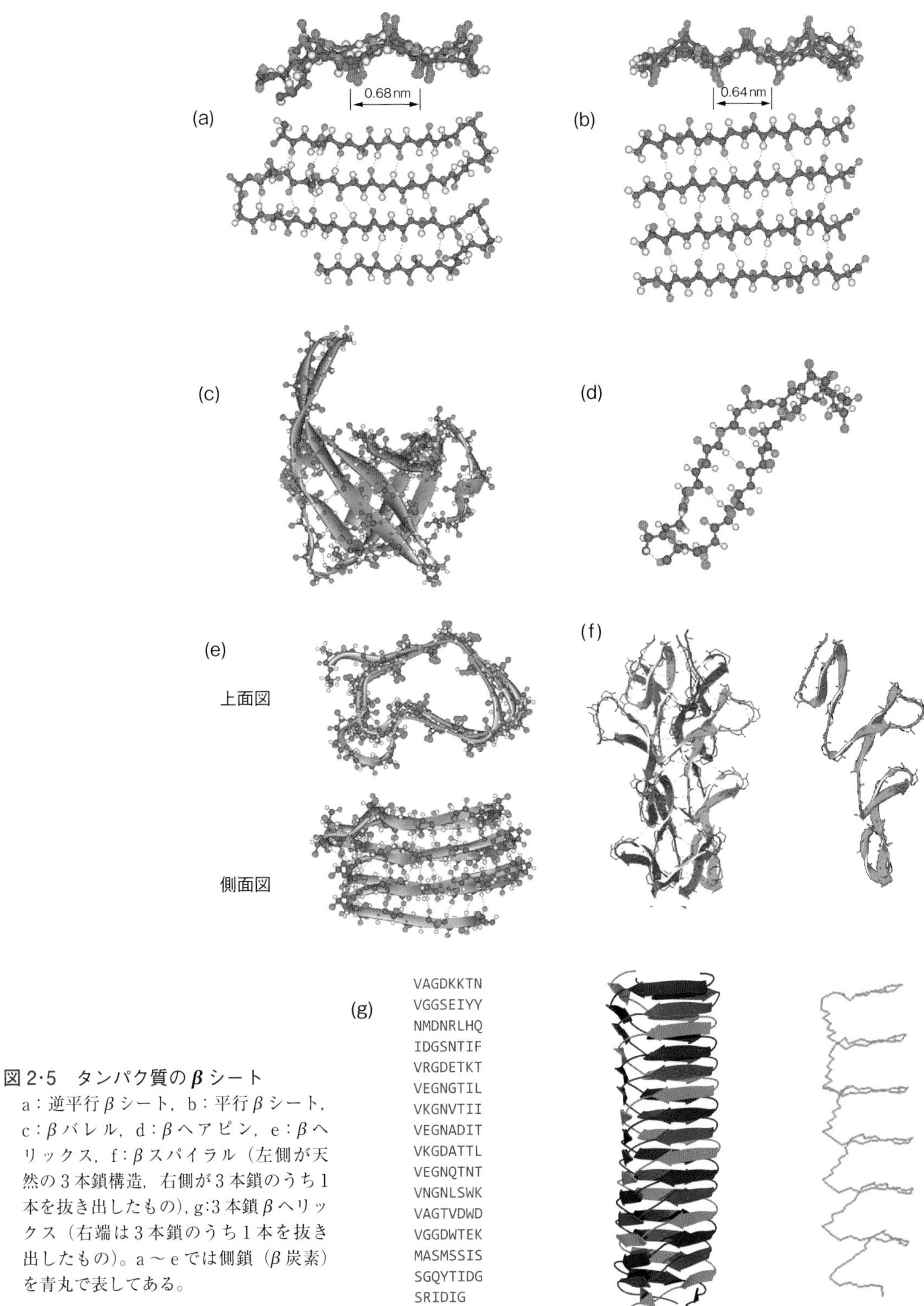

図 2·5　タンパク質の β シート

a：逆平行 β シート，b：平行 β シート，c：β バレル，d：β ヘアピン，e：β ヘリックス，f：β スパイラル（左側が天然の3本鎖構造，右側が3本鎖のうち1本を抜き出したもの），g:3本鎖 β ヘリックス（右端は3本鎖のうち1本を抜き出したもの）。a～e では側鎖（β 炭素）を青丸で表してある。

イルスのスパイクタンパク質に見いだされた。βヘリックスは最初ペクチン酸リアーゼに見いだされ，そこではβ構造が規則的にくり返し，らせんを形成して2つの平行βシートが形成されている。この構造はバクテリオファージの構造タンパク質（サルモネラ菌に感染するP22ファージの尾部タンパク質）にも見いだされ，T4ファージのテイルリゾチーム（gp5）の場合には3本の同一のポリペプチドがねじれ合って3本鎖βヘリックス（図2·5 g）を形成している。

2.3.3　ターン構造

ターン構造は，ヘモグロビンに多く見られるαヘリックスが急に向きを大きく変える部分，または逆平行βシートの折り返し部分をいう。とくに後者のターンはβターンとよばれて，これは4残基から構成され，i番目の残基のカルボニル基の酸素と$i+3$番目の残基のアミド基の窒素の間に水素結合が形成される。ターンには，Asp，Asn，Pro，Glyなどの残基が多く見られる。βターンにはⅠ型とⅡ型があり，Ⅱ型の場合，$i+2$の位置にはグリシンが必要とされるが，それは他のアミノ酸を置いたのでは立体障害が生じるためである。その場合，$i+1$番目にはProがとくに多く見られる（図2·6）。

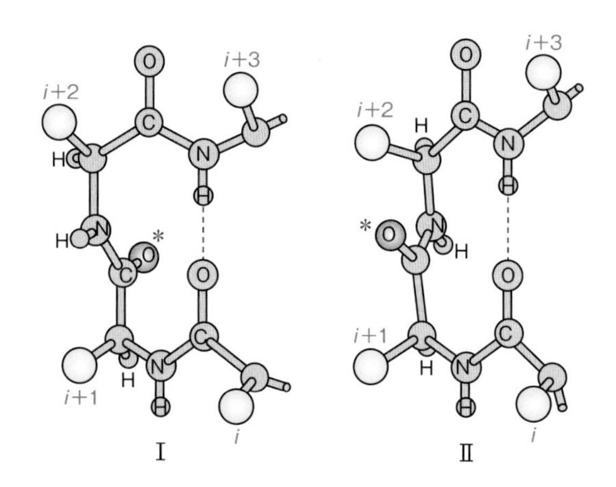

図2·6　Ⅰ型およびⅡ型βターン
Ⅰ・Ⅱ型の折り返し構造。Ⅱ型の場合，$i+2$側鎖とO_{i+1}（＊）の間に立体障害が生じるので，$i+2$残基はグリシンでなければならない。

▶ヘリックス車輪（helix wheel）について

αヘリックスは3.6残基で1回転するので，ヘリックスをN末端側からC末端側に向かって軸方向から見てアミノ酸残基をたどると，円の周りを3.6残基周期で回転する。すなわち，5回転すると18残基進んで元の位置に戻る。近似的に3.5

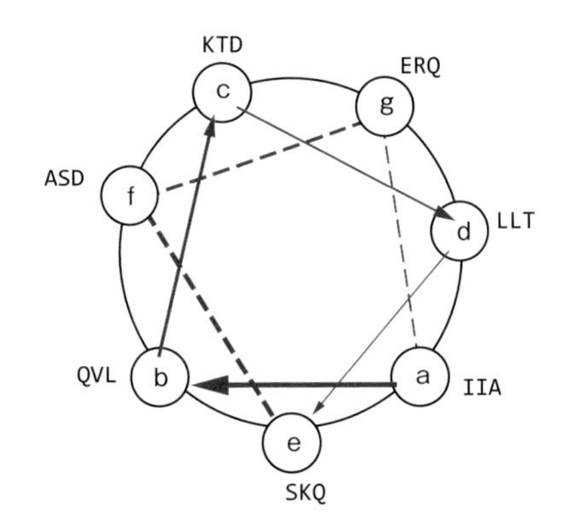

図 2·7　アミノ酸配列のヘリックス車輪図
アミノ酸配列を 7 残基ごとに折り返して並べ，各列を a ～ g とし，円の周りを 7 残基で元に戻るようにする。このとき，円上で隣り合う a と d の位置に I，L などの疎水性のアミノ酸が集中し，他の部分に親水性アミノ酸が多い場合，このアミノ酸配列は α ヘリックスとなり，2 ～ 4 本の α ヘリックスからなるコイルドコイル構造を形成する確率が高い。

残基で 1 回転とすると，図 2·7 に示すように 2 回転で 7 残基進む。このような α ヘリックスの記述の仕方をヘリックス車輪とよんでいる。タンパク質中の α ヘリックスのアミノ酸残基をこの図式にしたがって並べてみると，片側の面に疎水性残基が並び，他方の面に親水性残基が並ぶことが多い。逆に，一次配列上の特定の位置に疎水性残基と親水性残基が配置している場合にはヘリックスを形成している確率が高いので，ヘリックス車輪はタンパク質の一次構造から高次構造を推定する方法の 1 つとして用いられる。

α ヘリックスは，2 本ないし 4 本の鎖が集まって束を形成していることがある。それぞれの場合にどんな種類のアミノ酸が見られるか，統計的頻度を調べた結果，表 2·1 のように，2 本のコイルドコイル構造（二量体），3 本鎖構造（三量体），4 ヘリックス－バンドル構造（四量体）をヘリックス車輪表示すると，a と d の位置に，表に示されているような特徴的なアミノ酸残基の配置が見られる。

表 2·1　α ヘリックスの集合（coiled-coil）

オリゴマー	位置 a	位置 d
二量体	β 炭素の枝分かれした残基	Leu
三量体	β 炭素の枝分かれした残基	β 炭素の枝分かれした残基
四量体	Leu	β 炭素の枝分かれした残基

（ロイシンジッパー変異タンパク質に基づく経験則；Tao, Y. *et al.*, 1997）

2.4　超二次構造と構造モチーフ

特定のアミノ酸配列が特定の機能（結合）に対応するとき，その立体構造は比較的単純な二次構造の組み合わせからなることが多い。これは超二次構造とよばれ，それぞれのパートナー分子（Ca^{2+}イオンなどの低分子からタンパク質，DNA など）を特異的に結合する立体構造に対応する。たとえば，カルシウム結合部位の共通配列として EF ハンドが知られており，逆に EF ハンドの共通配列

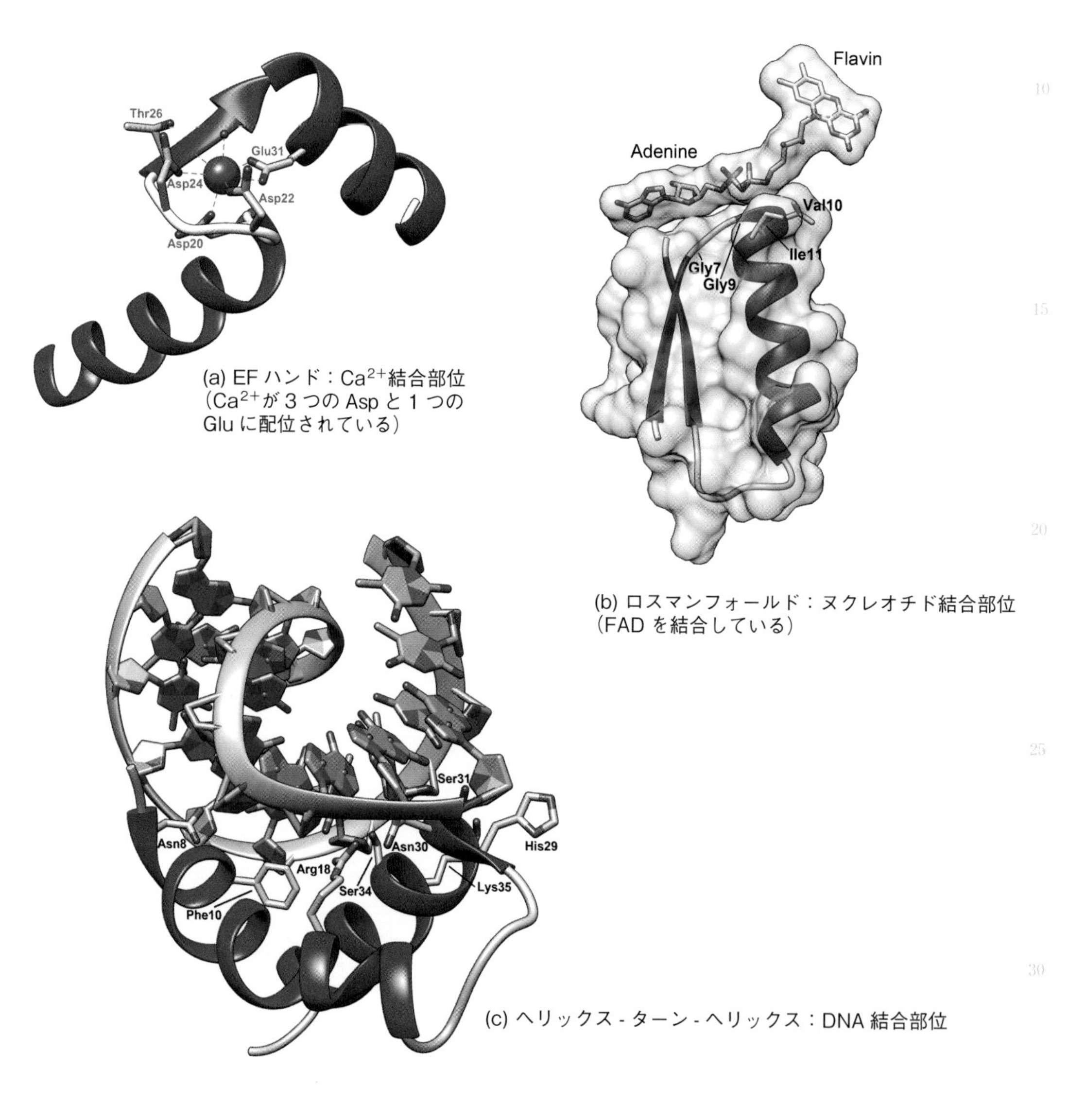

(a) EF ハンド：Ca^{2+}結合部位（Ca^{2+}が 3 つの Asp と 1 つの Glu に配位されている）

(b) ロスマンフォールド：ヌクレオチド結合部位（FAD を結合している）

(c) ヘリックス - ターン - ヘリックス：DNA 結合部位

図 2･8　共通配列と構造モチーフ
（画像提供：金丸周司博士）

をもっていれば，カルシウムを結合する可能性が高いといえる。この配列をもつペプチドは図 2·8 a に示すような立体構造をもつことが知られており，Ca^{2+} と堅く結合する。ヌクレオチド結合モチーフとして，発見者の名を冠したロスマンフォールド(図 2·8 b)が知られている。また, ヘリックス - ターン - ヘリックス(図 2·8 c)，ジンクフィンガー（図 2·8 d）やロイシンジッパー（図 2·8 e）として知られる DNA 結合モチーフなどがある。

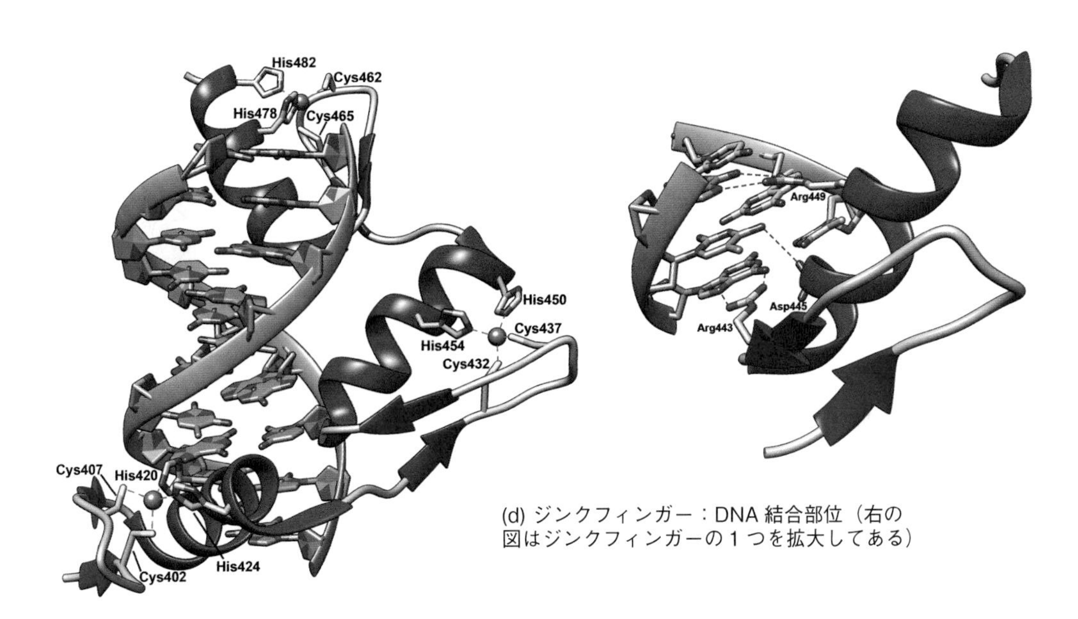

(d) ジンクフィンガー：DNA 結合部位（右の図はジンクフィンガーの 1 つを拡大してある）

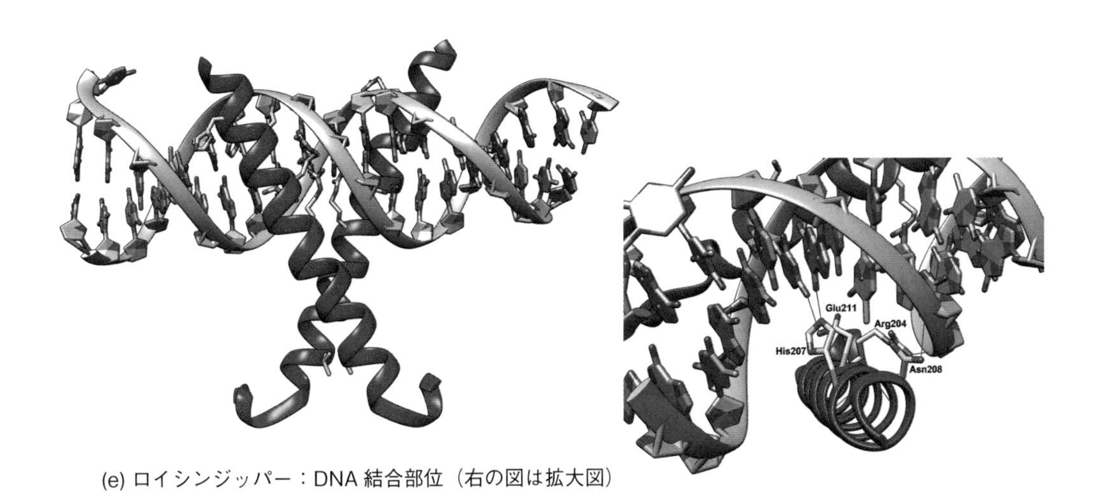

(e) ロイシンジッパー：DNA 結合部位（右の図は拡大図）

2.5 ドメイン

タンパク質は約50個以上のアミノ酸を含むポリペプチドが折りたたまれて機能をもったものである。タンパク質に含まれるアミノ酸の数を増やしていくと，300残基程度までは球状を保つことができるが，それ以上大きなものは球状からはずれ，多くの場合複数のコンパクトな構造単位がつなぎ合わされた構造となる。これは，タンパク質の表面積と，内部の容積のバランスという物理的要因に起因する。タンパク質は大きくなることによる不安定化のエネルギーを，ドメイン構造を作ることによって解消していると考えられる。このようにして安定に存在するコンパクトな構造を**ドメイン**とよぶ。

他方，2.2節で述べたように，小さなタンパク質は二状態間の協同的な変性・再生転移（中間状態の存在が無視できるような天然状態Nと変性状態Dの間の平衡関係）を行うが，ドメインはこの協同的な変性・再生の構造単位でもあると考えられる。

ドメインはまた機能の単位でもある。哺乳動物の脂肪酸合成酵素は分子量554,000のホモ二量体で，両サブユニット（サブユニットについては4章参照）にACP（アシルキャリアプロテイン）と6つの酵素，アセチルトランスフェラーゼ（AT），マロニルトランスフェラーゼ（MAT），3-ケトアシルACPシンターゼ（KS），3-ケトアシルACPレダクターゼ（KR），エノイルACPヒドラターゼ

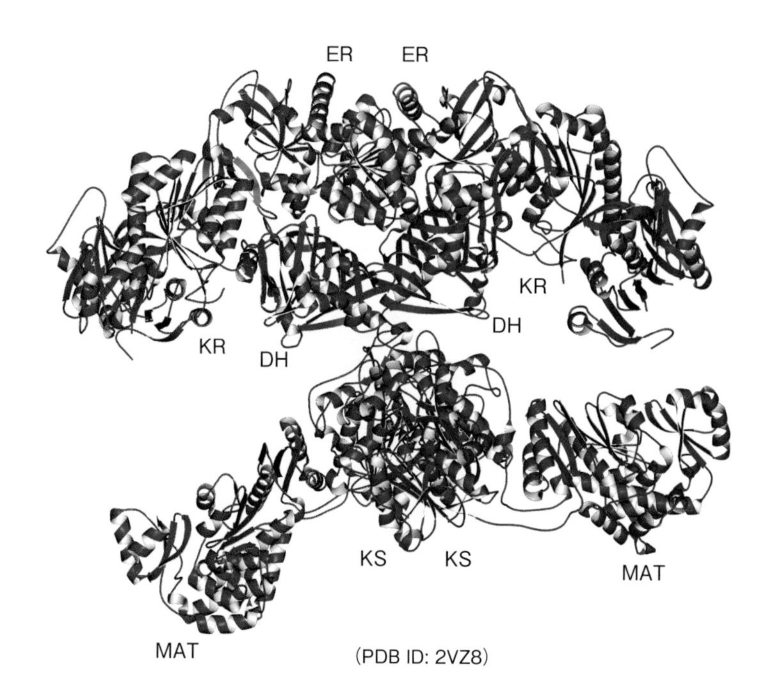

図2·9　哺乳動物の脂肪酸合成酵素
分子量554,000の二量体（ドメインが6つの酵素活性を分担している）。KS：3-ケトアシルACPシンターゼ，KR：3-ケトアシルACPレダクターゼ，ER：エノイルACPレダクターゼ，DH：エノイルACPヒドラターゼ，MAT:マロニルトランスフェラーゼ。ACP(アシルキャリアプロテイン)とAT(アセチルトランスフェラーゼ)は結晶内での運動性のために見えていない。(Meier, T. *et al.*, 2008)

(DH)，エノイル ACP レダクターゼ（ER）がそれぞれドメインとして含まれている（図2·9）。脂肪酸合成の一連の反応に関わる酵素が1つの複合体を形成することによって，各反応で生じた産物が毎回複合体から離れることなく，効率よく次の反応の基質となることができる。

2.6 タンパク質（ドメイン）の構造に基づく分類

タンパク質を構造に基づいて分類しようとすると，1つのタンパク質に球状の部分や繊維状の部分があって分類が難しいことがわかる。しかし，ドメインに注目すれば容易に分類することができる。

2.6.1 可溶性球状タンパク質

消化酵素の多くや解糖系の酵素などは水溶性球状タンパク質で，内部に疎水性のコアをもち，親水性の残基を外側に向けている。単一ドメインからなる可溶

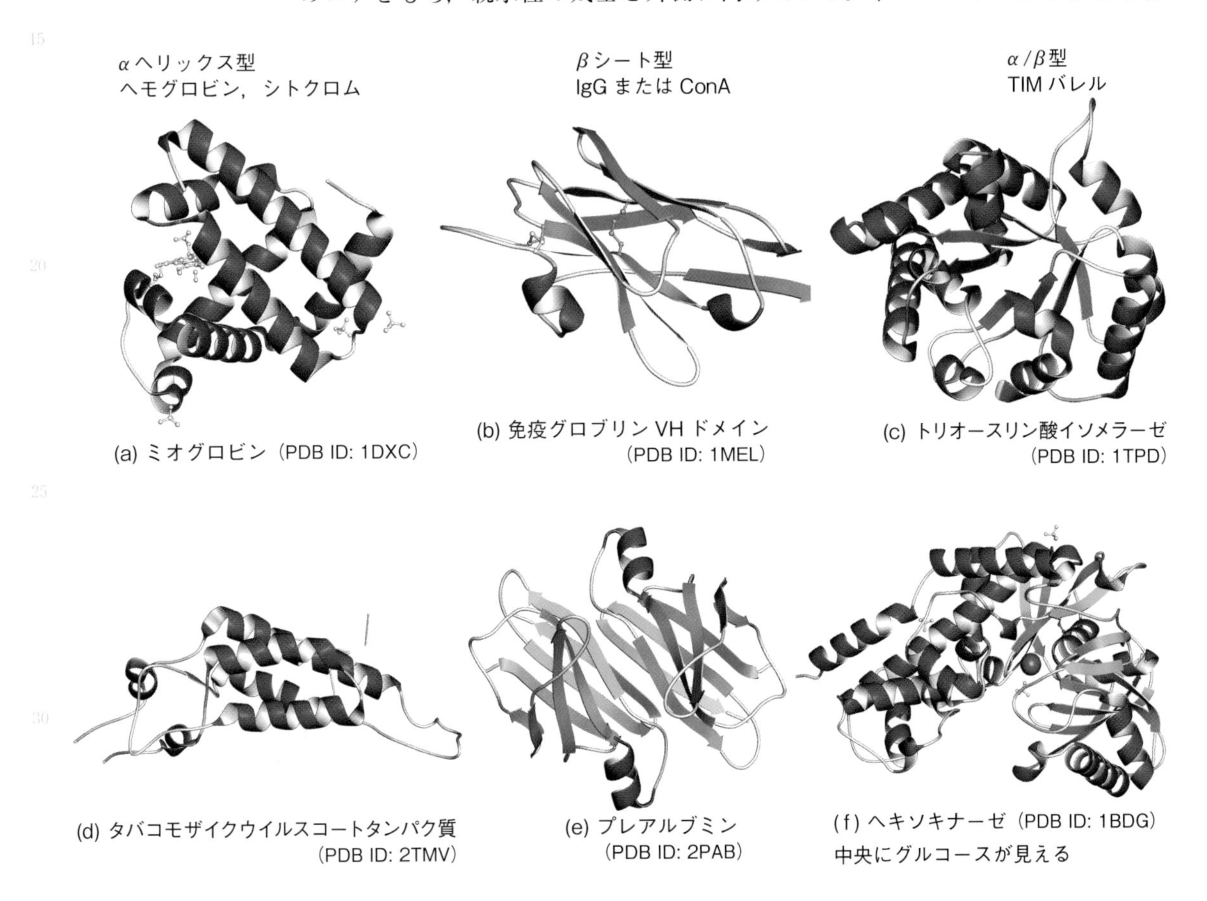

図2·10 可溶性球状タンパク質（ドメイン）
（二次構造別に配色）

性球状タンパク質の構造は大まかに分けると，αヘリックス型，βシート型，α/β型の3つに分けられる。αヘリックス型には，ヘモグロビンやシトクロム，β型には免疫グロブリンやコンカナバリンAなどがある。α/β型はTIMバレル（TIM＝triose phosphate isomerase）がその典型で，αヘリックスとβ構造が交互に現れる（図2·10）。

2.6.2　繊維状タンパク質

繊維状タンパク質は，疎水性コアをもたず，αヘリックスやβシート，3本鎖のコラーゲン様ヘリックスが長く伸びた構造をとっている。なお，細胞骨格を形成する微小管（チューブリン），アクチンフィラメント，中間径フィラメント（ビメンチンなど）などは球状タンパク質が繊維状に集合したもので，ここでいう繊維状タンパク質の範疇（ちゅう）に含めない。

①　αヘリックスからなる繊維状タンパク質

筋肉タンパク質のミオシンのロッド状部分（Lメロミオシン）やトロポミオシン（図2·11 a），また，血液凝固最終産物であるフィブリンの前駆体タンパク質フィブリノーゲンの繊維状部分は3本のαヘリックスがより合わさってできており（図2·11 b），コイルドコイル（coiled-coil）とよばれる。このcoiled-coilはさらに超らせんを形成し，1ターン当たり3.5残基で超らせん軸に沿って7残基ごとにくり返している。髪の毛の主成分であるαケラチンはシステインを多く含み，

(a) トロポミオシン
（PDB ID: 1C1G）

(b) フィブリノーゲン
（PDB ID: 1EI3）

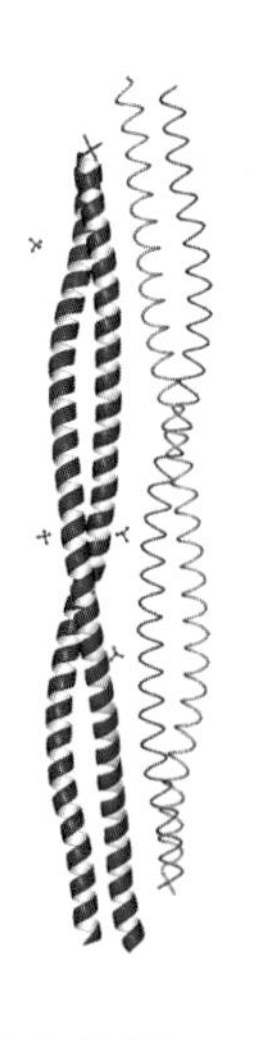

(c) ケラチン
（PDB ID: 6E2J）

図2·11　繊維状タンパク質

αヘリックス4本鎖（four-helix bundle）が基本構造になっていて（図2･11c），これがさらに8本集まって微繊維（microfibril）を構成している。αヘリックスが2本鎖になるか，3本鎖になるか4本鎖になるかに関しては配列依存性の経験則があり，ヘリックス車輪を描いたときにaとdの位置にどのようなアミノ酸がくるかで決まっているようである（表2･1）。

②　β構造からなる繊維状タンパク質

αヘリックスに比べて，β構造からなる構造モチーフはよりバラエティーがある。

絹フィブロイン は分子量約35万から42万程度のタンパク質であり，グリシン，アラニン，セリンが多く，-{(Gly-Ala)$_2$-Gly-Ser-Gly-Ala-Ala-Gly-(Ser-Gly-Ala-Gly-Ala-Gly)$_8$-Tyr}-という配列が約50回くり返している逆平行のβシートからなる。βシートの片側にグリシンが出ており，途中，100～200残基の不規則構造があって弾性を与えていると考えられる。絹の伸びにくい，強い，柔軟な性質はこのような二次構造から生じている。

βケラチンは爪などに存在し，αケラチンに比べてシステイン含量が低い。αケラチンを高い湿度の中で引き伸ばすと，βケラチンに転移することが知られている。P22ファージの3本鎖βヘリックスやアデノウイルス スパイクタンパク質のβスパイラルとよばれる構造についてはすでに述べた（図2･5f）。

図2･12にはT4ファージの尾繊維先端のニードルドメインのβ構造が示してある。3本の伸びたβ構造が先端のドメインで折り返して戻ってくるため，この部分は6本鎖になっている。ところどころに一定間隔でHis-X-Hisという配列があり，計6個のヒスチジンのイミダゾール基で1個の鉄イオンを配位して6本鎖ファイバーを安定化している。

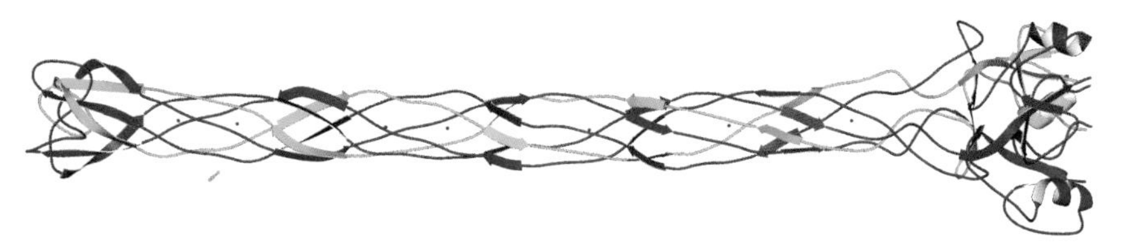

(PDB ID: 2XGF)

図2･12　尾繊維T4gp37C末端

③　コラーゲン繊維

コラーゲンは，体内のタンパク質の約20%を占める，動物体内で最も大量に存在するタンパク質で，骨，腱，皮膚，血管壁などを構成しており，グリシンとプロリンに富む。一次構造はGly-X-Yがくり返す構造が多い（ここで，Xはプロリンで，Yの位置にはヒドロキシプロリンが多い）。

コラーゲンは特殊な3本鎖へリックスを形成し，グリシンのNH基とX位のアミノ酸残基のカルボニル基が水素結合で結ばれている（図2·13a）。ヒドロキシプロリンのOH基は3本鎖へリックスがさらに集合して作る超分子構造を安定化している。

コラーゲンは前駆体タンパク質として合成され，はじめにN末端側でS－S結合により3本の鎖が束になり，それからファスナーをかけるようにしてコラーゲンへリックスが形成され，C末端側でさらにS－S結合によって結合する。その後ジスルフィド結合を含む両末端が切断されてコラーゲン繊維が完成する（図2·13b　プロコラーゲン，プロトプロコラーゲン）。

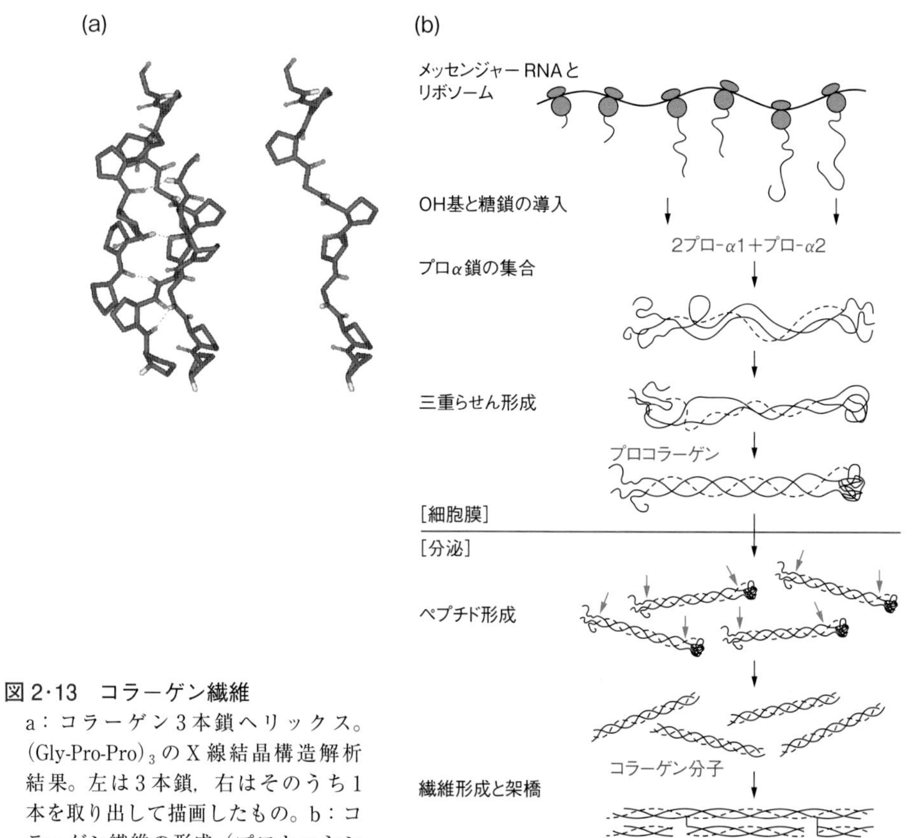

図2·13　コラーゲン繊維
a：コラーゲン3本鎖へリックス。$(\text{Gly-Pro-Pro})_3$ のX線結晶構造解析結果。左は3本鎖，右はそのうち1本を取り出して描画したもの。b：コラーゲン繊維の形成（プロセッシング）（藤本大三郎，1998より改変）

2.7　膜タンパク質

膜タンパク質は一般的には膜に結合しているタンパク質全般を指すが，図2·14に示すように，膜への結合の仕方はさまざまで，可溶性の球状タンパク質がアンカーを介して結合しているものや，膜に埋め込まれているタンパク質に親和性のある可溶性タンパク質もある。

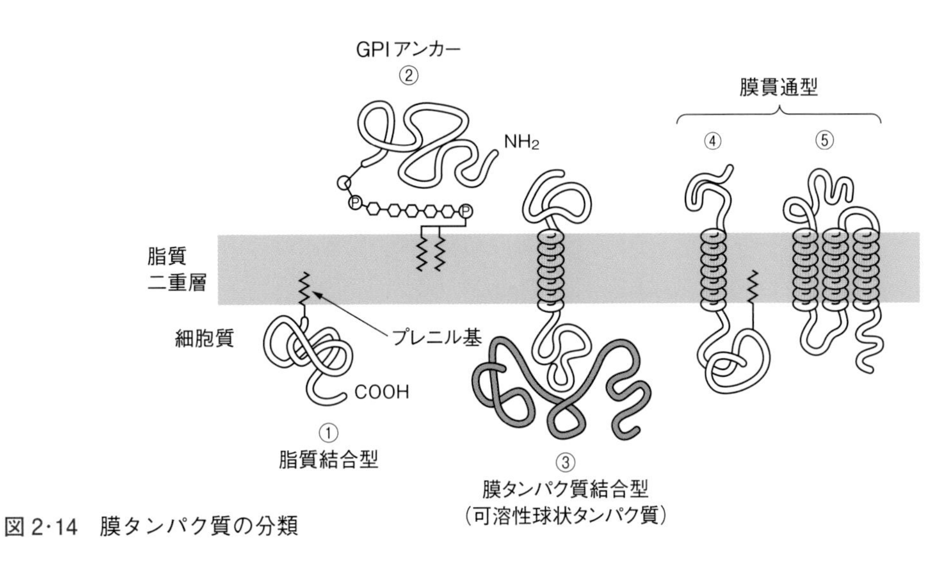

図2·14　膜タンパク質の分類

これに対して，膜に内在する種々の受容体（レセプター）やチャネル，ポンプなどの膜タンパク質は膜に挿入されて，はじめて構造が形成されるものであり，可溶性球状タンパク質と異なって外側に疎水性の面をもち，チャネルなどではむしろ内部が親水性である。

膜タンパク質はロドプシン，光合成反応中心など，以前は結晶化が困難であるために構造の決定されたものが少なかったが，近年増加の一途を辿っている。また，多くのレセプター（受容体）タンパク質では，複数回（とくに7回，12回などが多い）膜を貫通するタンパク質が多い。

脂質を共有結合で結合しているタンパク質には，図2·14①で示したN末端のグリシンのアミドや，C末端（-Cys-XXX-COOH）のシステインにプレニル基※2-2

※2-2　プレニル基：炭素数5のイソプレン基が1つまたは複数結合した官能基。イソプレン1つはジメチルアリル基，2つつながったモノはゲラニル基，3つつながったものはファルネシル基と呼ばれる。

CH_3
CH_3
ジメチルアリル基

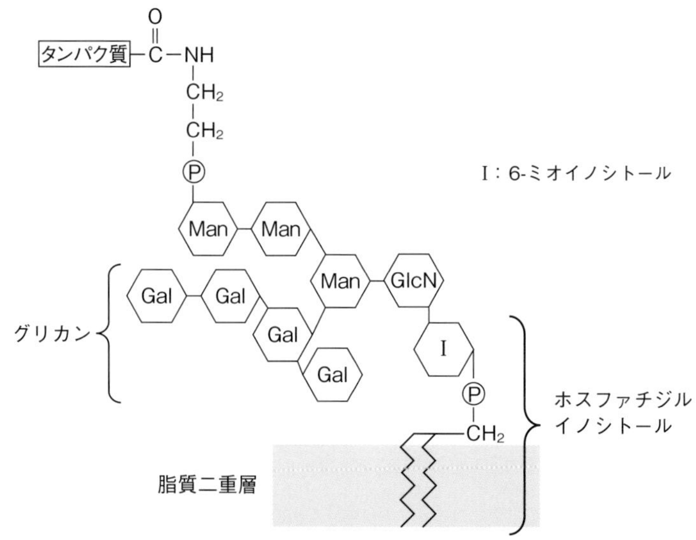

GPI(グリコシルホスファチジルイノシトール)アンカー

が結合したもの，また，C 末端アミノ酸に糖脂質である GPI アンカー（上図）がアミノ基転移によって結合したもの②などがある。

グラム陰性菌は内側から，内膜，ペプチドグリカン，外膜の3つの膜によって囲まれている。外膜は一般の生体膜と異なり，内側にリン脂質，外側に複合脂質であるリポ多糖（LPS）を配した非対称な膜構造になっている。脂質二重層は親水性の分子を通さず，LPS の外側に向けた糖鎖のために疎水性分子も通さない。しかし，外膜の膜タンパク質であるポーリンを通して，必要な親水性分子が取り込まれる（図2·15 a)。ポーリンは三量体の膜チャネルで，各サブユニットが β バレルを形成している。これに対して，内膜の脂質二重層に存在するロドプシン（図2·15 b）や，光合成反応中心（図2·15 c）などでは，膜に埋め込まれた部分は α ヘリックスに富んでいる。

真核生物の細胞膜も脂質二重層からなり，基本的に水を通さないが，実際には相当量の水分子が細胞を出入りしていることが知られている。水の出入りを可能にしているのはタンパク質アクアポリン（図2·15 d）である。

また細胞膜には，特定のイオンや薬剤を排出または取り込むポンプも存在する。ナトリウムポンプ（Na^+/K^+-ATP アーゼ）は，ATP の加水分解と共役して，細胞内からナトリウムイオンを汲み出し，カリウムイオンを取り込む。ABC（ATP-binding cassette）トランスポーター（図2·15 e）は，ATP の加水分解のエネルギーを利用して物質の輸送を行うタンパク質で，細菌の薬剤耐性の原因の1つともなる。

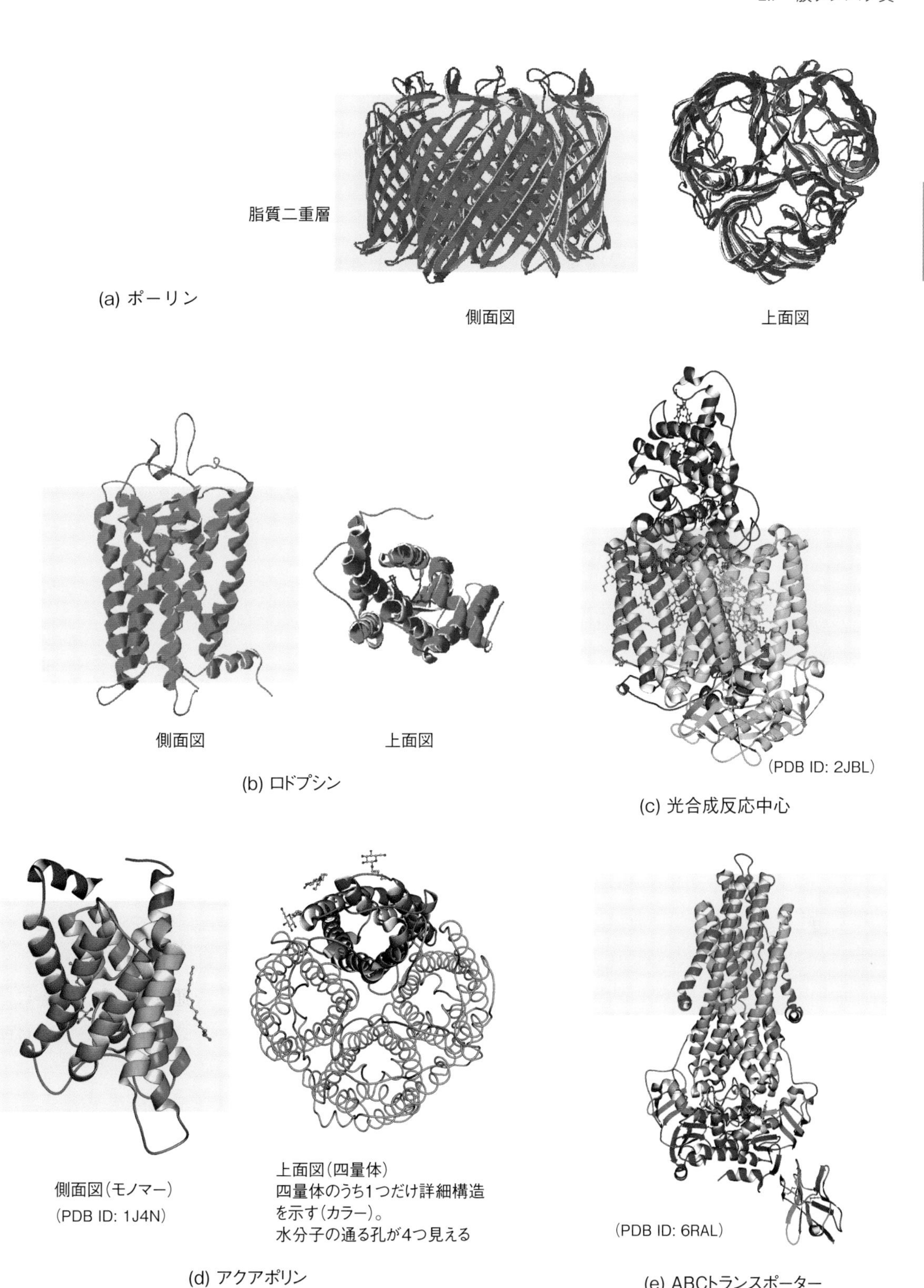

脂質二重層
側面図
上面図
(a) ポーリン
側面図
上面図
(b) ロドプシン
(PDB ID: 2JBL)
(c) 光合成反応中心
側面図(モノマー)
(PDB ID: 1J4N)
上面図(四量体)
四量体のうち1つだけ詳細構造
を示す(カラー)。
水分子の通る孔が4つ見える
(d) アクアポリン
(PDB ID: 6RAL)
(e) ABCトランスポーター

図 2·15 膜タンパク質

2.8　複数のドメインからなるタンパク質

ドメインが機能の単位でもあるという例として，すでに脂肪酸合成酵素（図2·9）を挙げたが，アスパラギン酸カルバモイルトランスフェラーゼ（ATCアーゼ）も触媒ドメインはアスパラギン酸ドメインとカルバモイルリン酸ドメイン，制御ドメインもアロステリックドメインとZnドメインのそれぞれ2つずつのドメインからなっている（図5·10参照）。

さらに複数のドメインをもつ例を見てみよう。タカアミラーゼAは2つのドメインからなり，一方はα／β型であり，もう一方はβ型（βバレル）である（図2·16 a）。IgGは2本のH鎖と2本のL鎖とからなる分子量15万〜19万の糖タンパク質で，H鎖，L鎖の分子量はそれぞれ5〜6万と2万3千である。H鎖は4つのドメイン，L鎖は2つのドメインから成り立ち，いずれのドメインも8本のβ鎖からなるいわゆるIgドメインをもっており，1つのS−S結合をもつ（図2·16 b）。各ドメインは100ないし110個のアミノ酸からなる。

一般にドメインどうしは，柔軟なリンカーペプチドで連結されていて，そこはプロテアーゼによって攻撃されやすくなっていることが多い。しかし，タンパク質によっては，短いリンカーでつながれたドメインどうしが強い相互作用で結合している場合もある。

軟体動物のヘモシアニンは分子量30万〜35万の巨大なポリペプチド鎖で，分子量約5万の相同性の高い球状ドメイン6ないし7個からなり，各ドメインには2個の銅原子からなる酸素結合部位がある。この巨大なポリペプチド鎖はさらに5本集まって特徴的な円筒を形作っている（図2·16 c）。生物種によってはこの円筒がさらに2つhead-to-headに結合して，2倍の長さの円筒をなす場合もある。総分子量は700万に達する。

免疫グロブリン，ヘモシアニン以外にもくり返し構造をもつタンパク質は多い。これらは遺伝子が重複して分子量を増加させた結果と考えられている。たとえば，いわゆるクリングル構造（図2·16 d）をくり返し単位としてもつタンパク質が，多く見いだされている。クリングルは，北欧のビスケットの形にちなんだ名前である。1個のクリングルは，約80個のアミノ酸からなり，特徴的な2個のS−S結合をもち，分子認識に重要な役割を担っていると考えられる。ウロキナーゼや血液凝固因子XⅡでは1個，組織特異的プラスミノゲンアクチベーターとプロトロンビンでは2個，肝細胞増殖因子には4個，プラスミノゲンには5個見いだされ，これらは共通の祖先に由来していると考えられる。アポリポプロテインは38個のクリングル構造をもつことが見いだされている。

タンパク質の中には，相同なドメインのくり返しばかりでなく，1つのポリペプチド鎖の中に，異なる起源のドメインをいくつも抱き込んだと考えられるものもある。α_2 マクログロブリンレセプターは分子量 51.5 万の α 鎖と 8.5 万の β 鎖からなるが，LDL（低密度リポプロテイン）レセプターと似た膜貫通領域や EGF 前駆体相同ドメインがあり，その他に EGF（上皮増殖因子）リピートや多数の相同なリガンド結合ドメインをもつ。

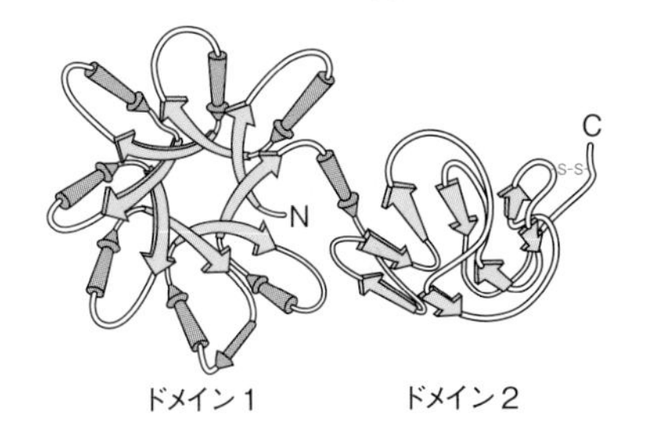

図2·16 a　タカアミラーゼA

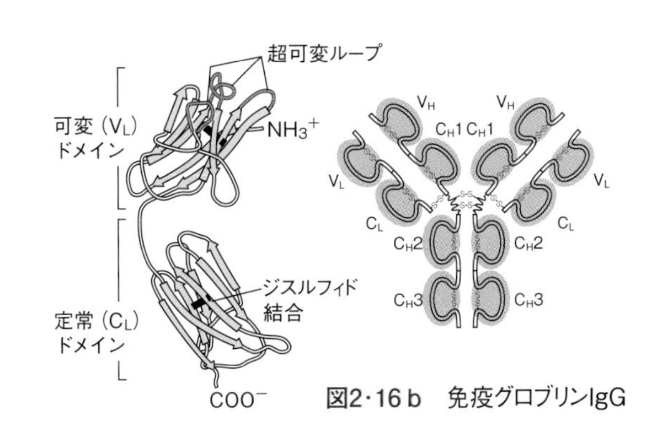

図2·16 b　免疫グロブリンIgG

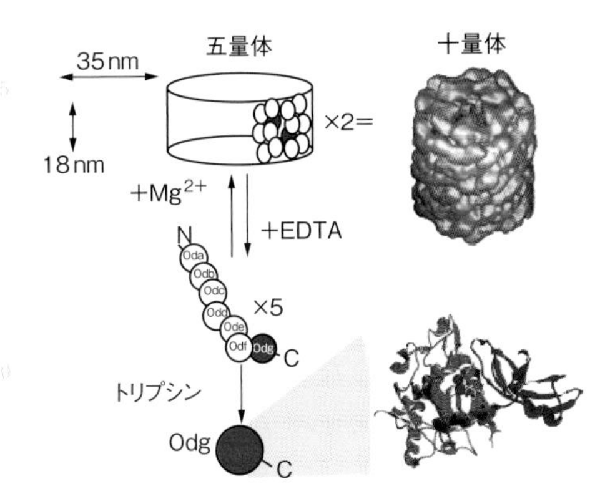

図2·16 c　軟体動物のヘモシアニン

左上の五量体がhead-to-headで会合して右上の十量体になる。1分子は下のように7つのドメインからなる。C末端のドメイン1つが赤く塗ってあり，トリプシンで切断解離し，それを単離・結晶化してX線で構造を決めたものが下右の構造。

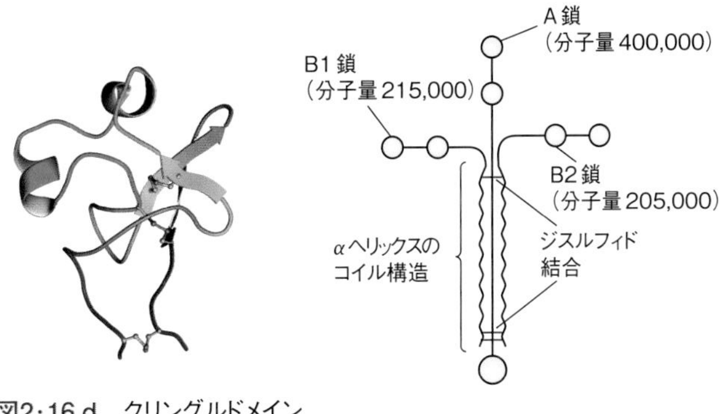

図2·16 d　クリングルドメイン（PDB ID: 1KDU）

図2·16 e　ラミニン

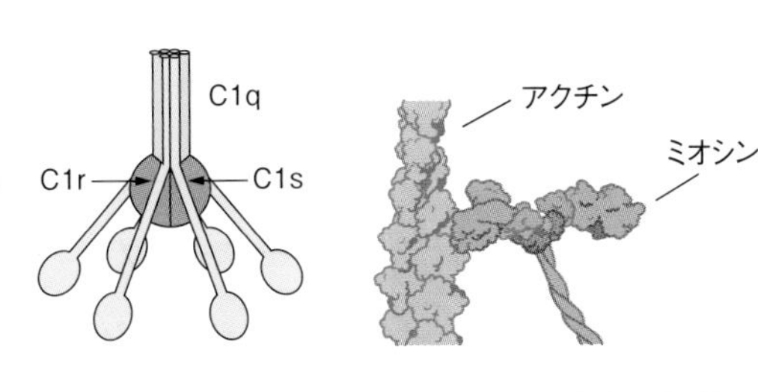

図2·16 f　補体C1q　図2·16 g　アクチン–ミオシン

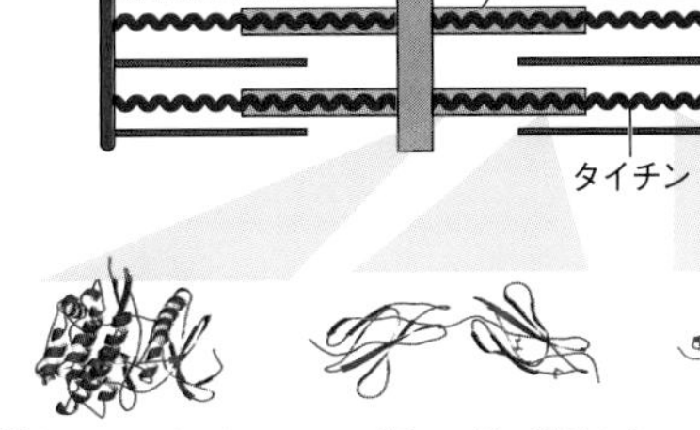

図2·16 h　タイチン

図 2·16　複数のドメインからなるタンパク質

また，基底膜の主要成分であるラミニンは3つのポリペプチド鎖A（分子量44万），B1（分子量22万），B2（分子量22万）からなる総計分子量90万のタンパク質である。これら3本のポリペプチド鎖がαヘリックスのコイルドコイル3本鎖を形成する他，EGF相同領域，TGF（トランスフォーミング増殖因子）-α相同領域などがあり，50アミノ酸残基程度の相同領域が多数くり返している。これらの中にはシステインやグリシンが規則正しい間隔で並ぶ特徴的な配列もあり，各領域の構造や起源に興味がもたれている（図2·16e）。補体C1q（図2·16f）も，1分子内に球状の部分（球状ドメイン）と，繊維状部分（コラーゲン様ドメイン）を合わせもっている。ミオシンも，アクチンと相互作用するS1とよばれる球状の部分と，太いフィラメントを形成する繊維状の部分（αヘリックス）からなる（図2·16g）。タイチンは横紋筋の収縮単位であるサルコメアを縦断する弾性タンパク質で，IgG様ドメイン，フィブリノーゲン様ドメイン，偽キナーゼドメインなどのドメインから構成されている（図2·16h）。

2.9　単純タンパク質と複合タンパク質

タンパク質は，ポリペプチド鎖だけからなる単純タンパク質と，共有結合または非共有結合によって種々の補因子，糖，脂質，金属イオンなどを結合している複合タンパク質に分類することができる。

金属イオンはCu^{+}，Ca^{2+}，Fe^{2+}，Mn^{2+}，Zn^{2+}などさまざまで，酵素活性に必須な役割を果たしているものもあれば，構造を安定化していると考えられるものもある。

酵素には，活性に必須な金属イオン以外の補因子を結合しているものが多くあり，たとえば，酸化還元酵素ではNADH，NADPHまたは$FADH_2$が補酵素として反応に必須の機能を果たしている。FAD（$FADH_2$）を結合した酵素はとくに**フラビン酵素**とよばれ，一般にNADHよりも強く酵素に結合している。

複合タンパク質には，その他に糖を結合したものや，脂質を結合したものもある。

▶糖タンパク質

タンパク質には糖鎖をもつものが多く，とくに血液中のタンパク質はほとんどが糖タンパク質である。糖鎖自体は機能には直接関与しない場合も多く，プロテアーゼによる分解を防いでいるのではないかと思われるが，膜表層のレセプターであるアドレナリン受容体のように，糖鎖が分子認識に重要な場合も報告されている。

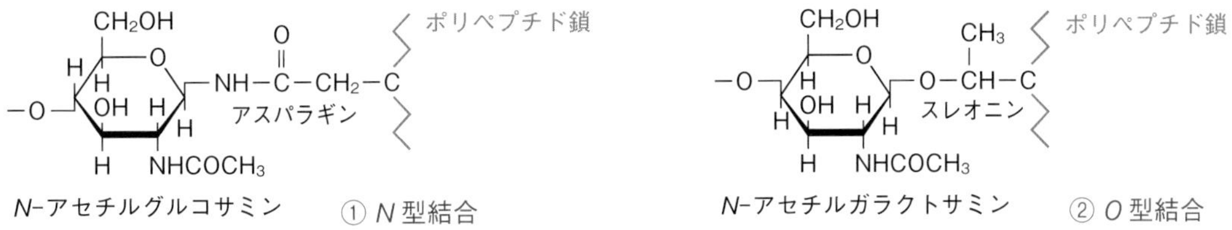

CH_2OH　O　ポリペプチド鎖
$-O-$ H OH H H NH−C−CH_2−C
アスパラギン
H　$NHCOCH_3$
N-アセチルグルコサミン　① *N* 型結合

CH_2OH　CH_3　ポリペプチド鎖
$-O-$ H OH H H O−CH−C
スレオニン
H　$NHCOCH_3$
N-アセチルガラクトサミン　② *O* 型結合

Man α(1→6)
Man α(1→3)　Man β(1→4) − GlcNAc β(1→4) − GlcNAc β(1→*N*) − Asn

N 型糖鎖の例

図 2·17　糖タンパク質

糖タンパク質は糖鎖とタンパク質との結合の様式によって2つに分けられる。①タンパク質のアスパラギン残基に*N*-アセチルグルコサミンの結合した*N*型糖鎖と，②タンパク質のセリンまたはスレオニン残基に*N*-アセチルガラクトサミンが結合した*O*型糖鎖である。いずれの場合も糖は還元末端でタンパク質に結合する。

*N*型はさらに，高マンノース型，複合型，混合型に分けられる。これらの糖鎖の非還元末端にはシアル酸やフコースが結合していることが多い。がん細胞には，特異的な糖鎖をもつ糖タンパク質が現れ，がん細胞の指標とされることがあるが，機能は不明である（図 2·17）。

脂質を共有結合しているタンパク質は，糖を結合したタンパク質が糖タンパク質とよばれるのと同じように，リポタンパク質とよばれても良さそうなものであ

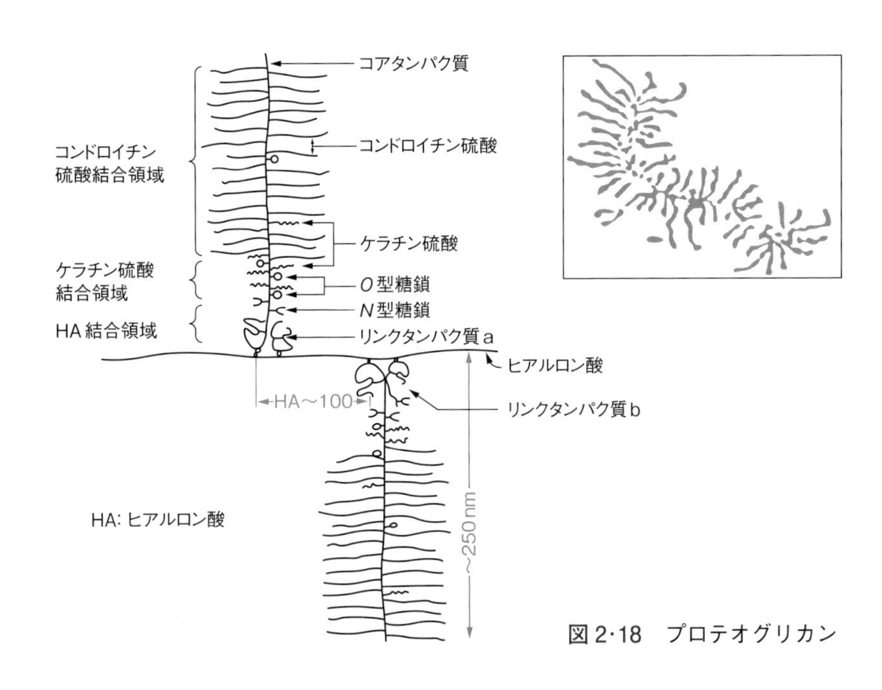

図 2·18　プロテオグリカン

るが，歴史的な理由から，リポタンパク質というと脂質の運搬に関与している可溶性リポタンパク質を指すことが多い。可溶性リポタンパク質は密度，すなわち脂質含量によってキロミクロン，超低密度リポタンパク質（VLDL），低密度リポタンパク質（LDL），高密度リポタンパク質（HDL）に分けられる。このうち，キロミクロンとVLDLは主としてトリグリセリド，LDLはコレステロール，HDLはリン脂質を多く含む。

なお，糖タンパク質の中にはタンパク質含量に比して糖含量が著しく多いものがあり，プロテオグリカンとよばれており（図2·18），糖タンパク質とは区別される。

2.10　天然変性タンパク質

アンフィンセンドグマによれば，タンパク質はリボソーム上で合成された後，アミノ酸配列に依存した固有の形を取って初めて機能をもつ。ところが，生理的条件下にあっても固有の形を取らず，機能を果たすタンパク質が意外と多く存在し，重要な役割を担っていることが認識されるようになってきた。これは天然変性タンパク質（intrinsically disordered proteins, IDP）とよばれる。

天然変性タンパク質は，原核生物には少なく，真核生物に多い。とくに核に局在するものが多く，機能としてはシグナル伝達や転写制御に関係するタンパク質が多い。図2·19に天然変性タンパク質の一般的なイメージを示す。天然変性タ

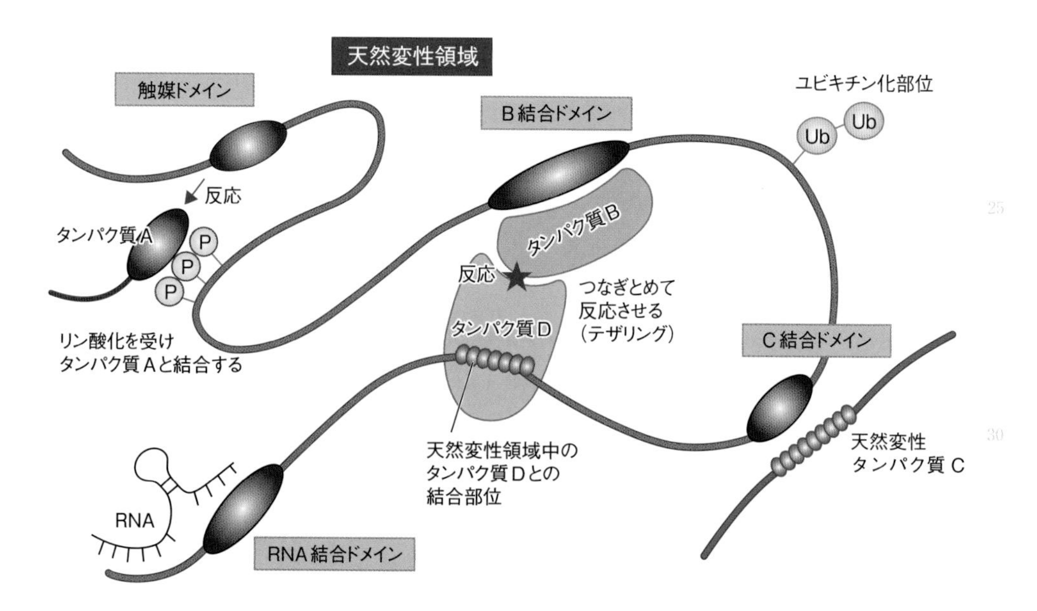

図2·19　天然変性タンパク質のイメージ
（太田元規教授のご厚意により掲載，実験医学11月号，p. 3078 図1（2019）羊土社より）

ンパク質は，長く大きなマルチドメインタンパク質で，いくつかの構造ドメイン（楕円で示す）と天然変性領域（赤線で示す）からなる。構造ドメインは他の分子と相互作用したり，酵素活性をもって基質と相互作用する。相互作用はリン酸化などの翻訳後修飾によって制御されている。

近年，液－液相分離に基づく核小体など，膜をもたない粒子が知られるようになってきたが，天然変性タンパク質はRNAと相互作用してこの相分離に関わっている例が見つかってきている。

天然変性タンパク質は細胞周期制御に関わるp21のように，固有の立体構造をもつサイクリン依存性キナーゼ（cyclin-dependent kinase：CDK）と共存すると立体構造を取るものがある他，天然変性領域どうしで相互作用する場合もあり，その場合の相互作用の特異性が一般的にいかにして実現されているのかはまだわかっていない。天然変性タンパク質を検索するプログラムDICHOTによって作成された天然変性タンパク質のデータベースがある（Fukuchi, S. *et al.*, 2011）。

2.11 タンパク質の動的構造：ゆらぎ

X線結晶構造解析で決定されたタンパク質の立体構造は固定された構造のように見え，柔軟性をもつようには見えないかもしれないが，実際には熱運動によって揺らいでいる。実際，例えばミオグロビンのデオキシ（deoxy）型の構造に酸素を結合させせようとしても，酸素分子は中に入ることができない。ミオグロビン分子の構造がゆらいでいて，結合部位の表面が口を開けたところで酸素分子が入るものと考えられる。

X線結晶構造解析の座標データの中にあるB因子（B-factor）は，ゆらぎを表すと考えられる。この因子によって，立体構造中のどの原子のゆらぎが大きいかを見ることができる。NMRでは，さらに直接的にこのゆらぎを捉えている。この構造のゆらぎは，とくに酵素の反応過程で必要であると考えられている。これに関して，酵素に基質が結合する過程で誘導適合（induced-fit）とよばれる構造変化が起こって，結合が強化されるとする説がある。これに対して構造選択説（pre-existing model）では，酵素は可能なコンホメーションの中でゆらいでおり，リガンドはとくに（鍵と鍵穴として）適合した構造に結合するとされる。酵素反応の協同性を説明するMWCモデル（7.5.2項参照）では，リガンド不在の状態でT状態とR状態が動的平衡にあって，R状態の結合定数がT状態よりもずっと高いとすることによって協同性を説明している。MWCモデルに対して提案されたKNFモデルは誘導適合モデルに対応している。

コラム 2.1　アラインメント

タンパク質の立体構造は一次構造，すなわちアミノ酸配列に依存しており，従って，2つのアミノ酸配列が類似していれば同じ高次構造を取る可能性が高い。この考えに基づいて，配列を比較することがしばしば行われる。

2つまたは複数の配列を比べる場合にはまず，アラインメントを行う。アラインメントとは2つ以上の配列を，対応するアミノ酸ができるだけ多く同一のアミノ酸になるように並べることである。アラインメントの方法としては，2つの配列をそのまま並べてできるだけ似た部分が重なるように向かい合わせる方法が考えられる。この方法でヘモグロビンのα鎖とβ鎖を比べてみると，期待するほど似ているようには見えない。しかし，適当な場所に3つのギャップを入れてやると，相対する同一のアミノ酸の数が16個から62個へと大幅に増えることがわかる（図A）。ただし，ギャップを入れる場合，いくらでも入れてよいとすると，まったく似ていない配列どうしも相当重なり合ってしまう。実際にはギャップ（欠失）や挿入は1塩基置換よりもずっと起こりにくい事象であるから，挿入するギャップは必要最小限にとどめなければならない。

このようなことも考慮して，アラインメントの適切さを判断する指標としてホモロジー・スコア（評価指数）というものが考えられた。例えば，アラインメントされた2つの配列間の向かい合ったアミノ酸が同一である場合には10点，同じでなければ0点を与えることにし，ギャップを入れるときには1つにつき−25点の減点を与えて，ペアの配列についてこれらの点の合計をとる。ただし，システインはよく保存される傾向があるので，システインが保存されていれば20点与えるようにする。このやり方では図Aの場合，aのアラインメントではホモロジースコアは160，bのアラインメントでは $620 - 25 \times 8 = 420$ で後者のアラインメントが圧倒的によいことがわかる。

コンピュータで行われるアラインメントでは，ダイナミック・プログラミング（組み合わせ最適化）法という方法が用いられる。この方法では図Bに示すように，アラインメントしたい2つの配列を縦と横に並べる。最適のアラインメントを求める問題は，この図で，左上の格子点から右下の格子点にたどり着く経路の中から最適なものを選び出す問題に帰着される。ここで，中の四角形に注目すると，上辺の右横に向かう線は縦方向の配列にギャップを入れる操作，左辺の下向きの線は横方向の配列のその位置にギャップを入れる操作，対角線の右下向きの線は両位置のアミノ酸を対応させる操作に対応する。上記の，同一のアミノ酸だけに点数を与えるやり方は，よく似たタンパク質どうしでは十分目的が達成されるが，配列の類似度が減るにつれて有意なアラインメントを得にくくなる。そこで，同一でなくても似たアミノ酸には点数を与える方法として，デイホフ（Dayhoff, M. O.）は統計的手法を使って変異マトリックス（mutation matrix）（PAM250ともよばれる）を考案した（図C）。縦方向と横方向にアミノ酸配列が並べてあり，ペアのアミノ酸残基の間の置換の「起こりやすさ」の値を定めてある。この表からわかるように，特にシステイン，トリプトファンなどがよく保存される。ここで与えられた数値をアラインメントした際に向かい合うペアのアミノ酸に対して与える点数として，点数の合計を計算してアラインメント・スコアとする。

```
(a) α鎖  V L S P A D K T N V K A A W G K V G A H A G E Y G A E L L E R M F L S F P T T K
    β鎖  V H L T P E E K S A V T A L W G K V N V D E V G G E A L G R L L V V Y P W T Q R

    α鎖  T Y F P H F D L S H G S A Q V K G H G K K V A D A L T N A V A H V D D M P N A L
    β鎖  F F E S F G D L S T P D A V M G N P K V K A H G K K V L G A F S D G L A H L D N

    α鎖  S A L S D L H A H K L R V D P V N F K L L S H G L L V T L A A H L P A E F T P A
    β鎖  L K G T F A T L S E L H C D K L H V D P E N F R L L G N V L V C V L A H H F G K

    α鎖  V H A S L D K F L A S V S T V L T S K Y R
    β鎖  E F T P P V Q A A Y Q K V V A G V A N A L A H K Y H

(b) α鎖    V L S P A D K T N V K A A W G K V G A H A G E Y G A E A L E R M F L S F P T T
    β鎖  V H L T P E E K S A V T A L W G K V     N V D E V G G E A L G R L L V V Y P W T
                                            ▲
                       ▼               ▼
    α鎖  K T Y F P H F   D L S H           G S A Q V K G H G K K V A D A L T N A V A H V
    β鎖  Q R F F E S F G D L S T P D A V M G N P K V K A H G K K V L G A F S D G L A H L

    α鎖  D D M P N A L S A L S D L H A H K L R V D P V N F K L L S H C L L V T L A A H L
    β鎖  D N L K G T F A T L S E L H C D K L H V D P E N F R L L G N V L V C V L A H H F

    α鎖  P A E F T P A V H A S L D K F L A S V S T V L T S K Y R
    β鎖  G K E F T P P V Q A A Y Q K V V A G V A N A L A H K Y H
```

図A　2つのアミノ酸配列のアラインメント
a：ギャップ無し。
b：3か所にギャップ（▲と▼）を入れた場合。（Doolittle, R. F., 1986より改変）

2つのアミノ酸配列a，bをN末端が左上にくるようにしてそれぞれ横と縦に並べ，マス目の中にアミノ酸対のデイホフのマトリックスの値を入れる。次に罫線の各交点$(i,\ j)$の値m_{ij}を次式に基づいて計算する。

$$m_{ij} = \max \left| \begin{array}{l} m_{i-1,\ j-1} + S \\ m_{i,\ j-1} - \Delta \\ m_{i-1,\ j} - \Delta \end{array} \right|$$

（Δはペナルティーでここでは10としてある）
Sはデイホフのマトリックスの値。
結果として得られた○内の数が常に最も大きくなるように左上から右下までたどることによって最適のアラインメントが得られる。すなわち，

VEDQKLSKCN
VENKL＿TRPKC

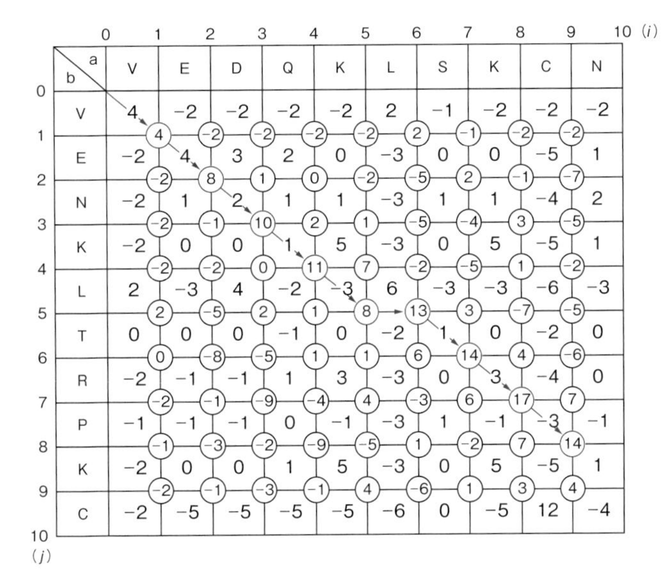

図B　ダイナミックプログラミングによるアラインメント

Cys	12																			
Ser	0	2																		
Thr	−2	1	3																	
Pro	−3	1	0	6																
Ala	−2	1	1	1	2															
Gly	−3	1	0	−1	1	5														
Asn	−4	1	0	−1	0	0	2													
Asp	−5	0	0	−1	0	1	2	4												
Glu	−5	0	0	−1	0	0	1	3	4											
Gln	−5	−1	−1	0	0	−1	1	2	2	4										
His	−3	−1	−1	0	−1	−2	2	1	1	3	6									
Arg	−4	0	−1	0	−2	−3	0	−1	−1	1	2	6								
Lys	−5	0	0	−1	−1	−2	1	0	0	1	0	3	5							
Met	−5	−2	−1	−2	−1	−3	−2	−3	−2	−1	−2	0	0	6						
Ile	−2	−1	0	−2	−1	−3	−2	−2	−2	−2	−2	−2	−2	2	5					
Leu	−6	−3	−2	−3	−2	−4	−3	−4	−3	−2	−2	−3	−3	4	2	6				
Val	−2	−1	0	−1	0	−1	−2	−2	−2	−2	−2	−2	−2	2	4	2	4			
Phe	−4	−3	−3	−5	−4	−5	−4	−6	−5	−5	−2	−4	−5	0	1	2	−1	9		
Tyr	0	−3	−3	−5	−3	−5	−2	−4	−4	−4	0	−4	−4	−2	−1	−1	−2	7	10	
Trp	−8	−2	−5	−6	−6	−7	−4	−7	−7	−5	−3	2	−3	−4	−5	−2	−6	0	0	17
	Cys	Ser	Thr	Pro	Ala	Gly	Asn	Asp	Glu	Gln	His	Arg	Lys	Met	Ile	Leu	Val	Phe	Tyr	Trp

図C　デイホフの変異マトリックス（PAM 250）
数字は置換における相対頻度の常用対数の10倍を示す。また表の平均が0になるようにしてある。

コラム 2.2　アミノ酸配列データベース

アミノ酸配列や核酸塩基配列は，1980 年代になって多くの研究者の努力により現在のような世界共通のフォーマットに整えられたが，その源をたどると，デイホフ女史(Dayhoff, M.O., 1925-1983) の "Atlas of Protein Sequence and Structure" に行き着く。デイホフ博士は，最初に配列決定されたインシュリン（Sanger, F., 1955）から始めて，発表されるアミノ酸配列を網羅的に収集し，1968 年から 1975 年まで改訂を重ねた。同博士は，コンピュータによるタンパク質のアミノ酸配列の比較のための方法の開発や，系統的に離れた種からの同一タンパク質のホモロジー検索，配列内部の繰り返しなどを検出する方法を発展させ，タンパク質スーパーファミリー(1975)の概念に基づいてデータベースの構築を行った。その資産は NBRF に受け継がれ，現在の PIR（Protein Information Resource) として，世界中で利用されている。

タンパク質のアミノ酸配列データベースとしては上記 PIR のほか，高水準のアノテーションで定評がある Swiss-Prot，タンパク質研究奨励会の PRF などがある。PRF は文献が網羅されていて，比較的短いペプチドも多数収集されている。

90 年代以降，新しく決定されるアミノ酸配列は核酸の塩基配列から決定されたものが圧倒的に多くなり，タンパク質のアミノ酸配列も遺伝子配列データベースに大半が収録されている。日本では国立遺伝学研究所の運営する DDBJ（DNA Databasc of Japan）が遺伝子情報を管理しており，アクセスするとデータベースの使い方などわかりやすいサポートがある。DDBJ はアメリカ NCBI（National Center for Biotechnology Information）の運営する GenBank と EBI（European Bioinformatics Institute）の運営する EMBL と 3 者共同体を形成しており，データは常に同期されているので，どのデータベースにあたっても同じものを得ることができる。

コラム 2.3　プロテインデータバンク（PDB）

プロテインデータバンク（PDB）はタンパク質の立体構造データベースで，これまでに報告されたタンパク質の原子座標がデータベースとして登録されている。X 線結晶構造解析および NMR（核磁気共鳴法）でこれまでに原子座標の決定されたタンパク質は 16 万件を越える（2020 年 2 月現在)。PDBj（日本蛋白質構造データバンク；Protein Data Bank Japan）は，大阪大学蛋白質研究所によって，共同利用・共同研究拠点活動として運営され，データベースの管理と共に，生体高分子の立体構造の表示や解析ツールや関連データベースを提供している。PDBj は米国 RCSB PDB，BMRB，および欧州 PDBe と協力して，国際的に統一化されたフォーマットに基づいてデータベースが管理されている。これらの PDB でデータは常に同期されているので，どのデータベースからも同じデータを得ることができる。

タンパク質の立体構造は，多くのファミリーに分けられる。PDB のデータは増加の一途をたどっているが，このファミリーの数はいくつまで増え続けていくのだろうか。ファミリーの増加と，タンパク質の一次構造の増加の傾向を単純に外挿すると，最終的にはすべてのタンパク質は 1000 ぐらいのファミリー，すなわち主鎖の折りたたまれ方に分類できるとの予想がある（Chothia, C., 1992)。

3章 タンパク質の立体構造を安定化する力

天然変性タンパク質は別にして，多くのタンパク質は安定な特定の立体構造を形成することによって機能を発揮する。ここでは，多くの酵素やヘモグロビンなどの水溶性球状タンパク質の構造安定性について考える。タンパク質が取る特有の形（コンホメーション）は，そのタンパク質が結合すべきパートナー分子と特異的に結合することを可能にするコンホメーションと，結合部位として必要な残基の配置を満たすものである。これらのタンパク質は常温では安定であるが，一般的に熱に弱く，温度を上げるとふつう 50 ～ 60℃で変性して失活する。タンパク質はまた，酸やアルカリでも変性し，尿素，塩酸グアニジン，種々の界面活性剤などでも容易に失活する。タンパク質はこのように環境のわずかな変化で容易に失活するものである。変性すると，内部の疎水性の領域が表面に現れて，タンパク質分子どうしが集まって凝集する。タンパク質がそれほど安定ではないことの積極的な意義については後ほど触れることにして，ここでは安定な構造が保たれるための物理化学的条件について考える。

さて，折りたたまれたタンパク質をほどこうとする（変性しようとする）最も大きなエネルギーはコンホメーションのエントロピーに起因するものである。コンホメーションのエントロピーは

$$\Delta S_{\mathrm{conf}} = R \ln N \tag{3-1}$$

と表される。ここで R は気体定数, N は可能なコンホメーションの数である。今，100 個のアミノ酸からなるタンパク質を考え，各アミノ酸残基のとりうるコンホメーション（φ, ψ：2 章のラマチャンドランプロット参照）の自由度が平均 $3 \times 3 = 9$ であるとすると，$N = 9^{100}$ となり，25℃で $\Delta G_{\mathrm{conf}} = -T\Delta S_{\mathrm{conf}} \simeq -RT \ln 9^{100} = -543$ kJ/mol となる。ここで G は自由エネルギー，T は絶対温度である。大変粗い計算だが，大まかに言って少なくとも，これだけのエントロピー減少に打ち勝つための結合エネルギー（エンタルピー）を，ポリペプチドの折りたたみによって獲得しなければならないことになる（**エンタルピー・エントロピー補償則**）。タンパク質の安定性をもたらすのは以下に述べるように，主として非共有結合や水のエントロピー変化である。

なお，水溶性球状タンパク質でも，例外的に 100℃（またはそれ以上）の温度でも安定なタンパク質が存在する。高度好熱菌のタンパク質はそのような耐熱性

がある。耐熱性タンパク質については章の後半で簡単に述べる。

3.1　共有結合と非共有結合

まず，共有結合と非共有結合のエネルギーの大きさを比べてみる。アミノ酸どうしをつないでいるペプチド結合や，2つのシステイン残基の間に形成される**ジスルフィド結合**は共有結合であり，それぞれ約420 kJ/molおよび210 kJ/molである。これに対して，表3·1に示すように静電相互作用，水素結合などのエネルギーは0〜60 kJ/mol程度である。このように1つひとつの非共有結合のエネルギーは小さいが，これが多数集まることによって，大きな安定化されたエネルギーを獲得することができる。

表3·1　細共有結合と非共有結合のエネルギー

	結合の長さ（nm）	結合エネルギー（kJ/mol）	
共有結合			
C—C	0.15	360	
C＝C	0.13	550	
C—H	0.12	410	
非共有結合		一般的な大きさ（kJ/mol）※	
静電相互作用			
電荷−電荷		$U = q_1 q_2 / Dr$	60
電荷−双極子		$U = q_1 q_2 \theta / Dr^2$	−8〜+8
双極子−双極子		$U = \mu_1 \mu_2 \theta' / Dr^3$	−2〜+2
電荷−誘起双極子		$U = q_1^2 \alpha_2 / 2D^2 r^4$	0.25
ファンデルワールス力		$U = 3I\alpha_1 \alpha_2 / 4r^6$	0〜40
水素結合	2.8〜3.7	13〜25	

q：電荷，μ：双極子モーメント，α：分極率，D：溶媒の誘電率，I：イオン化エネルギー。
r：分子間距離，θ, θ'：電荷と双極子を結ぶ直線と双極子モーメントのなす角。
※ Van Holde, Physical Biochemistryより

3.2　静電相互作用

静電相互作用は電荷どうしの間，電荷と電気双極子モーメント，電荷と誘起双極子モーメント，双極子モーメントと双極子モーメント，および双極子モーメントと誘起双極子モーメントの間に生じる相互作用である。最も簡単な電荷間の相互作用はクーロンの法則によって表される。クーロンのポテンシャルUおよび力Fは

$$U = \frac{1}{D}\frac{q_1 q_2}{r} \qquad F = \frac{dU}{dr}\frac{q_1 q_2}{r^2} \tag{3-2}$$

と表される。ここで，Dは誘電率，rは電荷間の距離，q_1，q_2は電荷を表す。誘電率は溶媒の分極率[※3-1]を反映している。真空の誘電率との比である比誘電率εで表すと，真空で$\varepsilon = 1$，非極性溶媒では$D \fallingdotseq 2$であるが，水では$\varepsilon \fallingdotseq 80$と大変大きい(表3·2)。上式からクーロンポテンシャルUは(したがって作用する力Fも)溶媒の誘電率に反比例するので，水中におけるクーロン力は80分の1まで弱くなってしまうことがわかる。タンパク質内部の正確な誘電率を見積もるのは困難だが，誘電率は3～4と考えられている。したがって，タンパク質内部での静電相互作用は水に露出したタンパク質表面の静電相互作用より大きい。

表3·2　水の比誘電率の温度依存性

温度（℃）	比誘電率（ε）	温度（℃）	比誘電率（ε）
0	88.00	40	73.28
5	86.04	45	71.59
10	84.11	50	69.94
15	82.22	60	66.74
20	80.36	70	63.68
25	78.54	80	60.76
30	76.75	90	57.98
35	75.00	100	55.33

Handbook of Chemistry and Physics, Cleveland, The Chemical Rubber Vo., 1966.

中性の分子でも双極子モーメント[※3-2]をもった分子では，双極子どうしまたは双極子と電荷の間にクーロン力が生じる。表3·1に電荷間（たとえばリシンのεアミノ基の正電荷とアスパラギン酸のβカルボキシ基の負電荷），電荷－双極子間（例えばリシンのεアミノ基とペプチド結合の双極子モーメント），双極子間のポテンシャルの関数形が記してある。電荷が中性分子に接近すると一般に誘起双極子を生じ，その結果，電荷と誘起双極子の間にも力が働く。表を見ると，下に行くにしたがって分母にある距離rの次数が大きくなっていることがわかる。rの次数の最も低い電荷どうしの間に作用する力は最も長距離まで働く相互作用

※3-1　分極率は分子や原子に電場をかけたときに，電子雲がどの程度容易に偏り，その結果，分子や原子内に双極子モーメントが生じやすいかを示す指標である。

※3-2　2つの絶対値の等しい電荷qと$-q$が距離l離れて存在するとき，qlがこの電荷の形成する双極子モーメントである。

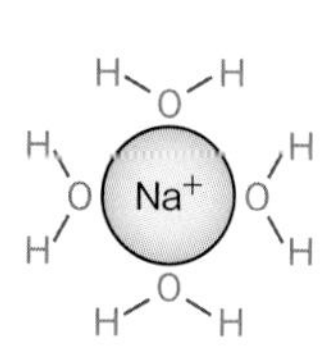

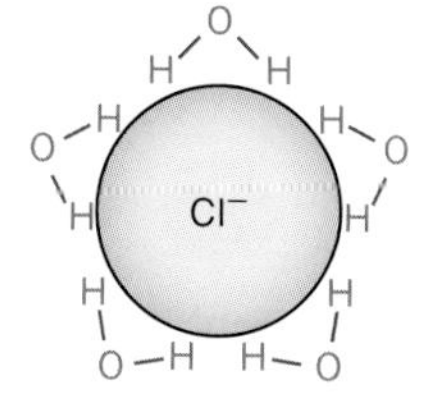

図 3·1　イオンの水和
H_2O は H が若干正に，O が負に荷電しているために，Na^+の周りには O，Cl^-の周りには H が近づくように配向する。

で，次数の最も大きいファンデルワールス力は近距離でのみ働く相互作用である。

静電相互作用の中で，イオン間相互作用はとくに塩結合（salt bridge）と呼ばれる。タンパク質表面にはカルボキシ基，アミノ基など多くの解離基が存在する。たとえば，リシンの ε アミノ基の正電荷とグルタミン酸の γ カルボキシ基の負電荷は引力を生じる。両イオンが α ヘリックス上に存在して α ヘリックスを安定化する場合も見られる。

イオン間相互作用は塩の存在によって弱められる。これは，逆符号の対イオン（カウンターイオン）が当該のイオンの周りに集まって電荷を遮蔽するためで，イオン強度が高いほど当該のイオンの影響が遠くまで及ばなくなる。デバイ - ヒュッケル（Debye-Hückel）の電解質溶液論はこのような現象を定量的に扱うための理論である。詳しくは，章末の成書（Cantor, C.R. & Schimmel, P.R., 1980）を参照されたい。

なお，塩は水によく溶けるが，これは電離した陽イオンと陰イオンの水和（図 3·1）のエネルギーが両イオン間の静電的なエネルギーよりも大きいためである。

3.3　ファンデルワールス力

電荷も双極子モーメントも もたない分子どうしの間にも実は引力が生じる。これは分子表面の電荷の分布が時間的にゆらぎ，その結果，近接する分子内にも電荷のゆらぎを誘起することによる。実際，ヘリウムやネオンのような希ガス原子間にもファンデルワールス力（van der Waals 力，分散力ともいう）は働く。ファンデルワールス力（分散力）は，表 3·1 に示されているように距離の 6 乗に反比例する近接力で，しばしばレナード - ジョーンズ・ポテンシャル（Lennard-Jones potential）（12-6 ポテンシャル），すなわち，r の 12 乗に反比例する斥力と r の 6 乗に反比例する引力（負の値）との和で表される（図 3·2）。このポテンシャルは極小値をもち，この極小値に対応する半径はファンデルワールス半径（表 3·3）として知られる。

タンパク質内部は結晶内のように疎水性残基側鎖が密に充填されており，これらの側鎖の原子間にはファンデルワールス力が働く。

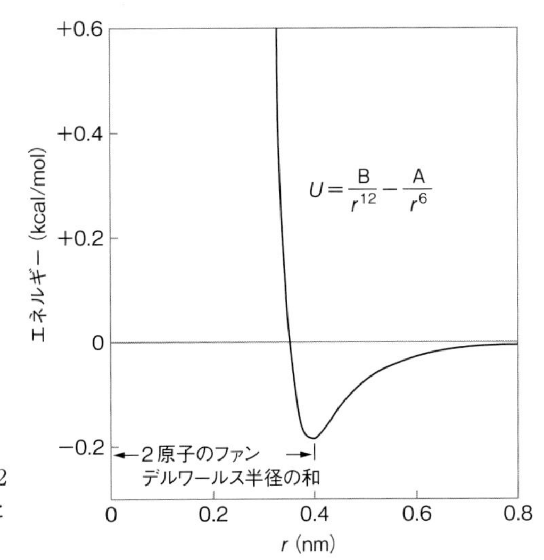

図3·2　レナード - ジョーンズ・ポテンシャル
ファンデルワールス相互作用のエネルギーが2原子間の距離の関数として表されている。AとBが定数。

表3·3　原子のファンデルワールス半径

原子	共有結合	ファンデルワールス半径（nm）
水素		0.100
炭素	二重結合	0.160
	芳香環	0.170
	アミド	0.150
酸素		0.135
窒素	芳香環	0.170
	アミド	0.145
硫黄		0.170

Handbook of Biochemistry, Cleveland, Chemical Rubber Publishing Co., 1968.

3.4　水素結合：二次構造の主役

水素結合は水素供与体原子と水素受容体原子の間に水素原子を挟んで働く力で，共有結合とイオン結合（静電結合）の中間の強さ（−13 〜 −25 kJ/mol）をもち，静電相互作用の性格ももっている。水素結合の強さは水素原子を挟む角度に依存する。X線結晶構造解析ではふつう水素原子は見えないので，水素結合は，両原子，例えば，NとOなどの距離が0.35 nm以下で，水素原子を挟む角度が110°以上の場合として水素結合の存在を推定している。水素結合はタンパク質の二次構造，すなわち2章で述べたαヘリックスやβ構造の形成を担っており，タンパク質の構

図 3·3　水溶液中の水の構造

造形成に重要な役割を果たしている。

水分子は極性をもち，水分子どうしで水素結合を形成する。その結果，水溶液中では水分子は全体としては自由であるが，局所的には水素結合で結ばれたクラスターを作っている（図 3·3）。水分子は同じ程度の分子量の他の分子，メタン，メチルアルコールなどに比べて，大きな熱容量，高い凝固点，高い沸点，大きな誘電率をもつが，これは水分子どうしの水素結合に起因している。

3.5　疎水性相互作用と水の構造

疎水性の分子どうしが水溶液中で会合するときに関わる相互作用を，疎水性相互作用という。図 3·4 にはシクロヘキサンを例として，20℃と 140℃における各状態間の自由エネルギー G，エンタルピー H，エントロピー S および比熱 c_p の変化を記してある。この図からわかるように，疎水性相互作用は室温付近ではエンタルピー変化は小さくて，エントロピー駆動であるが，高温ではエントロピー変化が小さくてエンタルピー駆動になっている。

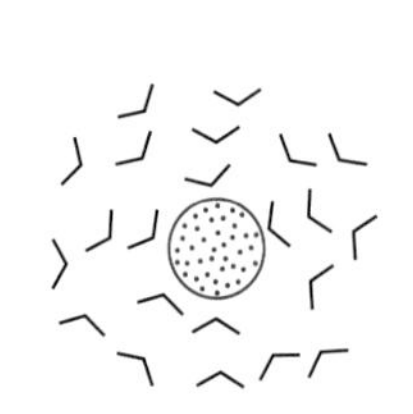

$T = 20℃$

$\Delta H = 0$ kJ/mol
$T\Delta S = +25$ kJ/mol

$\Delta G = -25$ kJ/mol
$\Delta c_p = -450$ J/K・mol

$T = 140℃$

$\Delta H = -30$ kJ/mol
$T\Delta S = 0$ kJ/mol

$\Delta G = -30$ kJ/mol
$\Delta c_p = -200$ J/K・mol

図 3·4　疎水性相互作用
疎水性相互作用は室温付近（20℃）ではエンタルピー変化（$\Delta H = 0$ kJ/mol）は小さくて，エントロピー駆動（$T\Delta S > 0$）であるが，高温（140℃）ではエントロピー変化（$T\Delta S = 0$ kJ/mol）が小さくてエンタルピー駆動（$\Delta H < 0$）になっている。

従来，このような疎水性相互作用はいわゆるアイスバーグ（iceberg）説によって説明されてきた。すなわち，疎水性分子の周りには水分子が取り巻いて（疎水水和），水素結合によるネットワークを形成している。ここで疎水性分子どうしが会合すると，会合面に存在した水分子が閉め出され，水分子のエントロピーが増大する，というものである。この説明でおおよそのデータが説明されるが，最近の精密な熱測定では必ずしもアイスバーグ説を支持しない結果も得られており，厳密な解釈はさらに詳細な解析を待たなければならない。この間の事情については成書（中村春木・有坂文雄 編著，1997）を参照されたい。

ここでは一応，疎水性相互作用とは，生理的な温度においては水の構造変化に基づくエントロピー駆動の相互作用であると理解しておこう。エントロピー変化に基づくという点は，これまでに説明した他の相互作用と根本的に異なる点である。

▶ハイドロパシープロット

アミノ酸の疎水性の指標としていくつかの傾向指数が知られているが，カイト（Kyte, J.）とドゥーリトル（Doolittle, R.F.）はいくつかの文献上のデータを組み合わせてハイドロパシー指標を作成した（Kyte, J. & Doolittle, R.F., 1982）。データとしては，オクタノールなどの有機溶媒と水に対する各アミノ酸の分配率から求められた疎水性・親水性や，20 種類の各アミノ酸が球状タンパク質の表面に出ている割合と内部に埋もれている割合から得られる疎水性・親水性などが含まれる。表 3·4 にこうして求められたハイドロパシー指標が示してある。ハイドロパシープロットでは，N 末端から，5 ～ 7 アミノ酸残基の枠（window）を設定し，

表 3·4　ハイドロパシー指標

アミノ酸	指標	アミノ酸	指標
Ile	4.5	Ser	− 0.8
Val	4.2	Tyr	− 1.3
Leu	3.8	Pro	− 1.6
Phe	2.8	His	− 3.2
Cys	2.5	Glu	− 3.5
Met	1.9	Gln	− 3.5
Ala	1.8	Asp	− 3.5
Gly	− 0.4	Asn	− 3.5
Thr	− 0.7	Lys	− 3.9
Trp	− 0.9	Arg	− 4.5

枠内の平均ハイドロパシー値を求め，それを枠の中央の位置のハイドロパシー値として枠を順次C末端側にずらしていく。

図3·5aにはこうして求めた卵白リゾチームのハイドロパシープロット，図3·5bにはバクテリオロドプシンのハイドロパシープロットを示してある。いずれも枠の大きさを7残基に設定してある。図3·5bには，X線結晶構造解析によって決定されたロドプシンの膜貫通領域の7つのαヘリックスの位置も示してある。ハイドロパシープロットと構造解析によって決定されたαヘリックスの位置を比べてみると，確かにハイドロパシープロットによって，膜タンパク質の膜貫通領域が正しく予測されていることがわかる。

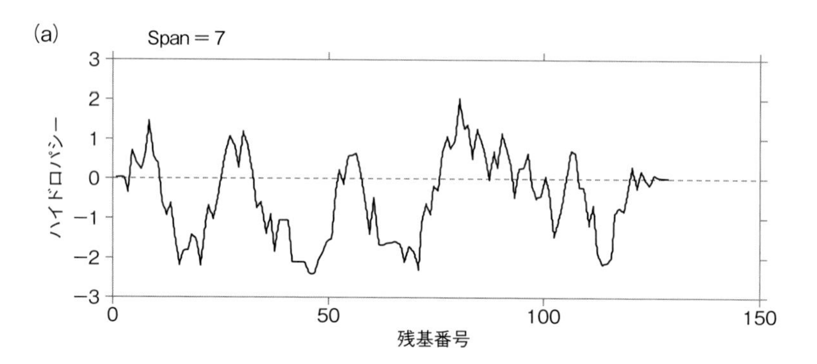

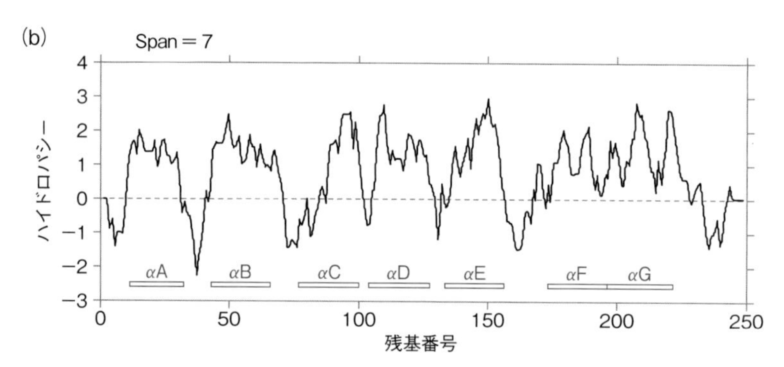

図3·5　ハイドロパシー・プロット（江口至洋，1991より）
a：卵白リゾチームのハイドロパシー・プロット。各残基の疎水性を示すハイドロパシー指標を7残基単位に平滑化した値をグラフ化している。"Span = 7" は7残基単位の平均を示す。
b：バクテリオロドプシンのハイドロパシー・プロット。膜貫通領域である7つのαヘリックス。

3.6　タンパク質の変性と立体構造形成

タンパク質は以上に述べたような種々の非共有結合によって安定化されているが，はじめに述べたように，コンホメーションのエントロピーや折りたたみに伴う歪みなど，数百 kJ/mol に上る不安定化の自由エネルギーと，疎水性相互作用，ファンデルワールス力（分散力），塩結合（静電相互作用），水素結合などの安定化に働く力との間の，たかだか 数 kJ/mol の微妙なバランスによって安定化されている。

タンパク質がほんのわずかな自由エネルギーで安定化されているのには，それなりの意味がある。すなわち，細胞は常に環境の変化に応じて新たなタンパク質を合成しなければならないが，その際，不要になったタンパク質は速やかに除去しなければならない。そこで，生体は常に，新たにタンパク質を合成しては壊すということを行っている。こうしておけば，合成を止めることによってそのタンパク質は速やかに除去されることになる。つまり，タンパク質は機能を十分発揮できる程度には安定でなくてはならないが，不要になったら容易に壊すことができる程度に不安定でなければならない，と考えることができる（9 章参照）。

タンパク質は，種々の方法によって変性する。昔から，酵素を失活させるために熱処理をすることが行われている。これはタンパク質である酵素を変性させるためである。タンパク質はまた酸やアルカリ，SDS（ドデシル硫酸ナトリウム）のような界面活性剤，尿素や塩酸グアニジンなどでも変性する。酸やアルカリで変性するのは主として静電的な反発によると考えられる。すなわち，等電点から大きく離れた酸性領域ではタンパク質は正に帯電しており，アルカリ領域では負に帯電する。SDS は SDS ポリアクリルアミドゲル電気泳動で用いられる（3.6.1 項の記事参照）。

以下，熱変性と尿素または塩酸グアニジンによる変性について考える。

3.6.1　変性の測定と解析

タンパク質の変性は，222 nm 付近の円偏光二色性（CD；4 章コラム 4.1 参照）を指標として測定することができる（図 3·6 a）。図の CD の実測値のグラフから，次式を用いて縦軸に変性状態のタンパク質の割合 f_D をとった変性曲線に変換することができる（図 3·6 b）。図中，直線 N と D はそれぞれ天然状態と変性状態の CD 値である。

$$f_D = \frac{[\theta]_N - [\theta]}{[\theta]_N - [\theta]_D} \qquad (3\text{-}3)$$

ここで，$[\theta]$ はCDの実測値であり，$[\theta]_N$ と $[\theta]_D$ はそれぞれ天然状態および変性状態のCD値である。変性が協同的で変性の途中でもN状態とD状態のみ存在し，中間状態が無視できる場合，すなわち二状態変性：

$$\mathrm{N} \overset{K_D}{\rightleftarrows} \mathrm{D} \tag{3-4}$$

では，変性曲線の各点において変性の平衡定数 K_D が求められる：

$$K_D = \frac{[D]}{[N]} = \frac{f_D}{f_N} = \frac{f_D}{1-f_D} \tag{3-5}$$

ここで，$f_N + f_D = 1$ である。

一般に水溶性球状タンパク質（ドメイン）の変性は協同的で，二状態変性であることが多い。2つの独立なドメインをもつ場合には，ドメインごとの変性曲線が見られる（図3·6C）が，異なるドメインが強い相互作用をもつ場合には，高い変性点に達して初めて両者が変性することもある。

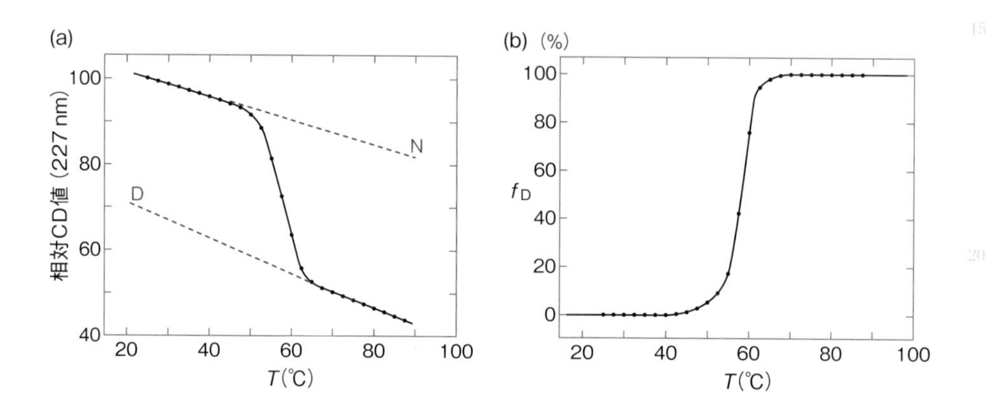

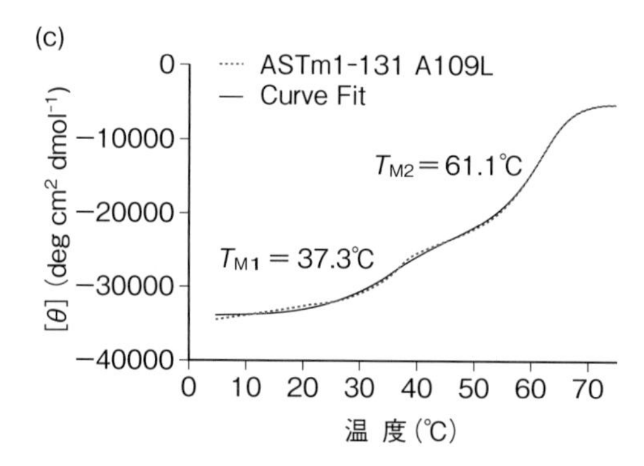

図3·6　円二色性を指標とした熱変性曲線

a：測定データ，b：規格化した変性曲線，c：示差走査型微小熱量計による測定結果。
degは回転角度。ASTm1-131 A109Lは実測値。

▶**電気泳動法（electrophoresis）**

電荷 q（$= eZ$：e は電子1個の電荷。Z は電子の数）をもつ試料が電場 E 内に置かれると，試料は eZE の力を受ける（図3·7）。水溶液のような粘性の高い溶液中では速度に比例する摩擦力 fv が働いて，電場の力と釣り合いながら，等速で逆の電荷をもつ電極の方向へ泳動するようになる。すなわち，$fv = eZE$ である。このとき，単位電場当たりの速度を U とすると，U は粒子に固有な泳動度となる：

$$U = \frac{v}{E} = \frac{Ze}{f}$$

U は，遠心沈降における沈降係数に対応するパラメータである。

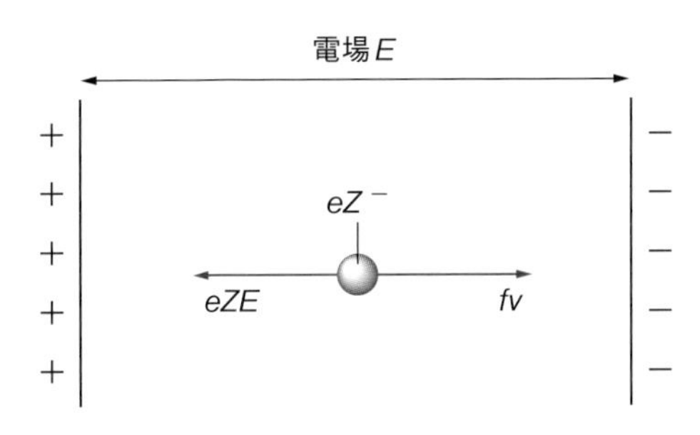

図3·7　電気泳動の原理

a. **SDS-ポリアクリルアミドゲル電気泳動（SDS-PAGE）**：分子量にもとづいてタンパク質を分離する方法として現在 最も一般的に行われているSDS電気泳動とディスク電気泳動を組み合わせたもので，ふつう単に**SDS電気泳動**とよばれている。

ディスク電気泳動では，試料は濃縮ゲルを通してから分離ゲルに入る。ディスク電気泳動の「ディスク」はdiscontinuous（不連続）に由来し，濃縮ゲルと分離ゲルのpHが異なることを意味している。濃縮ゲル内の6.8というpHでは，緩衝液中のグリシンイオンが30分の1程度しか負に荷電していないため，(負に荷電した）タンパク質よりも遅く泳動し，その結果タンパク質は塩素イオンとグリシンイオンにサンドイッチ状に挟まれて厚さ数ミクロンにまで圧縮・濃縮される（図3·8；任意の断面を通過する電流はどこでも一定であることに注意）。しかし，分離ゲルに入ると，pHが8.9と高いため，グリシンの電荷が増加して約−1/3になり，タンパク質を追い越すことになる。その後はバンドは拡散のために徐々に広がっていく。

上記のディスク電気泳動で，SDS（ドデシル硫酸ナトリウム）を添加しない場合は**ネイティブゲル電気泳動**とよばれ，試料分子の移動度はその分子の電荷と形・大きさに依存する。試料にあらかじめSDSを添加して加熱しておくと，SDSは

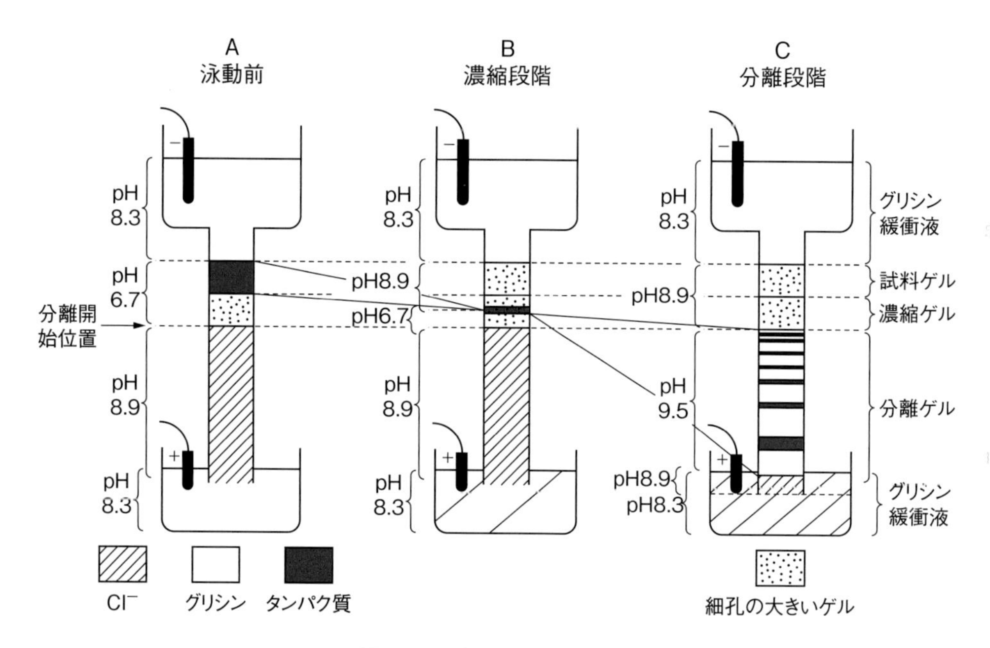

図3·8　ディスク電気泳動

タンパク質分子1g当たり約1.4gの割合で結合し，ヘリックス状のコンホメーションをとり，結合したSDS分子によってタンパク質の単位長さ当たりほぼ一定の電荷をもつようになる。その結果，ゲルの編み目をすり抜けるタンパク質は長さに依存した摩擦係数をもつようになる。経験的に，一定濃度のポリアクリルアミドゲルでは，特定の分子量範囲で移動度と分子量の対数が直線関係になることが知られている。この範囲外では，試料分子は分子量によらず一定の移動度となる（図3·9）。

電気泳動を終えたゲルは染色され，試料分子のバンドが可視化される。最もよ

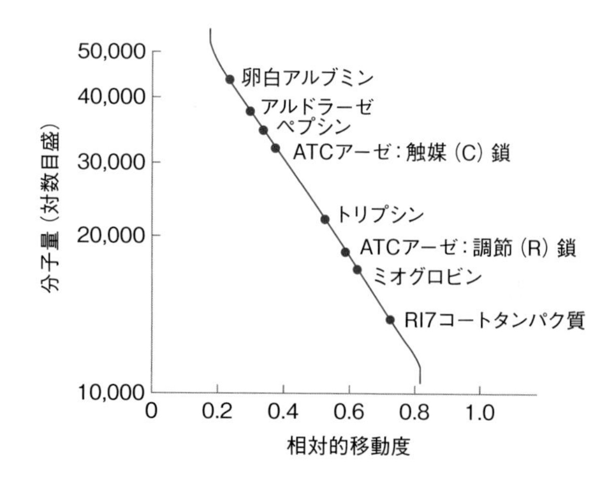

図3·9　SDS-電気泳動によるタンパク質-SDS複合体の分離

く用いられる染色法はクーマシーブリリアントブルー（Coomassie Brilliant Blue R250 または G-250）である。より感度の高い検出方法としては銀染色（silver staining）が用いられる。

多くのタンパク質のバンドの中で特定のタンパク質だけを検出する方法の1つにウェスタンブロッティング法（western-blotting または immuno-blotting）がある。この方法では，泳動後のゲルを膜（ニトロセルロース膜など）に転写した後，注目するタンパク質に対する抗体を結合させる（一次抗体；たとえばウサギ抗体）。よく洗って非特異的な吸着タンパク質を洗い落とした後，ペルオキシダーゼなどで標識した二次抗体（たとえば，ウサギ抗体に対するヤギの抗体）を加え，酵素の基質を加えて発色させる。この方法で，多くのタンパク質バンドがあっても抗原タンパク質だけを特異的に化学発光（ケミルミネッセンス）などを用いて検出することができる。

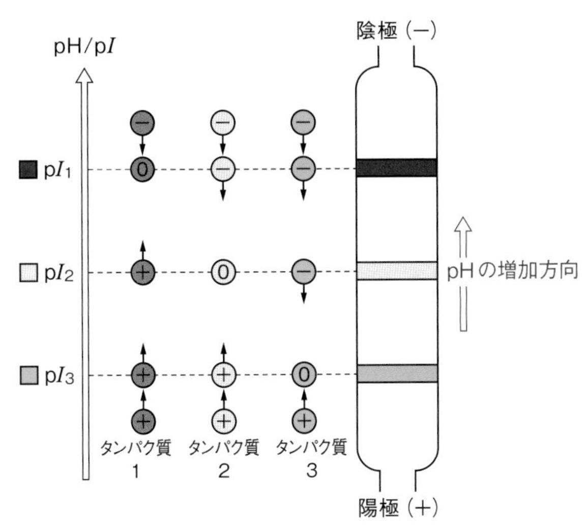

図 3·10　等電点電気泳動
pI は等電点。

b. 等電点電気泳動（isoelectric focusing）：アンホリンとよばれる，いろいろな数のアミノ基やカルボキシ基を結合した低分子電解質を含む溶液に電場をかけると，安定な pH 勾配を形成する。そこで，アンホリンとタンパク質試料を混ぜて電場をかけると，それぞれのタンパク質分子はそれぞれの等電点まで移動して停止する。このようにしてタンパク質を等電点にもとづいて分離することができる（図 3·10）。担体としては，ポリアクリルアミドゲルがよく用いられるが，調製用にはショ糖密度勾配（垂直型）やセファデックスなどのゲル（水平型）も用いられる。

c. 二次元電気泳動：チューブ状のゲルを用いて一次元目の等電点電気泳動を行い，次にそのゲルをスラブゲル（矩形のゲル）の上部に乗せて二次元目の SDS 電気泳動を行うと，タンパク質を等電点と分子量にもとづいて二次元ゲル上にスポットとして展開することになり，いずれか一方の電気泳動を行うよりもより高分解能でタンパク質を分離することができる。これは発案者の名を取ってオ・ファーレル（O'Farrel）の二次元電気泳動とよばれることがある。二次元電気泳動はこの他に，非還元状態と還元状態の SDS 電気泳動，ネイティブゲル電気泳動と SDS 電気泳動などの組み合わせで行うことができる。前者はジスルフィド結合を介して結合しているポリペプチドの同定に，後者は複合体を形成しているサブユニットの同定に用いられる。

3.6.2 熱変性

ゆで卵から想像されるタンパク質の変性は不可逆で，実際，タンパク質を熱変性させると元に戻らない場合が多い。しかし，元に戻らないのはほとんどの場合，変性タンパク質が凝集してしまったり，目に見えなくても数分子の多量体を形成することによる。そこで，濃度を低くし，適当な塩を加えたり，pH を沈殿・凝集しやすい等電点からできるだけ遠ざけると，分子量1～2万程度の球状タンパク質では多くの場合変性は可逆的になる。

変性中点，すなわちN状態とD状態のタンパク質の濃度が等しい点における温度を**変性温度**と呼び，T_m と書く。タンパク質によっては変性が可逆的でなく，その結果 T_m が昇温速度に依存することがある。可逆的でない場合には，当然のことながら後述のような熱力学的な解析ができない。熱力学的な解析ができると，タンパク質の安定性を定量的に評価できるだけでなく，安定化の自由エネルギーがエンタルピーに由来しているのか，エントロピーに由来しているのかを決定でき，その結果，安定性がどんな物理的な相互作用によって成り立っているかの知見を得ることができる。

さて，こうして求められた熱変性曲線から，変性の自由エネルギー変化，エンタルピー変化，エントロピー変化，比熱の変化など，変性反応の熱力学的パラメータを求める方法について述べよう。

変性の自由エネルギー ΔG_D° と平衡定数 K_D の間には次の関係がある：

$$\Delta G_D^\circ = -RT\ln K_D = \Delta H_D^\circ - T\Delta S_D^\circ \quad (3\text{-}6)$$

$$\therefore \quad \ln K_D = -\frac{\Delta H_D^\circ}{RT} + \frac{\Delta S_D^\circ}{R} \quad (3\text{-}7)$$

(3-7) 式，または (3-7) 式を $1/T$ で微分した

$$\frac{d\ln K_D}{d\,(1/T)} = -\frac{\Delta H_D^\circ}{R} \quad (3\text{-}8)$$

は**ファントホッフ（van't Hoff）の式**とよばれる。すなわち，二状態変性の場合には K_D の温度依存性を測定し，$\ln K_D$ を $1/T$ に対してプロットすると，傾きからファントホッフのエンタルピー ΔH_D° を求めることができる。ここでは，ΔH_D° が温度に依存しないことを仮定しているが，一般的には温度に依存し，温度依存性から熱容量変化 Δc_p° が求められる：

$$\Delta c_p^\circ = \frac{d\Delta H_D^\circ}{dT} \quad (3\text{-}9)$$

示差走査型微小熱量計（DSC = differential scanning microcalorimeter）を用いてタンパク質溶液の比熱を測定すると，変性に伴う熱容量変化が直接測定でき，

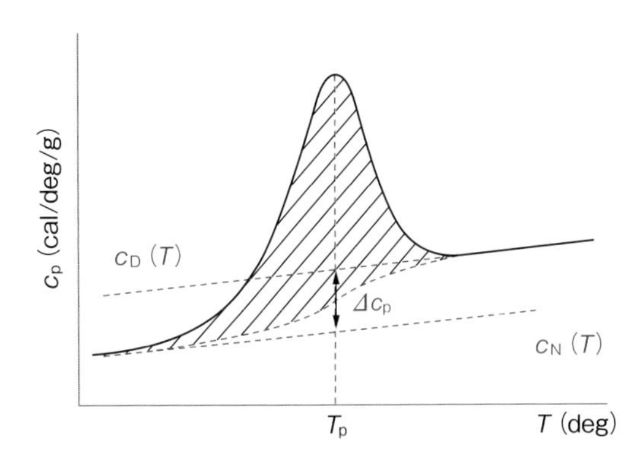

図 3·11　示差走査型微小熱量計による熱変性の測定
球状タンパク質の熱変性に伴う熱容量変化を示す。熱変性は吸熱反応で，変性に伴って比熱 c_p が変化することがわかる。

その温度依存性曲線からエンタルピー変化 ΔH_D および比熱の変化 Δc_p° を直接測定することができる（図 3·11）。ファントホッフの式から変性のエンタルピーを計算する場合には，式の導出から明らかなように二状態変性が仮定されている。しかし，カロリメーターでは直接 ΔH を測るので，ΔH を求めるためにファントホッフの式を求めた場合のように二状態変性を仮定する必要はない。タンパク質の比熱が変化するのは，変性によって内部に埋もれていた疎水性の残基が露出し，水和の状態が変化することによる。

図 3·12 には，これらの測定から求めた変性の自由エネルギー変化 ΔG，エンタルピー変化 ΔH，エントロピー変化 ΔS，比熱の変化 Δc_p がプロットしてある。ここでは天然状態 N から変性状態 D の方向への反応をプロットしていることに注意されたい。この図からまず，タンパク質には最も安定な温度が存在すること

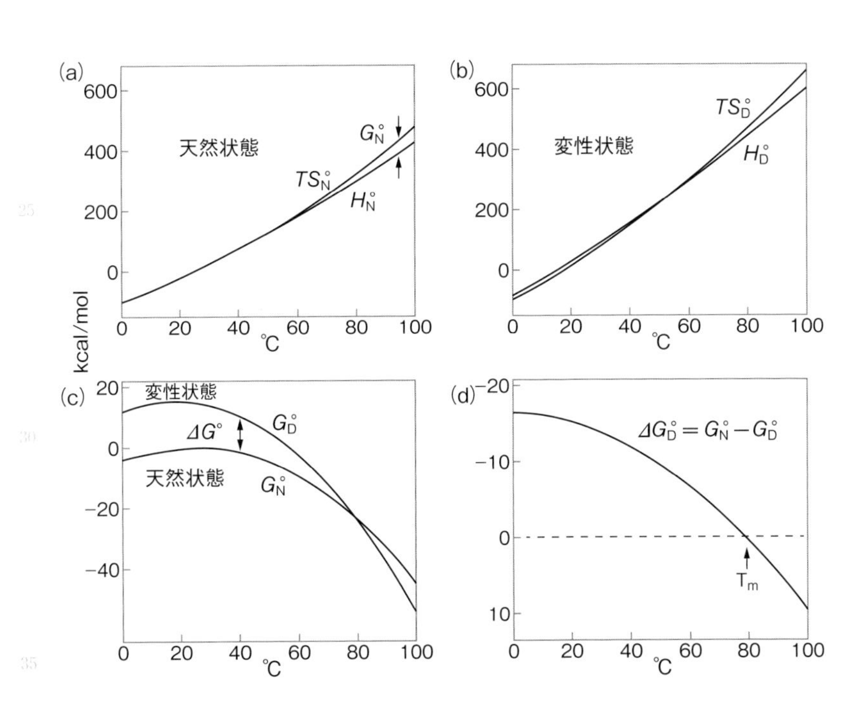

図 3·12　変性の熱力学的パラメータ
a：天然状態のエンタルピーとエントロピーの温度依存性。b：変性状態のエンタルピーとエントロピーの温度依存性。c：a および b からそれぞれ求められる天然状態および変性状態の自由エネルギー変化。d：c から求められる変性状態の自由エネルギー変化 ΔG_D°。$\Delta G_D^{\circ} = 0$ となる温度が変性温度 T_m である。（Pfeil, W. & Privalov, P. L., 1976 より改変）

がわかる。その温度から高くなっても低くなってもタンパク質は不安定になることになる。実際，アポミオグロビンなどいくつかのタンパク質で低温変性が観測されている。ただし，図からもわかるように，ほとんどのタンパク質では低温変性の変性中点の温度（変性が50％起こる温度）は0℃以下なので，ふつうは溶液状態では低温変性は観測されない。

3.6.3　尿素または塩酸グアニジンによる変性

尿素や塩酸グアニジンは疎水性分子の溶解度を上げる働きがある。そのため，変性状態が安定化され，内部の疎水性残基が露出し，タンパク質は変性する。図3･13に塩酸グアニジンによるホスホグリセリン酸キナーゼの変性曲線が示されている。変性作用は尿素よりも塩酸グアニジンの方が強く，同じ効果を引き起こすために，尿素は塩酸グアニジンの約2倍の濃度を必要とする。分子量2～3万程度のタンパク質では，pHを等電点から遠ざけることによって可逆的に変性するものも多い。変性剤による変性は，変性剤が天然状態Nよりも変性状態Dのタンパク質により多く（Δn）結合することによって天然状態と変性状態の間の平衡をシフトさせる，と考えると合理的に理解できる。変性剤のタンパク質への結合定数をκ，変性剤の活量（活動度）をaとすると，変性剤存在下でのNとDの間の平衡定数Kは

$$K = K^{\mathrm{H_2O}}(1+\kappa a)^{\Delta n} \tag{3-10}$$

で与えられる[※3-3]。ここで，κは変性剤の変性タンパク質への結合定数である。(3-5)式から，変性しているタンパク質の割合f_{D}は

$$f_{\mathrm{D}} = \frac{K}{1+K} = \frac{K^{\mathrm{H_2O}}(1+\kappa a)^{\Delta n}}{1+K^{\mathrm{H_2O}}(1+\kappa a)^{\Delta n}} \tag{3-11}$$

となる。

すなわち，実験的に求められた変性曲線に$K^{\mathrm{H_2O}}$，Δn，κをパラメータとして最小自乗法によって(3-11)式をあてはめることによってこれらの熱力学的パラメータの値を求めることができる。

また，(3-10)式を

$$\Delta G_{\mathrm{D}} = -RT\ln K$$

に代入して

$$\Delta G_{\mathrm{D}} = \Delta G_{\mathrm{D}}^{\mathrm{H_2O}} - \Delta n RT\ln(1+\kappa a) \tag{3-12}$$

を得る。

※3-3　(3-10)式の導出には，7章で説明される，リガンドの結合に関する定量的取り扱いの知識が必要である。ここでは，タンパク質1分子当たりΔn個の変性剤結合部位があって，各結合部位が独立に結合定数（ミクロな結合定数）κで結合することが仮定されている。

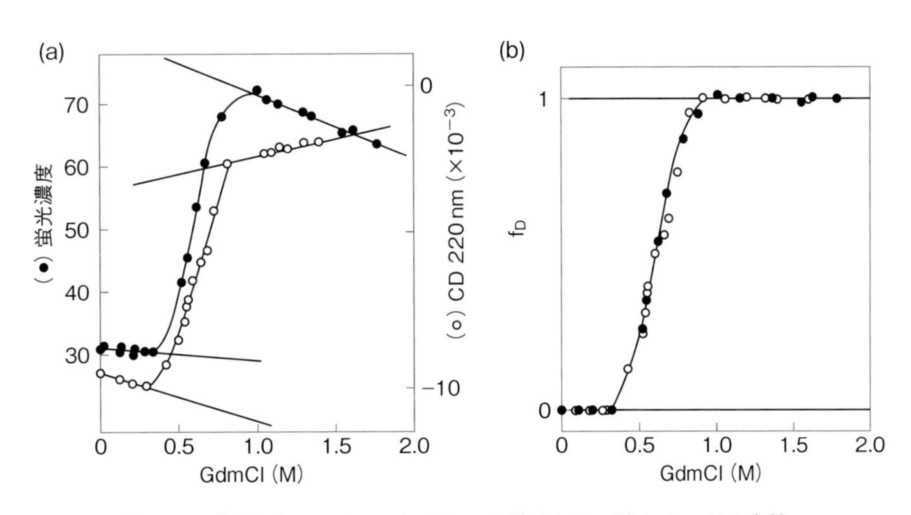

図 3·13　塩酸グアニジンによるホスホグリセリン酸キナーゼの変性
a：測定データ，b：規格化した変性曲線（Nojima, H. *et al.*, 1977）

なお，ΔG_{D} が変性剤濃度と直線関係にあると仮定した

$$\Delta G_{\mathrm{D}} = \Delta G_{\mathrm{D}}{}^{\mathrm{H_2O}} - m[\text{変性剤濃度}] \qquad (3\text{-}13)$$

の式も用いられることがある。両式から得られる $\Delta G_{\mathrm{D}}{}^{\mathrm{H_2O}}$ は若干異なる値を与える（図 3·14）。

なお，変性・再生は，蛍光によってもモニターできることが多い。トリプトファン側鎖のインドール環の蛍光強度が側鎖周囲の環境によって変化することを利用した方法である。蛍光による変性曲線と CD による変性曲線はふつう一致するが，

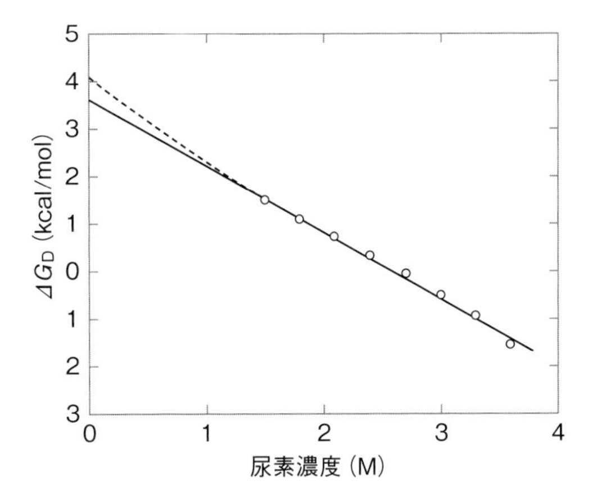

図 3·14　尿素による変性に基づく $\Delta G_{\mathrm{D}}^{\mathrm{H_2O}}$ の測定
○は実測値。実線は(3-13)式に基づいて計算された曲線（m = 5.9 kJ/mol，$\Delta G_{\mathrm{D}}^{\mathrm{H_2O}}$ = 15 kJ/mol）。点線は(3-12)式に基づいて計算された曲線（Δn = 32，κ = 0.1，$\Delta G_{\mathrm{D}}^{\mathrm{H_2O}}$ = 17 kJ/mol）。（Pace, N., 1986）

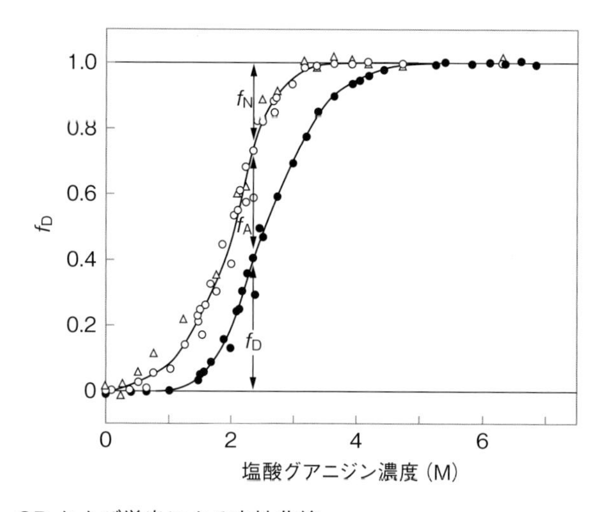

図3·15　CDおよび蛍光による変性曲線

α-ラクトアルブミンの塩酸グアニジンによる変性を示す。270 nm（○），296 nm（△），および222 nm（●）でのCD値から算出。（Kuwajima, K. *et al*., 1976）

一致しないこともある。図3·15には一致しない例が示してある。この場合，三次構造が変化しても二次構造は保たれているような状態があることを示し，タンパク質の変性過程を考える上で興味深い。

3.7　極限環境下で機能するタンパク質

ふつうの水溶性球状タンパク質は，高温，酸性，アルカリ性環境下で容易に変性する。しかし，温泉などの高温環境で生育する好熱菌のタンパク質は高い耐熱性をもつことが知られている。たとえば，3-イソプロピルリンゴ酸脱水素酵素（IPMDH）は大腸菌の酵素が変性温度 T_m = 63℃であるのに対し，高度好熱菌 *Thermus thermophilus* の酵素は T_m = 83℃である。T_m が120℃以上のタンパク質も複数知られている。生命の起源は海底火山の近くで生じたという説があり，その説に従えば，好熱菌のタンパク質は進化の過程における先祖型に近いと考えられる。一般に耐熱酵素は高温で活性が高く，常温では活性が低いが，現在の生物ではこの地球環境（たとえば，ヒトの体内の37℃）で最適活性をもつように進化したと考えられる。また，アルカリ性環境（pH 9以上）で生育する好アルカリ菌が産生するプロテアーゼはアルカリ耐性で，家庭用洗剤にも用いられている。

好熱菌のタンパク質がなぜ熱に強いかについては多くの研究があり，変異体を作製して安定化するデータが積み重ねられているが，こうすれば耐熱化される，という簡単な方法はなさそうで，さまざまな耐熱機構を組み合わせて高い耐熱性を獲得していると考えられている。そのうちのいくつかを挙げると，1）二次構造の安定化（αヘリックスを安定化するアミノ酸の導入など），2）疎水性相互作用の強化（タンパク質内部の疎水性残基への置換など），3）イオン結合ネットワークの構築（分子表面の電荷の配置など），4）オリゴマー化，5）サブユニット間相互作用の強化，6）ループの短鎖化（変性状態のエントロピー低下による不安定化）などが挙げられる（赤沼，2020；油谷，2019）。

なお，高塩濃度の環境でのみ生育できる好塩菌※3-4 が存在し，この種の菌のもつタンパク質は高塩濃度でのみ安定である。好アルカリ菌の菌体内は外部が高pHでも中性pHであるのに対し，好塩菌は菌体内も高塩濃度である。

3.8　塩析と塩溶

卵白は水に溶けにくいが，少量の食塩の存在下では容易に溶けるようになる。この現象は**塩溶**とよばれる。この現象は，低イオン強度で少量の塩を加えたときには，タンパク質のもつ電荷を塩の対イオンが遮蔽し（screening），タンパク質の静電自由エネルギーを下げることによって溶解度を増すと解釈される。この効果は0.8 M程度で飽和するが，さらに濃度を増すと，塩によっては，次第に溶解度が減少し，ついにタンパク質が析出（沈殿）するようになる（図3·16）。この現象は**塩析**とよばれる。塩析は高濃度の塩が疎水性残基の周りの水のクラスター構造を壊すことによって疎水結合を強めるためと解釈できる。塩析の強さはイオンの種類，とくにアニオンの種類によって異なり，**ホッフマイスター（Hofmeister）系列**または**離液系列**とよばれる：

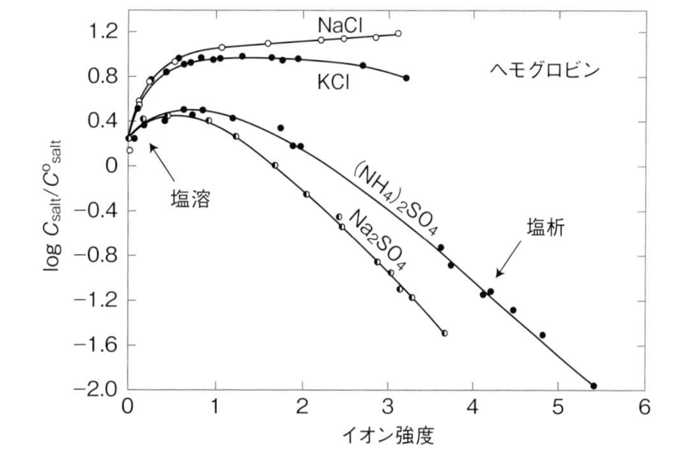

図3·16　塩析と塩溶
C^o_{salt} はイオン強度0 Mにおけるヘモグロビンの溶解度，C_{salt} は任意のイオン強度におけるヘモグロビンの溶解度

※3-4　0.2 M以上の至適塩濃度をもつと定義されているが，3～5 M NaClで生育する菌も存在する。

カチオン：$NH_4^+ > K^+ > Na^+ > Li^+ > Mg^{2+} > Ca^+$ > グアニジノ基
アニオン：$SO_4^{2-} > HPO_4^{2-}$ > 酢酸 > クエン酸 > 酒石酸 > $Cl^- > NO_3^-$
$> ClO_3^- > I^- > ClO_4^- > SCN^-$

たとえば，硫酸アンモニウム（硫安）は，タンパク質のコンホメーションを損なうことなく析出させる性質をもつことが古くから知られ，タンパク質精製の初期段階でしばしば用いられる。グアニジン塩酸はタンパク質の変性剤として知られ，グアニジンチオシアン酸（SCN^-）はより強い変性効果をもつ。他方，グアニジン硫酸はタンパク質をむしろ安定化する傾向があることが知られている。

3.9　分子内相互作用と濃度効果

タンパク質の構造安定性には疎水性相互作用が重要な役割を果たすことが明らかにされてきたが，水素結合がどの程度大きな役割を果たしているかについては議論があった。二次構造が主鎖のアミドとカルボニル基の間の水素結合によって安定化されているのは明らかなように思えるが，タンパク質が変性してそれらの水素結合が切断されると，それらの官能基は代わって水分子と水素結合を形成すると考えられ，そのため，水素結合は安定化の自由エネルギーにはそれほど大きな寄与はないとも考えられたからである。しかし，次の2つの点から水素結合も大きな寄与をなし得ると考えられる。第一の理由は，タンパク質内部の誘電率の低い環境では，水素結合は誘電率の高い水中より大きな自由エネルギー変化を与えることができることである。第二の理由は，以下に述べる有効濃度の概念である。今，分子AとBが結合してA・Bとなる反応

$$A + B \rightleftharpoons A \cdot B$$

を考える。この反応の平衡定数（結合定数）をK_{AB}とすると，

$$K_{AB} = \frac{[A \cdot B]}{[A][B]} \tag{3-14}$$

が成り立つ。K_{AB}はM^{-1}の次元をもつ。ここで，

$$\Delta G^\circ = -RT \ln \frac{[A \cdot B]}{[A]} \tag{3-15}$$

とおき，(3-14) 式を代入して，

$$\Delta G^\circ = -RT \ln \{K_{AB}[B]\} \tag{3-16}$$

を得る。すなわち，反応の自由エネルギーはBの濃度に依存している。ここで，A，Bが同一分子内にあるとすると，有効濃度が問題になる。反応する官能基が同一分子内にあるときは，別の分子内にあるときに比べて相手を見つけやすいので，実質的にはより高濃度に存在することになるからである。ただし，同一分子内に

表 3·5　分子内反応における有効濃度

平衡反応	有効濃度
$CO_2H-CH_2-CH_2-CH_2-SH$ ⇄ H_2C, CH_2 (環), $S-C(=O)$ の五員環 ＋ H_2O	3.7×10^3 M
$HS-CH_2-HOCH-HOCH-CH_2-SH$ ⇄ $HOCH$, $HOCH$, CH_2, S, S, CH_2 の六員環 ＋ $2H^+$ ＋ $2e^-$	1.3×10^4 M
$CO_2H-CH_2-CH_2-CO_2H$ ⇄ H_2C, H_2C, $C(=O)$, O, $C(=O)$ の五員環 ＋ H_2O	1.9×10^5 M
CH_3, CO_2H, CO_2H, CH_3 置換ベンゼン ⇄ CH_3, CH_3 置換ベンゼン縮合 $C(=O)-O-C(=O)$ 環 ＋ H_2O	5.4×10^9 M

あってもお互いに反応しにくいコンホメーションにあれば，有効濃度は分子間反応の場合よりも低くもなり得る。したがって，分子内反応の場合には，このことを考慮した有効濃度について補正した K_{AB} を用いる必要があり，その分子に固有の値になる（表 3·5）。これを K_{intra} とし，有効濃度を $[A/B]_i$ とすると，

$$K_{intra} = K_{AB}[A/B]_i \qquad (3\text{-}17)$$

と書ける。$0 < [A/B]_i < 10^8 \sim 10^{10}$ で，両反応基の距離や方向性ばかりでなく反応の種類にも依存する。いずれにしても，一般的に水の 55 M に比べると非常に大きく，とくに方向性に大きく依存するような反応の場合に大きな値をとる。タンパク質分子内の水素結合についての見積もりは難しいが，10^{10} 程度またはこれ以下，イオン結合や疎水性相互作用ではずっと小さくて $10^2 \sim 10^3$ と見積もられている。

上記の議論はタンパク質の安定性にも関わっていると考えられる。図 3·17 に見られるように，タンパク質の折りたたみに伴って，複数の水素結合が形成されるはずである。これらの水素結合形成反応は，すべて分子内反応であり，高い有効濃度をもつと考えられる。

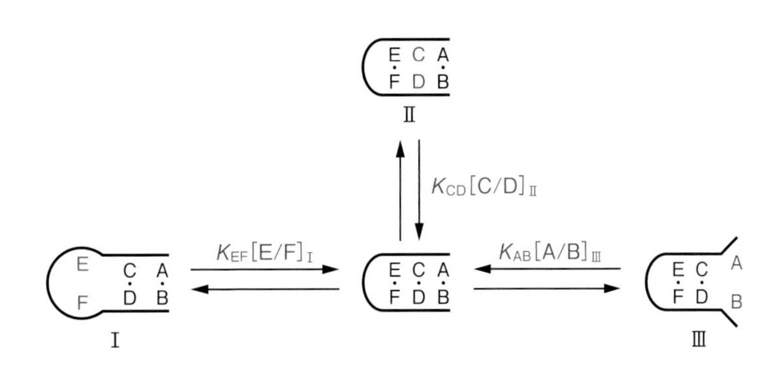

図 3·17　分子内水素結合
タンパク質の折りたたみに水素結合対の分子内有効濃度が重要であることを示す単純なモデル。中央にある最終的な構造に至るのに必要な最後の水素結合形成。（Creighton, T., 1993 より）

4章 ポリペプチドの折りたたみ（フォールディング）

DNAの遺伝情報はmRNAに転写され，mRNAの情報は翻訳されてポリペプチドとなる。次の問題は，ポリペプチドが機能をもつように折りたたまれ，特異な立体構造を取る原理は何か，ということだった。この疑問に答えたのがアンフィンセン（Anfinsen, C. B.）の実験である（1963年，図4･1）。

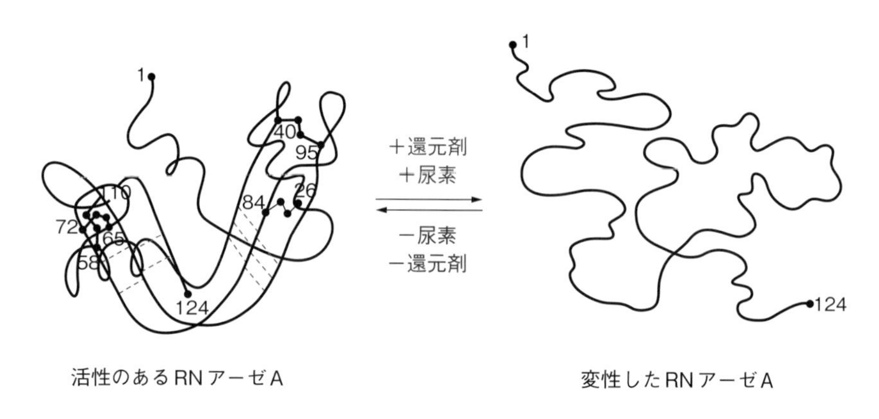

図4･1　リボヌクレアーゼAの尿素による可逆的変性

4.1　アミノ酸配列に基づく折りたたみ

アンフィンセンは，リボヌクレアーゼAを還元剤存在下で高濃度の尿素によって変性させると，酵素活性が失われると同時に，高次構造も失われていることを確認した。変性は狭い尿素濃度範囲で起こり，協同性があることを示していた。しかし，この溶液から徐々に尿素を取り除いてやると[※4-1]，酵素活性は変性と同じ経路に沿って回復し，同時に高次構造も完全に回復していることが見いだされた。

※4-1　透析平衡：透析平衡は半透膜のチューブを利用して行うことが多い。半透膜のチューブの先を閉じ，試料を入れた後，もう一方の端も閉じてからリガンドを含む十分量（ふつう100倍程度またはそれ以上）の緩衝液に対して透析を行う（図7･2参照）。平衡に達した後，透析チューブ内の溶液と透析外液中のリガンドの濃度を測定する。リガンドが例えば金属イオンならば原子吸光法を用いることができる。タンパク質が希薄溶液（1～2 mg/mL以下）であれば，透析チューブ内外のリガンド濃度の差がタンパク質に結合しているリガンドの濃度になる。

溶液から低分子を除く方法としては，脱塩カラムを利用したゲルろ過を行う方法もある。透析膜を容易に通り抜ける低分子は，高分子と分子量が大きく異なるため，高分子溶液から低分子を取り除くために，ゲルろ過の脱塩カラムを利用することもできる。

この結果は,「タンパク質の立体構造は一次構造によって規定されており,そのほかの因子は構造決定に関与しない」ことを示していた。

「還元剤存在下で」というのは,リボヌクレアーゼAには8つのシステインがあって4つのS-S結合を形成しており,これを酸化して切断しておくためである。変性・再生後に酸化状態に置く※4-2と,天然のリボヌクレアーゼAと同じ位置にS-S結合が誤りなく形成される。この実験は,S-S結合の形成は,タンパク質の巻戻りに能動的に寄与しているのではなく,立体構造が形成された後に,近傍にあるSH基どうしがS-S結合を形成して立体構造を安定化することを示している。

アミノ酸情報に基づいて形成された天然の立体構造には,リガンドや基質の結合部位もできあがっている。また,オリゴマータンパク質の場合にはサブユニット間相互作用を行う構造も形成されている。つまり,タンパク質の一次構造,すなわちアミノ酸配列には,リガンド・基質の結合部位(鍵穴)も,サブユニット間の結合に関与するアミノ酸の立体配置もできあがっている。タンパク質においては,一次構造がすべてを規定しているのだということがわかる。この事実こそが,タンパク質の特異的な結合の基盤となっている。四次構造(サブユニット構造)も一次構造によって規定されている訳である。

言い換えれば,アミノ酸配列という一次元の情報の中に,パートナー分子との特異的結合部位を形成する三次元構造の情報が含まれている。これがタンパク質の特異的相互作用の基盤であり,生命現象を可能ならしめていると言える。パートナー分子は低分子の場合も高分子の場合もある。

タンパク質の立体構造が,アミノ酸配列によって規定されているという命題は,アンフィンセンドグマとよばれることはすでに述べた。多くのタンパク質が,アミノ酸配列によって規定された立体構造をとるという意味で,アンフィンセンドグマは現在でも正しいが,細胞内では多くのタンパク質の折りたたみに分子シャペロンが必須であるほか,天然変性タンパク質(後述)の存在が知られるなど,タンパク質が必ずしもきちんと折りたたまれてからのみ機能を発揮するとは限らないような例も見いだされている。

タンパク質の内部はほとんど隙間がなく,疎水性の残基が結晶のように詰まっている。他方,表面は可溶性タンパク質の場合,パートナー分子との結合に必要な構造が存在する他は,親水性の残基なら元のアミノ酸とは違っても差し支えのないことが多い。同じ機能のタンパク質を異なる生物種で比べてみると,変異のある部分は表面に位置するものが圧倒的に多い。内部のアミノ酸残基は側鎖の容積が大きく変わると,大きすぎても小さすぎてもタンパク質分子を不安定化する。

※4-2 還元剤を透析などによって除くと,溶液中の溶存酸素によって溶液は酸化状態になる。

コラム 4.1　円二色性スペクトルと二次構造

アンフィンセンが，リボヌクレアーゼ A を用いて行った実験で，二次構造をモニターするのに用いたのは旋光分散だったが，現在では，タンパク質のコンホメーションの測定には円偏光二色性（CD＝円二色性ともいう）が用いられる。旋光分散と円二色性とは，クローニッヒ - クラマース（Kronig-Kramers）の関係で数学的に結びつけられている。

円二色性は，左回りの円偏光の吸光係数 ε_L と，右回りの円偏光の吸光係数 ε_R との差で定義される楕円率 θ で表される：

$$\theta(\lambda) = (3.3 \times 10^3)(\varepsilon_L(\lambda) - \varepsilon_R(\lambda))$$

この量を波長に対してプロットしたものが円二色性スペクトルで，遠紫外（250 nm 以下）の円二色性スペクトルにはタンパク質の二次構造が反映されることが知られている。この領域の吸収はペプチド結合部の $\pi \rightarrow \pi^*$ 遷移に由来する。この $\pi \rightarrow \pi^*$ 遷移の遷移確率（吸収強度）がペプチド鎖のコンホメーションを反映している。図 4·2 に典型的な α ヘリックス，β シート，ランダムコイルのそれぞれのスペクトルが示されている。

α ヘリックスの含量 f_H については下記の経験式が与えられている：

$$[\theta]_{222} = -3030 f_H - 2340 \qquad (0 \leqq f_H \leqq 1)$$

ここで，$[\theta]_{222}$ は 222 nm における残基楕円率（残基当たりに換算した楕円率）で，$f_H = 1$ のときの $[\theta]_{222}$ が 100% α ヘリックスの残基楕円率になる。

β 構造，ターン構造も含めた初期の推定法では，上記各 100%のスペクトル（X_H，X_β，X_R）の一次結合として表して，その係数から各二次構造を推定した（Chou, P.Y. & Fasman, G.D., 1978）：

$$X = f_H X_H + f_\beta X_\beta + f_R X_R$$

その後，より高度な推定法（プロベンヒャー（Provencher, S.W.）の開発した CONTIN（Provencher, S.W. & Glöckner, J., 1981）や Woody らの SELCON（Sreerama, N. *et al*., 2000）など）も利用できるようになったが，立体構造の決定が，以前に比べると比較的容易になってきた現在では，CD スペクトルから二次構造含量を推定することは行われなくなった。しかし，CD スペクトル，とくに 220 nm 付近の残基楕円率の変化を構造変化の指標として用いることは現在でもよく行われている（図 3·13）。

なお，トリプトファンやチロシンの蛍光スペクトルは残基の環境（疎水性・親水性）によって変化するので，これを利用してタンパク質の変性・再生に伴う三次構造の変化をモニターすることもできる。単純な二状態転移では円二色性による変性曲線は蛍光による変性曲線と一致するが，両者は一致しないこともある（図 3·15）。

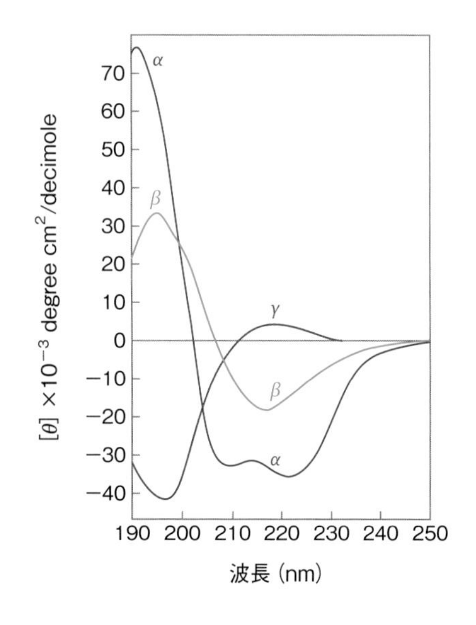

図 4·2　二次構造と円二色性スペクトル
α：α ヘリックス，β：β 構造，γ：ランダムコイル（無秩序の構造）
（Greenfield, N. J. *et al*., 1969 より）

4.2 レヴィンタールのパラドックスとモルテングロビュール

1960年頃のアンフィンセンらの一連の報告の前後から，タンパク質の変性・再生の機構を解明するために，日本を含むいくつかの研究室において，比較的小さなタンパク質を用いて変性・再生実験が精力的に行われるようになった。よく用いられたタンパク質は，リゾチーム，α ラクトアルブミン，ブドウ球菌ヌクレアーゼ，β ラクトグロブリン，ジヒドロ葉酸還元酵素などだった。タンパク質の変性・再生の測定には蛍光や円偏光二色性（CD＝円二色性ともいう）が用いられた。蛍光はタンパク質の三次構造の変化を反映し，220 nm での CD は二次構造の変化を表している。

熱力学的な実験で明らかになったのは，比較的小さなタンパク質の変性・再生はいずれも協同的で，天然状態 N と変性状態 D の間の二状態転移であることであった。中間体は多くの場合無視できる。さらに，ストップドフローを用いた速度論的実験から，反応のごく初期に，多くのタンパク質において比較的コンパクトな構造が形成されることがわかった。これはモルテングロビュールとよばれるようになった。モルテングロビュールについては日本の研究者の貢献が大きい。

典型的なモルテングロビュールは，二次構造は天然の立体構造に近いが，三次構造はやや広がりをもったものである。モルテングロビュールはさらに，よりコンパクトな天然状態へと再生される。この最終的な天然の立体構造は自由エネルギー最小の構造に落ち着くものと考えられた。

しかし，熱力学的モデルだけでは折りたたみの機構を理解できないことが，1969年頃レヴィンタール（Levinthal, C.）によって指摘された。100残基のアミノ酸から成るタンパク質を考え，各アミノ酸残基のコンホメーションの自由度を3とすると，それだけでタンパク質全体のコンホメーションの自由度は $3^{100} \fallingdotseq 5 \times 10^{47}$ という天文学的な数字となるが，このすべてのコンホメーションを経て自由エネルギー最小のコンホメーションを探すにはやはり天文学的な時間がかかるということである。このことは，ポリペプチドはすべてのコンホメーションを試すのではなく，速度論的に選択されるある経路を通って最終的な天然状態に達することを示唆している。そこで提案されたのが「すり鉢状」の「ファネルモデル」である（図4·3）。モルテングロビュールは，ポ

(a)

$$U \rightleftarrows I_1 \rightleftarrows I_2 \rightleftarrows \cdots \rightleftarrows N$$

(b)

$$U \rightleftarrows N$$

(c)

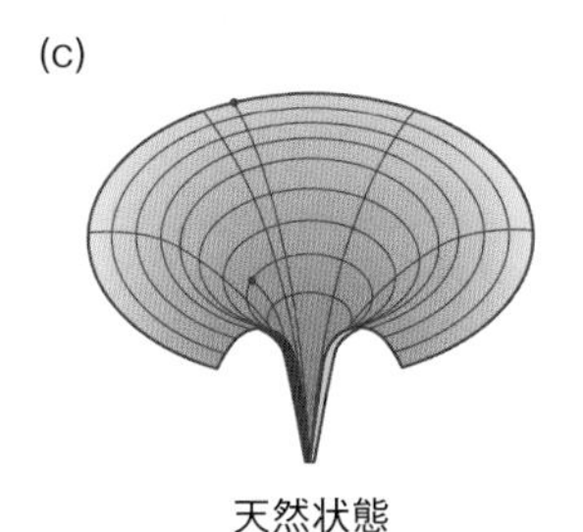

図4·3 タンパク質折りたたみのファネルモデル
a：中間体を伴う非二状態フォールディング，b：二状態フォールディング，c：ファネルモデルの概念図。（桑島邦博，2012より）

テンシャルに沿ってファネルの安定状態に達するまでの途中で一時的に滞在する中間体の構造と考えられる。

コラム 4.2　ストップト・フロー装置

1秒以下の速い反応を追跡するためには，図4·4のような装置を用いる。図の左から矢印の方向にピストンを押し，検出器のところでXとYの溶液が急速に混合される。数ミリ秒のデッドタイムで測定が開始される（8.3.1項も参照）。

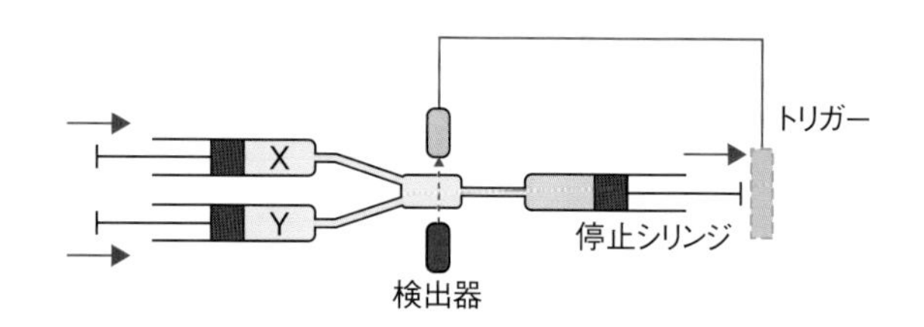

図4·4　ストップト・フロー装置
（Cooper, A., 2014より）

4.3　分子シャペロン

細胞内（*in vivo*）では分子量数万～数十万のタンパク質でも容易に折りたたまれるのに対して，*in vitro* では折りたたみに非常に長い時間がかかったり，折りたたまれずに凝集体となるものも多くある。この *in vivo* と *in vitro* の違いは何なのか，細胞内では何か折りたたみを助ける別のタンパク質が存在するのではないか，ということが問題となった。

大腸菌のGroEというタンパク質は1970年代から大腸菌の熱ショックタンパク質（ヒートショックタンパク質）として知られ，このタンパク質に変異が生じると，λファージやT4ファージが増殖できないことが知られていた。熱ショックタンパク質は，生物が高温にさらされたときに，素早く発現されてくる一群のタンパク質である。GroEは大腸菌菌体内にふだんから比較的大量に存在するタンパク質だが，熱ショックによりさらに誘導される。後に，このタンパク質の変異によりファージの増殖が阻害されるのは，GroEがファージのキャプシドタンパク質（頭殻を構成するタンパク質）の折りたたみに必須だからであることが明らかになった。ちなみに，GroEのGroはファージの増殖growthから取られており，Eはλファージのキャプシドタンパク質の遺伝子名である。

GroEは2つの遺伝子からなり，一方のGroELは分子量6万（HSP60ともよばれる。HSPはheat shock proteinの略）で七量体がリングを形成し，これが二層重なって十四量体になっており，他方のGroESは分子量1万のHSP10で七量体

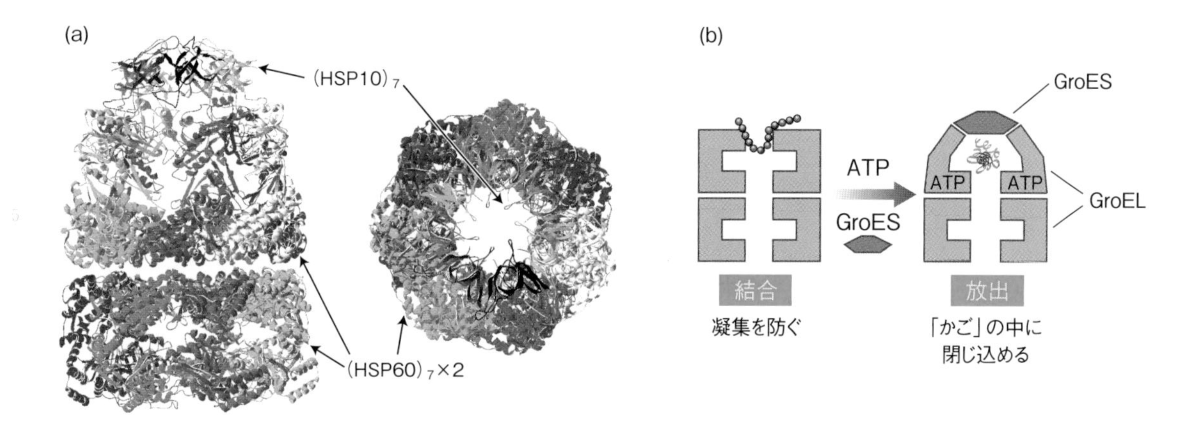

側面図　　上面図

GroE（GroEL-GroES）

（PDB ID: 1SX4）

図 4·5　シャペロニン GroE
（b 図は田口英樹教授のホームページを参考に作図）
http://www.taguchi.bio.titech.ac.jp/research/cpn/cpn.html

のリングを形成し，十四量体の HSP60 の円筒の端に結合している（図 4·5）。

GroE のフォールディングの促進作用には ATP が必須である。ATP の加水分解のエネルギーはフォールドしたタンパク質が GroEL/GroES から放出されるために必要であることがわかっている。T4 ファージでは gp23（遺伝子 23 の遺伝子産物＝ T4 ファージのキャプシドタンパク質）の折りたたみ（フォールディング）に必須である。なお，T4 ファージでは GroES に相当する自前のタンパク質 gp31 をもっていて，感染後期には GroES に置き換わって GroEL/gp31 がシャペロニン（後述）として機能する。

タンパク質 HSP60 は生物圏の広い範囲にわたって，相同なタンパク質が見いだされている。80 年代に入ると，HSP60/HSP10 は「分子シャペロン」（名前の由来は 75 頁）として注目され，現在では分子シャペロンの中で最もよく研究されたものになっている。HSP60/HSP10 は分子シャペロンの中でとくに，シャペロニンとよばれている。大腸菌の数多くのタンパク質のフォールディングがシャペロニン依存的である。T4 ファージの gp57A は 79 残基の α ヘリックスに富む小さなタンパク質（基本単位は三量体）だが，同ファージの繊維状構造（尾繊維，小尾繊維）の形成に必須で，これも分子シャペロンと考えられる。

他方，葉緑体の二酸化炭素固定化反応を触媒する酵素リブロース -1,5- ビスリン酸カルボキシラーゼ / オキシゲナーゼ（RuBisCO）の結合タンパク質として知られていたタンパク質のアミノ酸配列が，HSP60 と高い相同性をもつことがわかった。RuBisCO を研究していたエリス（Ellis, J.）は，HSP60 のように基質と異なるタンパク質に結合して折りたたみを促進するが，最終産物には含まれないタン

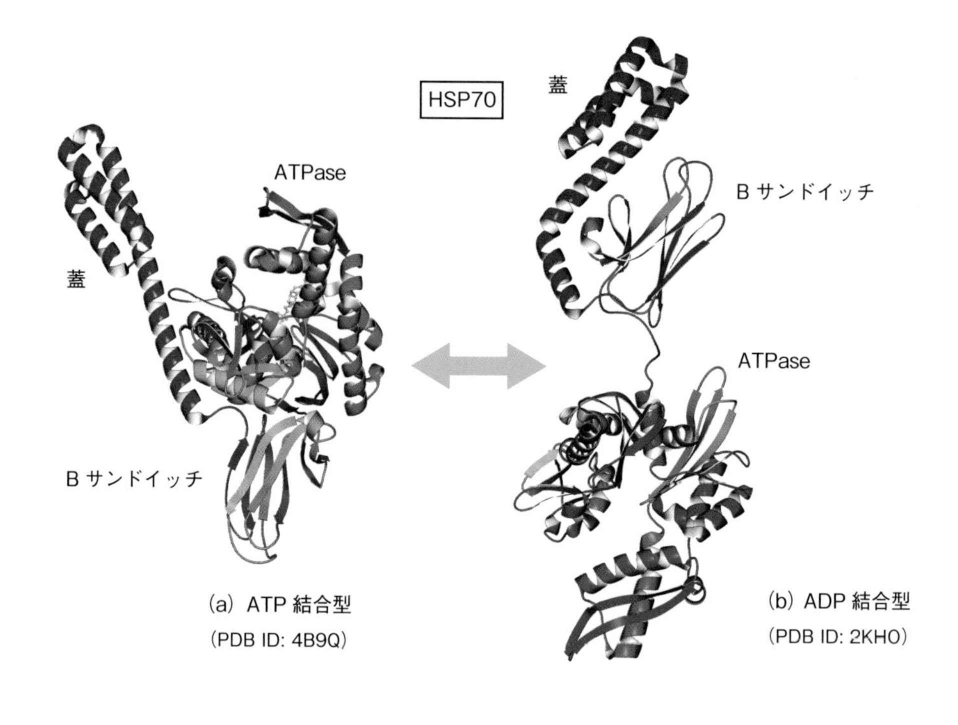

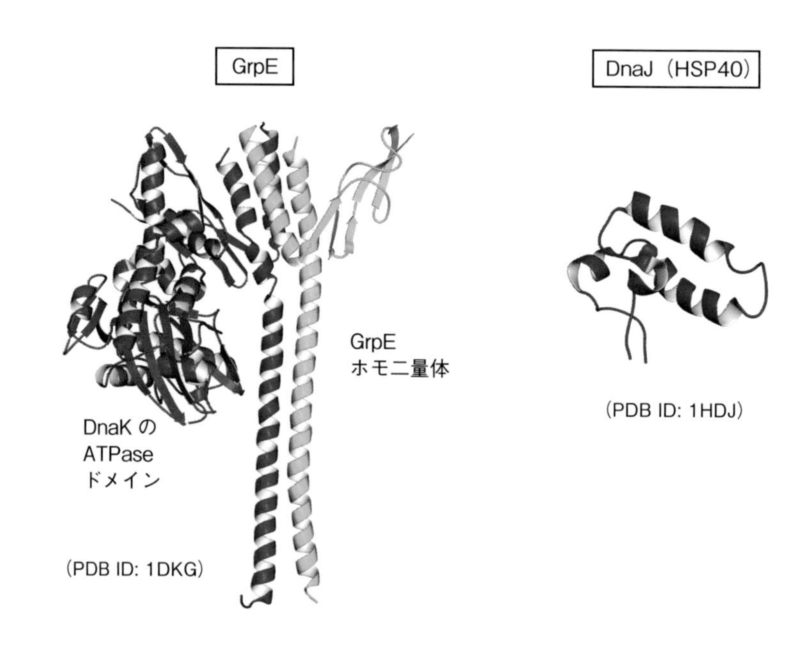

図4·6　HSP70，GrpE，DnaJ
HSP70は新生鎖の折りたたみを促進するほか，さまざまな機能をもっている。DnaKのCoシャペロンであるGrpEは，DnaKに結合すると，DnaKのヌクレオチド結合を弱めることによってヌクレオチドの交換（ADP↔ATP）を著しく促進する。GrpEは二量体を形成することによってDnaKとの結合を強める。DnaJ（HSP40）はHSP70のCoシャペロンとしてタンパク質の凝集を阻止し，また折りたたみを促進する。HSP40には相同性の異なる多くのホモログが存在し，3つに分類されている。

パク質を「分子シャペロン」とよぶことを提案し，研究者の間で採用されることとなった。

ちなみに，シャペロンというのは，ヨーロッパ近世の宮廷の社会で，社交界にデビューする貴族の若い女性の世話をする役割の女性を指す言葉だった。タンパク質の場合は，できたばかりのポリペプチドをきちんと折りたたませ，細胞社会に送り出す役割を与えられているのが分子シャペロンということになる。

上記のシャペロニンと並んで多くのタンパク質を折りたたんだり，変性タンパク質に結合して再生するタンパク質に HSP70（DnaK は HSP70 のバクテリアホモログ）（図 4･6）があり，ミトコンドリアにあって Co シャペロン（シャペロンの補助因子）となる GrpE や DnaJ（HSP40 のバクテリアホモログ）と共同で分子シャペロンの機能を果たしている。HSP90（図 4･7）もすべての真核生物がもつ必須な分子シャペロンであるが，HSP60 や HSP70 に比べて比較的限られたタンパク質の折りたたみのみに関与する（10 章参照）。

なお，ジスルフィド結合を正しい位置にかけ直すジスルフィドイソメラーゼや，コラーゲンのフォールディングの律速段階を制御するプロリンイソメラーゼのような酵素も，分子シャペロンとして分類されることがある。

セントラルドグマに分子シャペロンを加えて拡張した図を図 1･4c に掲げた。

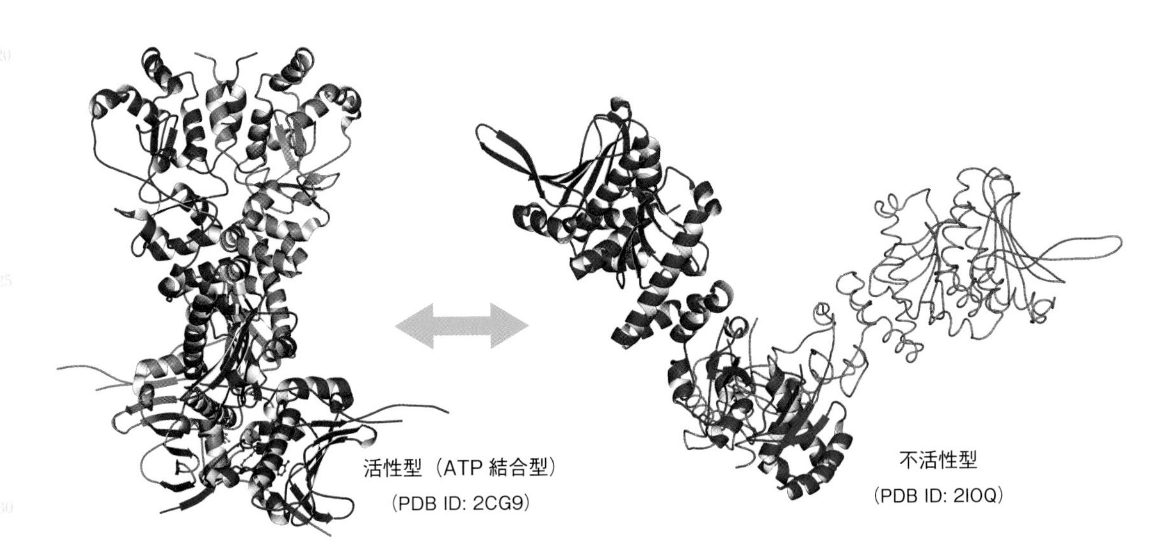

図 4･7　HSP90 二量体（ATP 加水分解後の構造変化）
HSP90 は HSP60 や HSP70 と同様に ATP 依存性の分子シャペロンで，二量体として機能する。ATP 結合型が活性型で，ATP が ADP となり，HSP90 から解離すると不活性型になる。HSP90 は複数の Co シャペロンによって機能がモジュレートされる。

5章 タンパク質のサブユニット構造

1本のポリペプチド鎖からなるタンパク質の残基数の上限はどのくらいだろうか。よく知られている大きなタンパク質としては，34,000個以上のアミノ酸残基からなる弾性タンパク質タイチン（コネクチンともいう）がある。このような大きなタンパク質は複数のドメインからなっている。タイチンの場合は多数のグロブリン様ドメインが連結した構造になっている（図2·16 h）。しかし，タイチンは例外で，とくにこの場合のようにほぼ同じドメインがくり返している場合にはサブユニット構造を取ることが多い。本章ではサブユニット構造について概観する。

5.1 ドメイン 対 サブユニット

集合体を構成する個々のタンパク質分子をサブユニットとよび，複数のサブユニットからなる集合体はオリゴマーとよばれる。オリゴマーが1種類のタンパク質分子からなる場合はホモオリゴマー，異なる分子からなる場合はヘテロオリゴマーとよばれる。ダイマー（二量体）なら，それぞれホモダイマー，ヘテロダイマーである。オリゴマーがさらに大きくなって，リボソームやウイルスのように電子顕微鏡で容易に見えるような大きさになると超分子とよばれる。

多くの酵素は，複数のサブユニットからなる酵素複合体を形成しているが，生物種によって各酵素活性がサブユニットに担われている場合と，ドメインに担われている場合がある。

トリプトファン合成酵素の場合，細菌や植物の場合には$\alpha_2\beta_2$（$\beta\alpha\alpha\beta$）のサブユニット構造をもつが，酵母ではα，βがサブユニットに分かれておらず，1本のポリペプチド鎖，すなわち融合タンパク質として存在している。

脂肪酸合成酵素の場合，酵母や動物ではいわゆる多機能タンパク質で，合成に必要な7つの反応中心が1本のポリペプチド鎖の中のドメインとして存在する（2.5節参照）。これに対して，大腸菌や植物では各反応中心が別々のサブユニット分子として存在し，それらが非共有結合によって1つにまとめられている。

タイチンは筋肉の弾性タンパク質で，34,350個のアミノ酸からなる巨大なポリペプチドであり，多数のグロブリン様ドメインなどが連なっている（図2·16 h）。このように大きなポリペプチド鎖も存在するが，一般的には，タンパク質が大きな構造体を作り上げる場合，1本の鎖の中で機能的ドメインを増やすよりも，複数のポリペプチド鎖に分かれたサブユニット構造をとることが多い。

なぜ1本のポリペプチドの中に多くのドメインを押し込めるのでなく，サブユニット構造を取るようになっているかについては，通常タンパク質合成におけるエラーの確率の問題と関連づけて説明されている。すなわち，ドメインの連結をくり返した場合，タンパク質合成における1個のアミノ酸残基の取り込みミスによって，その分子全体が機能を失う可能性があるが，サブユニット構造にしておけば，そのタンパク質合成のミスを含むサブユニット1個の損失で済むことになるからである。

もう1つはDNAの節約である。1つのアミノ酸を指定するコドンは3つのヌクレオチドからなるので，500残基のアミノ酸をコードする遺伝子は1500ヌクレオチド，すなわち1.5 kbになる。タイチンのように約34000アミノ酸のタンパク質では102 kbが必要になり，これは小さなウイルスゲノムにはコードできないほど大きく，細菌のゲノムでもサイズにそのような余裕はない。

5.2　サブユニット間相互作用

プロテインデータバンク（PDB）に登録されている種々のオリゴマータンパク質のサブユニット間境界面を検討した結果，ミラーは次のような結論を出している（Miller, 1989）。サブユニット間の境界面は，基本的にはタンパク質内部の残基間相互作用と似ており，

1）βシート連結
2）ヘリックス - ヘリックス パッキング
3）シート - シート パッキング
4）ループ相互作用

の4つに分類される。βシート連結は，2つのサブユニットから供与されるβシートが同一平面内で並んで水素結合を介してつながり，1つの大きなβシートを形成する形の結合である。βアミロイドタンパク質の繊維形成はこのような相互作用によると考えられる。

重要なタンパク質間相互作用にかかわる相互作用は，ループ間で起こることが多い。サブユニット境界面の残基は疎水的な残基も多いが，極性の残基や電荷をもった残基も多くあり，境界面に水素結合を多く形成することが多い。アルゴスは，サブユニットどうしの認識面には大きな側鎖をもったTrp，Tyr，Phe，His，Met，Argなどが多く，Arg-Asp，Val-Leuのような対の他，Met-Met，Phe-Phe，Leu-Leu，Asn-Asnのような同じ残基どうしの接触や，Ser-Asp，Tyr-

Aspなどの対が見られることに注目している（Argos, P., 1988）。

サブユニット間の相互作用の強さは，タンパク質によって大きく異なっており，変性させなければ解離しないような強固な結合から，生理的条件に近い条件で可逆的に解離会合をする場合までさまざまである。前述したように，同じタンパク質分子中でも，ヘモグロビンでは，α^1-β^1 二量体中の単量体分子間の相互作用は，酸素の結合に伴って滑りを起こす α^1-β^2 または α^2-β^1 二量体間の相互作用よりはるかに強い。

▶特異的相互作用・非特異的相互作用・準特異的相互作用

ここで述べた相互作用は，特異的相互作用を前提としている。これに対して，変性したタンパク質が凝集して不定形の凝集体を形成するような相互作用は，非特異的相互作用とよばれる。この場合には一般的に疎水性相互作用が主要な相互作用と考えられるが，変性によって二次構造，とくに β 構造が増加する場合も知られており，水素結合の関与もあると思われる。

特異的な相互作用をするタンパク質どうしでも，高濃度の溶液では非特異的相互作用が現れる。他方，結晶を形成する場合の相互作用，あるいは後述の β アミロイドにおける繊維構造の形成などは，機能に結びついた特異的相互作用とはいえないが，変性タンパク質の非特異的な相互作用とも明らかに異なる。ここでは一応そのような相互作用を，準特異的相互作用とよぶことにする。タンパク質によって結晶化しやすさの度合いは大きく異なり，リゾチームのように容易に結晶化するものから，なかなか結晶化の条件を見いだすのが困難なものもある。血清アルブミンはきわめて溶解度が高く，そのため結晶化が困難で，よく知られたタンパク質であるにもかかわらず，結晶化されたのは2010年頃になってからのことである。

5.3　サブユニット集合の対称性と熱力学

2分子のタンパク質が結合すると1分子の複合体になる。1分子につき，並進の自由度は3（三次元空間）である。その結果，並進の自由度が6から3に減少する。このときのエントロピー変化による自由エネルギー変化は $\Delta G = +5.5$ kJ/molである。このように，集合体を形成する場合にはエントロピーの減少が起こるので，会合が起こるためにはこれを上回る負の結合エンタルピー変化が必要になる。これは，エンタルピー - エントロピー補償（enthalpy-entropy compensation）とよばれる。

ホモオリゴマー酵素に関してはサブユニットの数は2個から8個程度のものが

表 5·1　ホモオリゴマーの例

アルコール脱水素酵素	二量体	C_2
スーパーオキシドジスムターゼ	二量体	C_2
ホスホリラーゼ	二量体	C_2
アルカリホスファターゼ	二量体	C_2
イソプロピルリンゴ酸脱水素酵素	二量体	C_2
トリオースリン酸異性化酵素	二量体	C_2
増殖性細胞核抗原	三量体	C_3
ヘマグルチニン	三量体	C_3
コラーゲン	三量体	C_3
ホスホフルクトキナーゼ	四量体	D_2
コンカナバリン A	四量体	D_2
アルドラーゼ	四量体	D_4
IgM	五量体	C_5
ヘモシアニン（節足動物；6 × 2，6 × 4 量体）	六量体	D_3
α- ヘモリジン	七量体	C_7
γ- ヘモリジン	八量体	C_8
ヘモシアニン（軟体動物）	十量体（= 52）	D_5
シャペロニン	十四量体（= GroEL7 × 2）	D_7
ウイルスコートタンパク質	正二十面体対称	

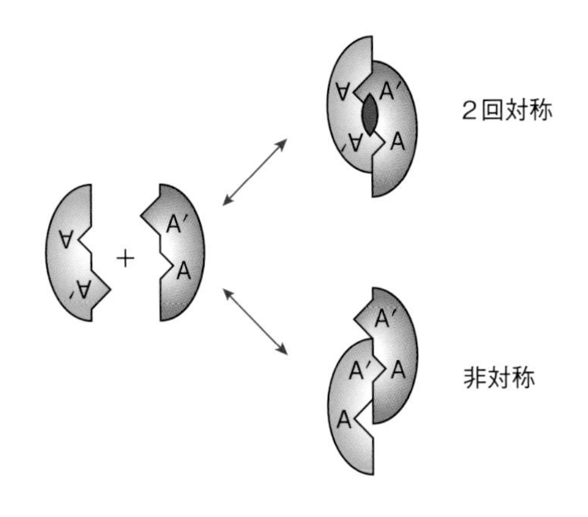

図 5·1　二量体の形成
（Van Holde, K.E. ら（田之倉 優・有坂文雄 監訳），2003 より）

多く，奇数のものは少ないが，三量体，五量体も存在する。シャペロニン（図 4·5）は環状の七量体が 2 つ tail-to-tail で重なって十四量体を形成している（表 5·1）。

二量体でホモダイマーを考えると，対照的な結合（2 回対称 C_2）では 2 か所で相補的な結合が生じる（図 5·1）。表 5·1 にいくつかのオリゴマータンパク質の対称性を示してある。一般的に，ホモオリゴマーでは結合の数を最大にするために対称性を最大限にしているように見える。表中 C_n は n 回対称軸で，この軸の周りに 360° /n 回転させると元の構造と重なる。D_n は C_n の回転軸に垂直な方向に 2 回対称軸が n 本存在する。

図 5·2 にオリゴマータンパク質の主要な対称性をまとめてある。ヘモグロビンは α 鎖と β 鎖からなり，ヘテロオリゴマーではあるが，両サブユニットは非常によく似ており，偽ホモ四量体として偽 D_2 対称性を有する。ヘモグロビンは最もよく研究されたタンパク質の 1 つであり，改めて 5.5 節で詳細に述べる。

G タンパク質は GTP または GDP を結合して活性の ON/OFF を行うことにより，細胞内情報伝達に関与するタンパク質で，Ras タンパク質に代表される単量体 低分子量 GTP アーゼ（分子量 20 ～ 30 kDa）と，α（分子量約 40 kDa），β（約 35 kDa），γ（約 10 kDa）のサブユニットからなる三量体 G タンパク質がある（図 5·3）。

ヘテロオリゴマーには○○ソームと名前の付いたものが数多くある（表 5·2）。

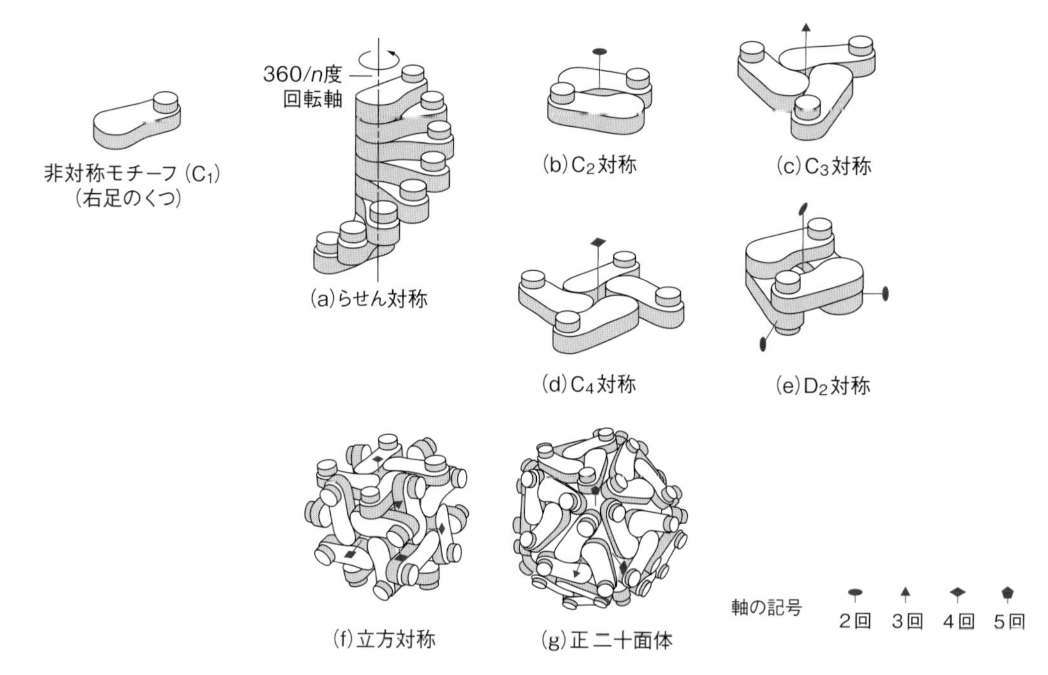

図5·2　オリゴマータンパク質の対称性
オリゴマータンパク質集合体の対称性の例。a：360/n度のらせん対称をもつらせん。b：C_2対称，2回対称軸を1本もつ。C：C_3対称，3回対称軸を1本もつ。d：C_4対称，4回対称軸を1本もつ。e：D_2対称，互いに垂直な2回対称軸を3本もつ。f：24 mer（量体）の立方対称，4回対称軸，3回対称軸，2回対称軸をもつ。g：60 merからなる正二十面体，ウイルスキャプシドにみられる。

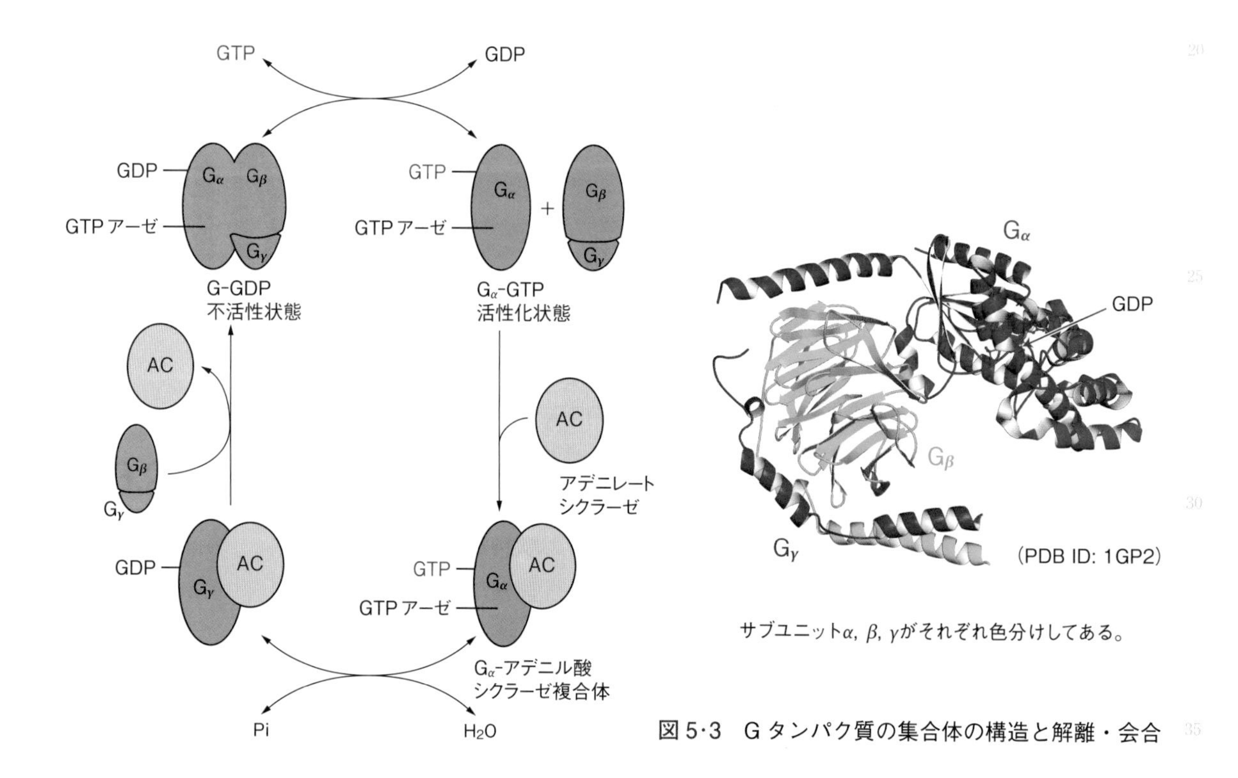

サブユニットα, β, γがそれぞれ色分けしてある。

図5·3　Gタンパク質の集合体の構造と解離・会合

リボソーム（図6·1），プロテアソーム（図5·4），レプリソーム（DNA複製酵素複合体；図5·5），スプライソソーム（図11·3），アポトソーム（図5·6），サイクロソーム，ヌクレオソーム（図5·7）などはそれぞれ，タンパク質合成，DNA複製，取り込んだタンパク質を10〜12残基程度のペプチドに切断するプロテアーゼ複合体，DNA複製，mRNAのスプライシング，アポトーシス，細胞周期，染色体の最小基本構造である。これらのタンパク質集合体にはいずれも対称性はない。

表5·2　ヘテロオリゴマー複合体

リボソーム（70S）	タンパク質合成	図6·1
プロテアソーム	細胞内多機能プロテアーゼ	図5·4
レプリソーム	複製複合体	図5·5
スプライソソーム	スプライシング	図11·3
アポトソーム	アポトーシス誘導	図5·6
サイクロソーム	細胞周期	
インフラモソーム		
ヌクレオソーム	クロモソーム基本単位	図5·7
ポラリソーム		
セントロソーム		
脂肪酸合成酵素		図5·8
光合成反応中心		図5·9
F_0F_1 ATP合成酵素		

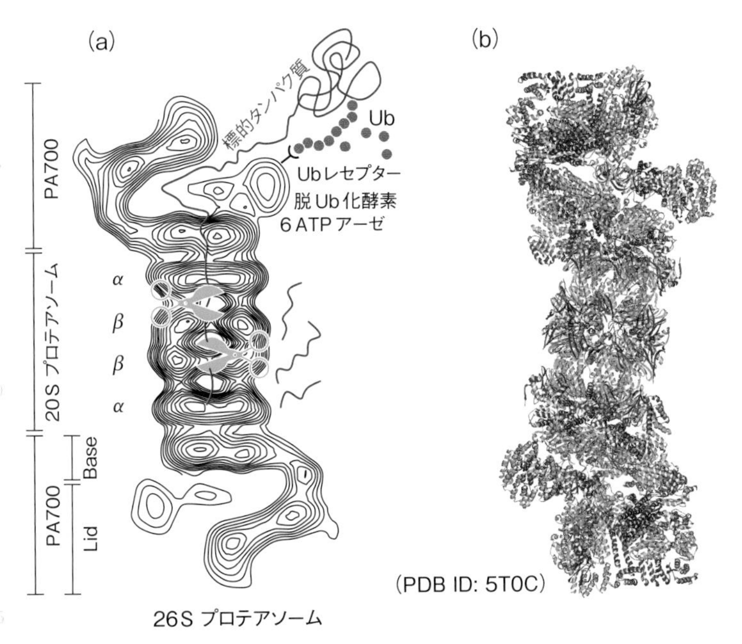

図5·4　プロテアソームの立体構造
a：電子顕微鏡画像上に機能をマップしてある（提供：東京都臨床医学総合研究所 田中啓二博士）。b：X線結晶構造解析による精密立体構造。

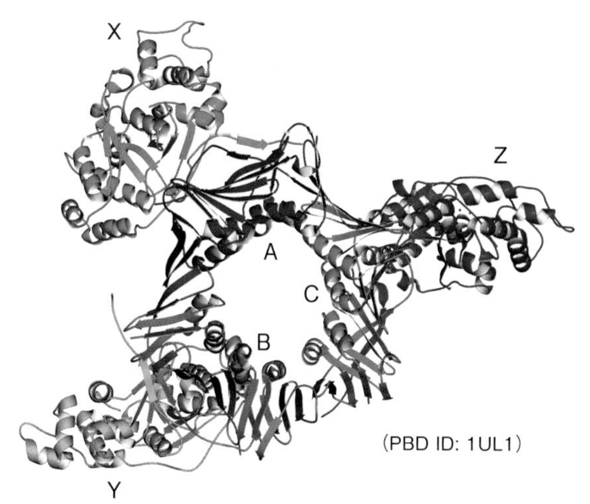

図 5･5　レプリソームの立体構造

X, Y, Z：FEN1 = flap endonuclease（フラップエンドヌクレアーゼ）

A, B, C：PCNA = proliferating cell nuclear antigen（増殖細胞核抗原）

PCNA 三量体はリングを構成し，リングの中を 2 本鎖 DNA が通る。(Sakurai, S. *et al*., 2005)

図 5･6　ヒトアポトソーム

アポトソームはカスパーゼ 9 を活性化し，アポトーシスの引き金を引く。7 つのサブユニットからなり，シトクロム *c* によって活性化される。

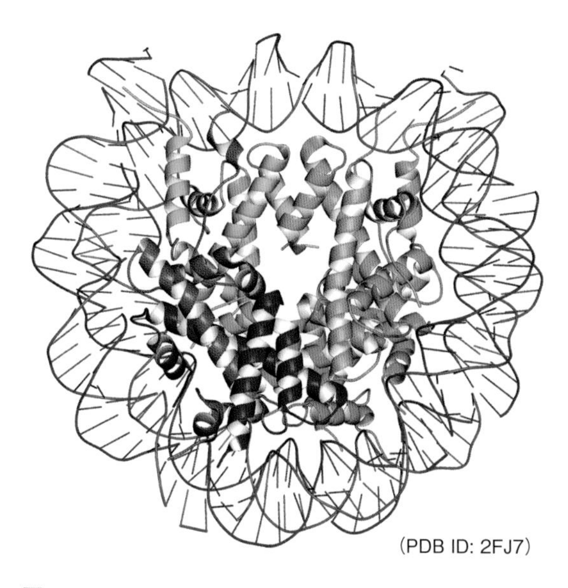

図 5･7　ヌクレオソーム

$(H2A\text{-}H2B)_2$ テトラマーと $(H3\text{-}H4)_2$ テトラマーが会合してオクタマーを形成する。DNA はその周りを約 1.65 回分，回っている。

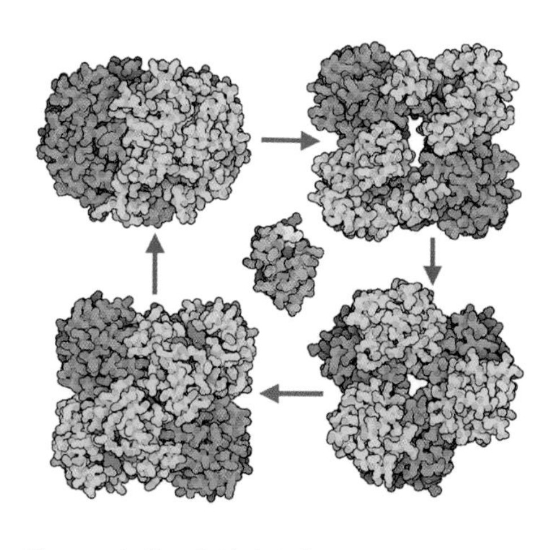

図 5･8　細菌の脂肪酸合成酵素

(PDB ID: 1KAS, 1I01, 1U1Z, 1DFG, 2FAE)

バクテリアの光合成反応中心（図 5･9　総分子量 14 万 5 千）は光合成反応 I に相当する電子伝達を担い，細胞膜外の C 型シトクロム中の 4 つのヘムによって電荷分離後，受け取られた電子が膜内の H，M，L サブユニット中のヘムを通って，膜内に達する。この構造を決定したフーバー（Huber, R.），ミヘル（Michel, H.），ダイセンホーファー（Deisenhofer, J.）の 3 人が 1988 年度のノーベル化学賞を受賞した。

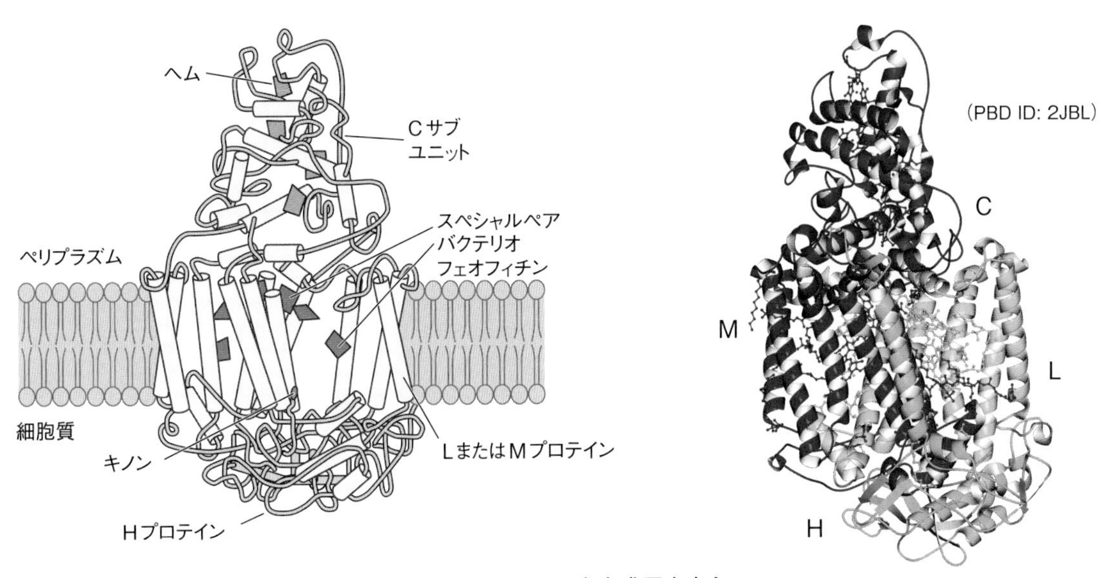

図 5･9　光合成反応中心

5.4　アロステリック酵素

生体内の代謝反応は遺伝子レベル，転写レベル，翻訳レベルなど様々なレベルで制御されているが，その中でとくに細胞の環境変化（物理的，化学的変化）に対して迅速に対応するのが，アロステリック酵素である。アロステリック酵素（またはアロステリックタンパク質）の「アロ」は「異なる」，「ステリック」は「立体的」，という意味なので，文字通りには「立体的に異なる」という意味をもつ。その名詞形が「アロステリー」である。

アロステリーは主に 2 つの意味で用いられる。1 つは，基質とは異なる構造の化合物によって酵素の活性が制御される場合であり，もう 1 つは協同的な基質またはリガンドの結合を指す。前者の例として，よく研究されたアロステリック酵素であるアスパラギン酸カルバモイルトランスフェラーゼ（ATCase）（図 5･10）を取りあげる。

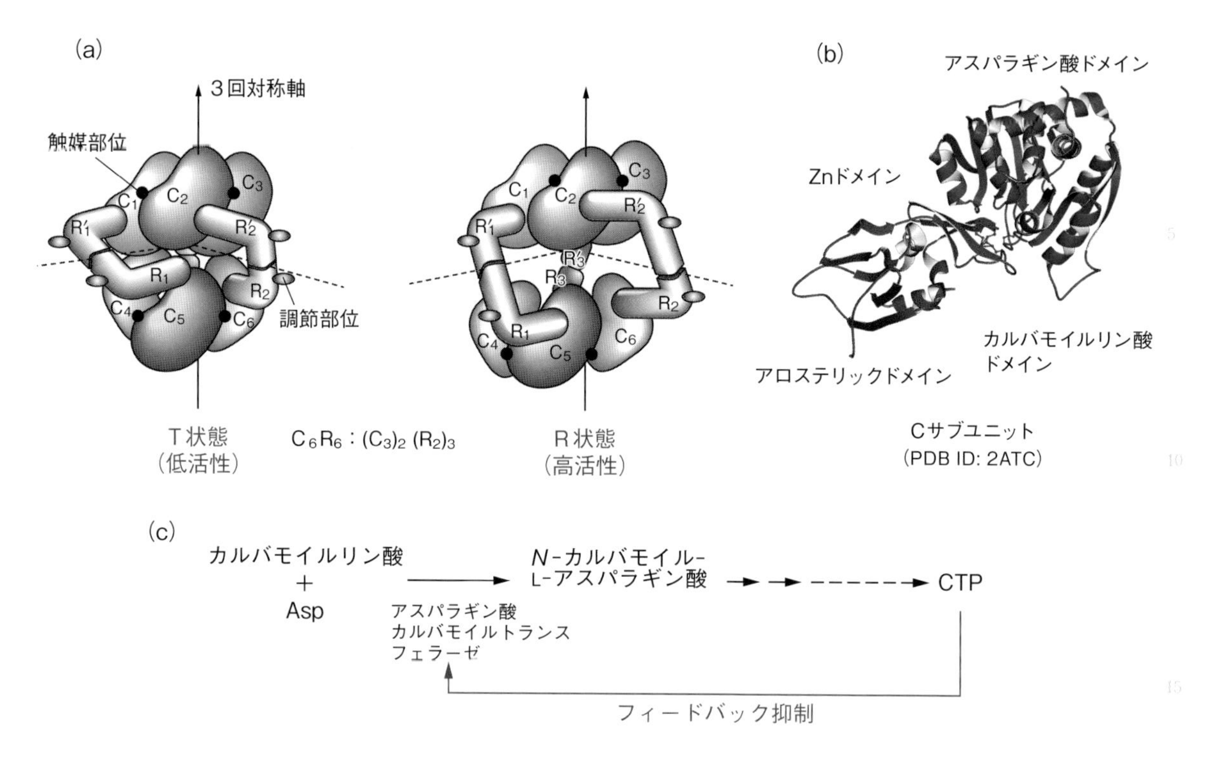

図5·10　アスパラギン酸カルバモイルトランスフェラーゼ（ATCase）
(Mathews, C.K. & Van Holde, K.E., 1990 より改変)

この酵素は $(C_3)_2(R_2)_3$ というサブユニット構造をもち，次の反応を触媒する：

アスパラギン酸 + カルバモイルリン酸 $\xrightarrow{\text{ATCase}}$ N-カルバモイル-L-アスパラギン酸 + P_i

ここで，C サブユニットは触媒サブユニット，R サブユニットは制御サブユニットである。触媒サブユニット C は基質アスパラギン酸の結合するアスパラギン酸ドメインと，もう一方の基質カルバモイルリン酸を結合するカルバモイルリン酸ドメインからなる。他方，制御サブユニット R は，アロステリックドメインと Zn ドメインからなる。ATCase を含む代謝経路の最終産物はピリミジンで，CTP は T 状態の制御サブユニット R に結合して ATCase を R 状態から T 状態に転移させる。CTP のようにアロステリック酵素に結合してコンホメーションを転移させるような化合物を**エフェクター**とよぶ。

第 2 の意味の「アロステリー」，すなわち基質またはリガンドの協同的な結合を示す酵素では，1 つのサブユニットへのリガンドの結合が他のサブユニットの結合親和性に影響を与える。上記のアスパラギン酸カルバモイルトランスフェラーゼは，酵素活性を表すグラフがアスパラギン酸の濃度に対してS字型（シグモイド）になり，この意味でもアロステリック酵素である。アロステリックな相互作用を示す酵素やタンパク質は，複数のサブユニットまたはドメインから構成されている。

モノー（Monod, J.），ワイマン（Wyman, J.），シャンジュー（Changeux, J. P.）の3人は，1963年に解糖系のアロステリック酵素ホスホフルクトキナーゼ（図5·11）をモデル酵素として，この酵素のリガンド結合を説明する新しい熱力学的モデル（concerted model＝協奏モデル）を提案した。このモデルでは，複数のサブユニットが，リガンドを結合するにつれていっせいに，低親和性のコンホメーションTから高親和性のコンホメーションRに構造を変える。これは提案者の名前の頭文字をとってMWCモデルとよばれるようになった（7.5.2項）。このモデルはさらに拡張され，酸素の結合による構造変化が原子レベルで明らかにされたヘモグロビンの性質をよく説明した。タンパク質と低分子リガンドとの相互作用の定量的定式化については7章で述べる。

このモデルの問題点は，酵素によって時折見いだされる負の協同性を説明できないことだった。この問題点を解消するさらに一般的なモデルを提唱したのが，コシュランド（Koshland, D. E.），ネメシー（Nemethy, G.），フィルマー（Filmer, D.）の3人で，彼らは1分子のリガンドの結合がそれに隣接するサブユニットのリガンド親和性を変えるとした。このモデルはKNFモデルとよばれ，協奏モデルに対して逐次モデルともよばれる（7.5.2項）。このモデルは新たに誘導適合（induced-fit）という概念を生み出した。誘導適合によるコンホメーションの変化

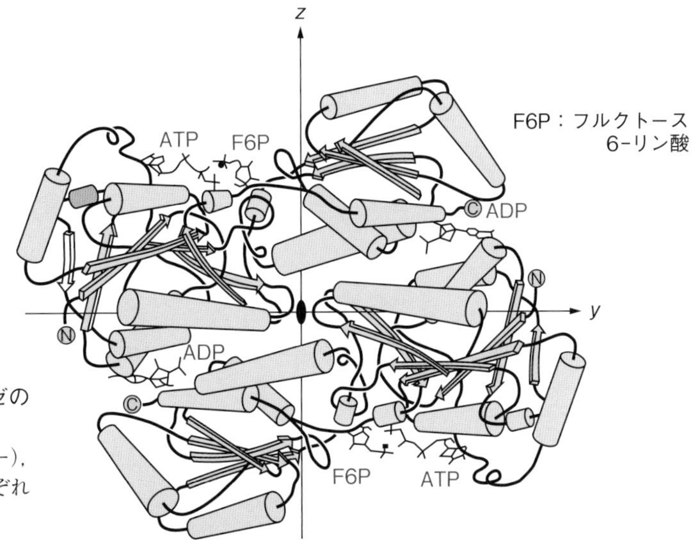

図5·11　ホスホフルクトキナーゼの構造
ATP（基質），ADP（エフェクター），F6P（基質）は，構造と共にそれぞれの分子の結合部位を示してある。

は，その後，多くのタンパク質で起こる一般的な現象であることが認識されるようになった。ただし，一般的にはKNFモデルはパラメータが多くなり，数学的にはMWCモデルの方がより簡単な式で記述できるので，後者がより広く用いられている。

5.5　ヘモグロビンのサブユニット間相互作用

ヘモグロビンは赤血球の中にあって肺で酸素を結合し，体中の組織に届ける。ヘモグロビンはミオグロビンとポリペプチド鎖の構造上，よく似たタンパク質だが，ミオグロビンが単量体で酸素の貯蔵を行っているのに対して，ヘモグロビンは$\alpha_2\beta_2$というサブユニット構造（α鎖2本とβ鎖2本，計4本のポリペプチド鎖からなる）をもっていて，酸素を肺から各組織へと運ぶ機能を担っている。

αサブユニットとβサブユニットは1：1で固く結合し，$\alpha\beta$ヘテロダイマーが2つ結合して$(\alpha\beta)_2$のヘテロ四量体を形成しているが，αサブユニットとβサブユニットはよく似ており，立体構造は疑似D_2対称性を有していて，四量体は酸素親和性の低いT状態のコンホメーションと酸素親和性の高いR状態のコンホメーションの間の平衡状態にある。赤血球内ではヘモグロビンは**2,3-ビスホスホグリセリン酸**を1分子，T状態に強く結合する。

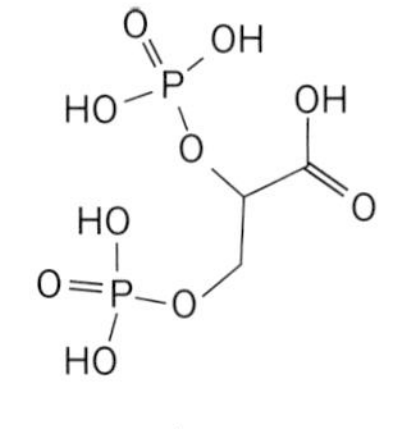

2,3-ビスホスホグリセリン酸

ミオグロビンが通常の直角双曲線型の結合曲線（7章参照）を示すのに対して，ヘモグロビンはS字型(シグモイド)の酸素結合曲線を示す。これは，アロステリック効果とよばれ，酸素分子の結合に伴うヘム鉄のごくわずかな位置の変化（T→R転移）が増幅されて，ヘモグロビン分子全体として大きな構造変化を起こすことによる（図5·12）もので，$\alpha^1\beta^1$ダイマーが$\alpha^2\beta^2$ダイマーに対して回転する。へ

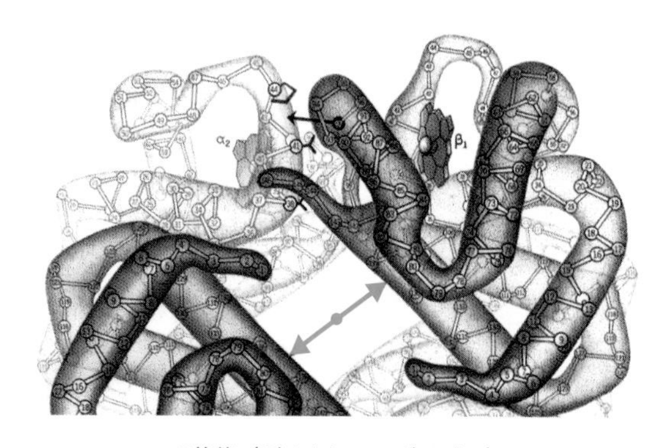

T状態（デオキシヘモグロビン）

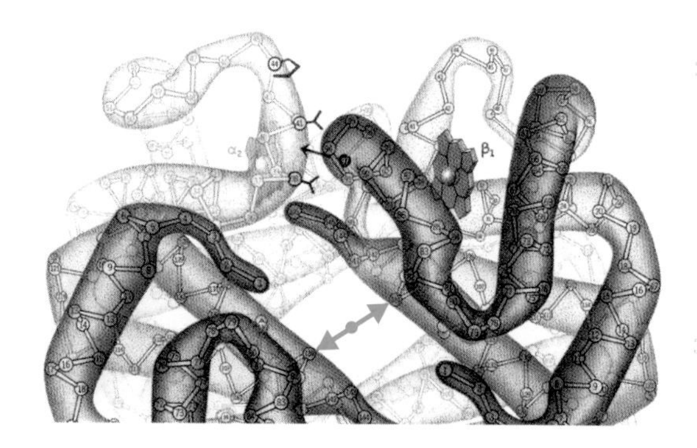

R状態（オキシ(メト)ヘモグロビン）

図5·12　ヘモグロビンに見られるタンパク質間相互作用（T→R転移）
ヘモグロビンのT→R転移に伴う$\alpha^2\beta^2$境界面の滑り，酸素の結合に伴って，水素結合の切断，再結合も起こる。

モグロビンがサブユニット構造をもつことによって初めて獲得した機能である。

このT→R転移において，α^1とβ^1，α^2とβ^2は固く結合していて構造を変えない。構造が変わるのはα^1とβ^2の相互作用（α^2とβ^1の相互作用も同じ）である。図に示されているように，T→R転移に伴って，β^1鎖のHis97の側鎖がα^2鎖のThr41とPro44の側鎖の間（図5·12左）からThr38とThr41の間に移動していることがわかる（図5·12右）。同時に，四量体の中央の空間がT→R転移に伴って狭くなっていることがわかる。

ヘモグロビンのサブユニット間相互作用について見ると（表5·3），$\alpha^1\beta^1$間の接触部位はデオキシ型ではファンデルワールス接触の数は110，水素結合の数5，イオン結合の数0に対して，オキシ型でもそれぞれ98，5，0と多少変化するが，強い結合が保たれている。これに対してアロステリック相互作用が起こる$\alpha^1\beta^2$間の相互作用はそれぞれ，デオキシで，80，1，0，オキシで69，1，1となっている。仮に，1個のファンデルワールス接触を4 kJ/mol，水素結合を25 kJ/mol，静電相互作用を56 kJ/molとすると，$\alpha^1\beta^1$間のΔHはデオキシ型で565 kJ/mol，オキシ型で517 kJ/molであるのに対して，$\alpha^1\beta^2$間ではそれぞれ330 kJ/mol，337 kJ/molである。

表5·3　ヘモグロビンのサブユニット間相互作用

	接触の名称	ファンデルワールス接触の数	水素結合の数	塩結合の数
デオキシ型	$\alpha^1\beta^1$	110	5	0
	$\alpha^1\beta^2$	80	1	0
	$\alpha^1\alpha^2$	0	0	0
	$\beta^1\beta^2$	0	0	0
オキシ型	$\alpha^1\beta^1$	98	5	0
	$\alpha^1\beta^2$	69	1	1
	$\alpha^1\alpha^2$	0	0	2
	$\beta^1\beta^2$	0	0	0

Cantor, C. R. & Schimmel, P. R., 1980より

ここからわかることは，$\alpha^1\beta^1$間の相互作用（結合）はR状態でもT状態でも強いが，$\alpha^1\beta^2$間の相互作用はいずれの状態でも弱いということで，T→R転移によって$\alpha^1\beta^1$と$\alpha^2\beta^2$間の位置関係が変わるが，このとき起こる全体の相互作用の変化はそれほど大きくないことである。ヘモグロビンの生理的機能にとってはアロステリックな相互作用が重要で，$\alpha^1\beta^2$と$\alpha^2\beta^1$間の相互作用が，構造を支える$\alpha^1\beta^1$と$\alpha^2\beta^2$間の構造よりも重要である。重要な相互作用は構造を形成する相互

作用よりも弱いことに注意したい。重要な相互作用は可逆的なことが多く，可逆的であるためにはある程度弱い相互作用である必要がある。弱い相互作用は結合定数で見ると 10^{4} ～ 10^{6} M^{-1} 程度である。

5.6　ドメインスワッピング

サブユニット構造をもつタンパク質は進化の過程でどのように出現したのだろうか。このことに関して，アイゼンバーグ（Eisenberg, D.）らは興味深い仮説を提唱した。これは**ドメインスワッピング**とよばれ，X 線結晶構造解析によって決定された二量体タンパク質の構造の観察から生まれた。

アイゼンバーグは，1つのタンパク質が条件によって単量体にも二量体にもなる場合，あるいは生物種によって相同なタンパク質が単量体であったり二量体であったりする場合に注目した。これらの構造をよく見てみると，単量体内で相互作用するドメイン A とドメイン B のうちの1つのドメインが，二量体においては他のサブユニットから提供されている例が相当数あることがわかる。

たとえば，ウシの γ クリスタリンと β クリスタリン（レンズタンパク質）は一次構造がとてもよく似ているが，前者は単量体なのに対して，後者は二量体である（図 5·13a）。この事情は，以下のように解釈された。すなわち，進化の過程でリンカーでつながれたドメイン 1 と 2 が安定に結合して図 5·13b（左）のような構造体が形成されたとする。このとき，リンカーの部分に電荷や疎水性を変化させる変異，またはリンカー短小などの変異が起こったために，元々ドメインどうしの境界として利用されていた面が露出すると考える。その結果，別の分子のドメイン 1 がドメイン 2 と結合するようになり，安定な二量体を形成することが可能になる（図 5·13b（左））。

彼らはドメインスワッピングを用いて，進化の過程でサブユニット構造が生じ

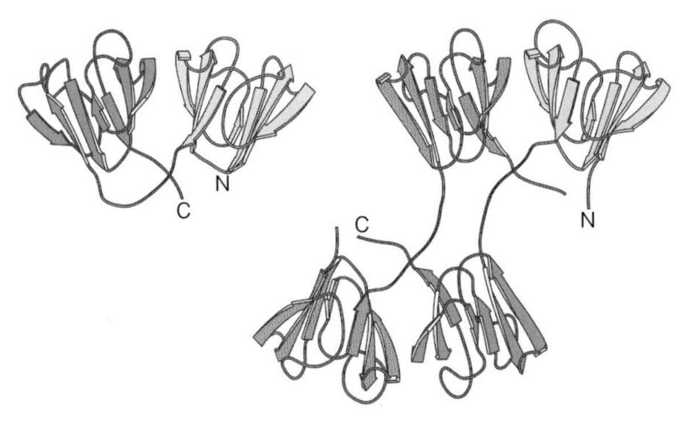

(a) 単量体クリスタリンと二量体クリスタリン

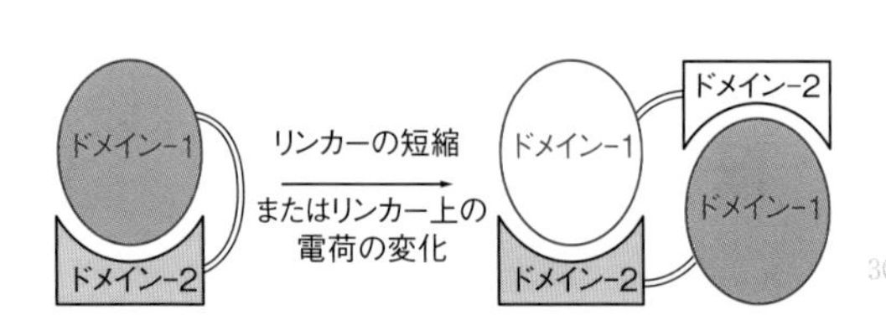

(b) ドメインスワッピング仮説
(Bennett, M. J. *et al.*, 1995を改変)

図 5·13　ドメインスワッピング
詳細は本文参照

るシナリオを描いている。ドメインスワッピングは二量体形成についてのモデルであるが，サブユニットどうしがhead-to-tailで結合すると線状集合体ができる。

一般的には，もともと相互作用しなかった2つのタンパク質分子が，単に1アミノ酸置換で安定な二量体または多量体分子を形成する可能性は低いと考えられる。1アミノ酸置換で多量体分子を形成する例として，鎌状赤血球貧血症のヘモグロビンを思い浮かべる人もいるかもしれない。その場合の原因となる変異体ヘモグロビンでは，β鎖の6番目のアミノ酸がグルタミン酸からバリンに変異している。その結果，とくに低酸素圧の状態ではヘモグロビンが繊維状に集合し，それが原因となって赤血球が変形し，柔軟性を失うために毛細血管を通過できなくなる。しかし，この場合は，赤血球内の異常に高濃度のヘモグロビンの存在によって多量体を形成するのであって，壊れた赤血球から漏出した繊維状ヘモグロビンは，希釈されれば解離して四量体分子となる。

5.7 タンパク質の立体構造決定法

5.7.1 X線結晶構造解析

PDB（Protein Data Bank）のエントリーの中で，圧倒的に多いタンパク質の立体構造決定法はX線結晶構造解析である。タンパク質の結晶にX線を当て，その回折像を数学的に解析することによって，タンパク質中の電子密度の分布を求めることができる。この方法ではまず，タンパク質の結晶を作製しなくてはならない。結晶内ではタンパク質分子が同じ向きに規則正しく並んでいる。結晶化はX線結晶構造解析の第一の関門である。タンパク質によって結晶化の難易度は大きく異なるが，結晶化の条件を系統的に効率よく調べるためのキットが利用できる。

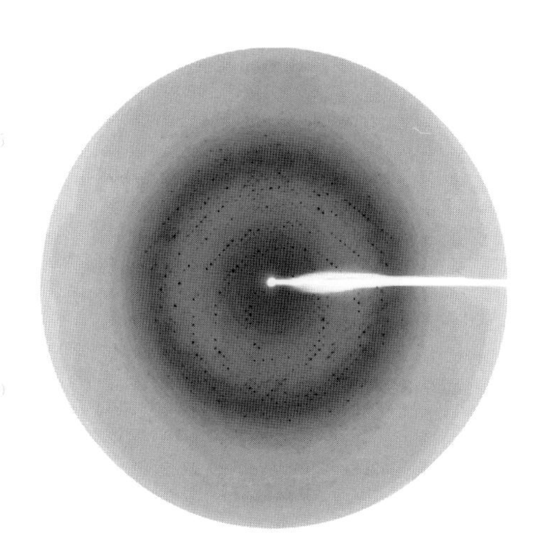

図5·14　X線結晶構造解析の例
（東京工業大学 濡木 理博士（現東京大学教授）提供）

結晶ができたらこれにX線を当てて回折像を撮る。タンパク質の結晶では数千個に上る回折点を解析する。結晶から散乱されるX線は，ほとんどの散乱角で他の原子の散乱するX線と打ち消しあって強度が0になってしまうが，特定の角度に散乱されたものだけが強めあってスクリーン上に回折点を与える（図5·14）。各回折点におけるX線の振幅と位相がわかると，フーリエ変換という数学的操作によって結晶内の電子密度が求められる。この位相の決定がX線結晶構造解析の第二の関門である。スクリーン上に得られる回折線の強度は振幅の二乗に比例するが，位相に関する情報が欠落しているので，これを何らかの方法で求めなければならない。これを求めるための通常の方法が**重原子同型置換法**である。通常，重原子として白金や水銀を，拡散によって結晶に導入して位相を求める方法が用いられるが，セレノメチオニンを導入する方法がよく用いられるようになっている（1.2.3 項参照）。一次構造が類似したタンパク質の結晶構造がすでに求められている場合には，分子置換法によって位相の初期値を求めることができる。

5.7.2　クライオ電子顕微鏡法

電子顕微鏡画像から立体構造を導く方法は，クルーグ（Klug, A.）によって開発された（1982 年ノーベル化学賞）。当初は，酢酸ウランなどを用いた負染色法で染色された試料を用いて三次元像再構成が行われ，解像度はたかだか 1.5 nm ほどだったが，21 世紀に入ってクライオ電子顕微鏡像が用いられるようになり，現在では，場合によっては X 線結晶構造解析の解像度を上回る解像度が得られる。

クライオ電子顕微鏡法では，試料を急速に冷却して固定化する（図 5·15）ことによって，溶液中での天然状態を壊すことなく観察が可能である（デュボシェ（Dubochet, J.），フランク（Frank, J.），ヘンダーソン（Henderson, R.）：2017 年ノーベル化学賞受賞）。この方法では，約 1000 枚の電子顕微鏡像から数万個の粒子像を抽出して，さまざまな方向を向いた粒子の方向をそろえる作業がある。支持膜を用いず，ごく短時間で撮影する必要があるため，観察には熟練を要する。

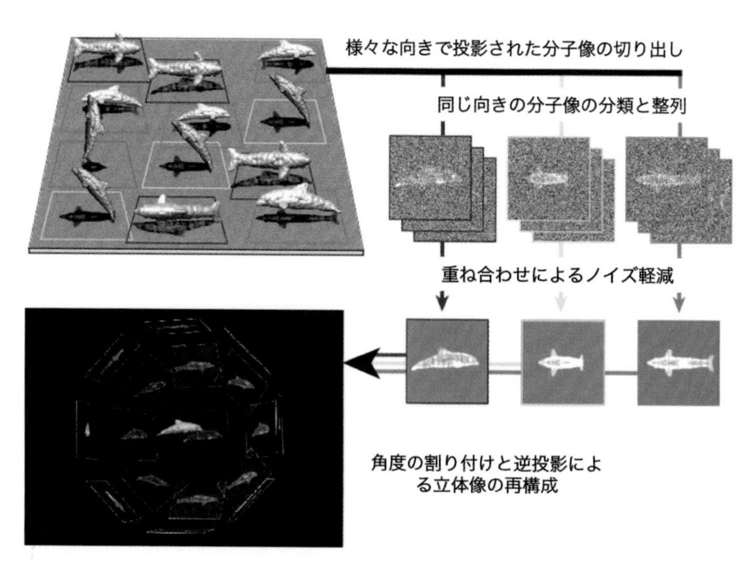

図 5·15　クライオ電子顕微鏡による立体構造の決定
様々な向きで氷包埋された生体分子（イルカに模してある）のノイズレベルの高い電顕像から二次元クラス平均像を経て立体像を再構成するプロセス。（資料提供：大阪大学大学院生命機能研究科　難波啓一特任教授。日本電子 JEOL のアプリケーションレポートより許可を得て転載）

現在では解像度が0.2 nm を上回る画像が得られ，これを用いて立体構造が求められるようになった。（本書に掲載するタンパク質立体構造の画像はほとんどすべてX線結晶構造解析によって得られたものである。）

5.7.3 NMR（核磁気共鳴法）

プロトン（^{1}H）などの原子核は，核のスピンに由来する量子化された磁気モーメントをもっており，強力な磁場の中に置かれると磁場の強さに比例する共鳴周波数のエネルギーを吸収するようになる。この共鳴周波数は核の周りの電子状態の影響を受けるので，逆に共鳴周波数の違い（化学シフトで表される）によって，それぞれの核を特徴づけることができる。NMRでは，まず各吸収ピークの帰属をしなければならない。タンパク質のような巨大な分子のピークを分離するのは，通常の一次元のNMRでは難しい。そこで，さらに高分解能のスペクトルを得るために，二次元NMR，三次元NMRなどが開発されてきた（図5·16）。その上で，核オーバーハウザー効果を利用して近接する原子間距離を推定し，タンパク質分子内の各原子間距離の情報から，ディスタンスジオメトリー法を用いて三次構造を決定する。

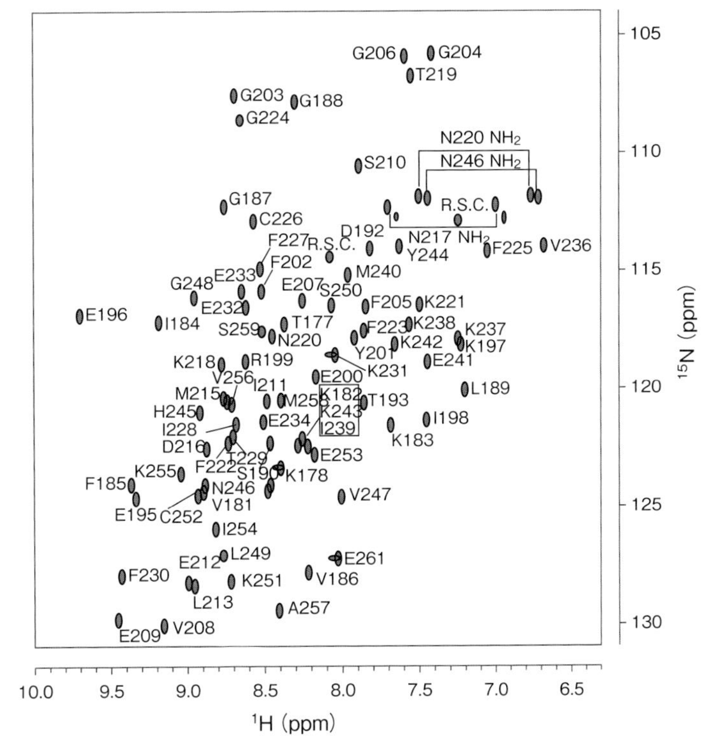

図5·16　あるタンパク質ドメインの二次元^{15}N-^{1}H NMRスペクトル（HSQC）
各残基のアミド窒素とアミド水素との間に相関ピークが現れており，各ピークの帰属を残基番号で示してある。（横浜国立大学 片平正人博士（現京都大学教授）提供）

6章 タンパク質の生合成

タンパク質は，細胞質内に数多く（細胞当たり数百万個）存在するリボソームによって合成される。リボソームが初めて単離されたのは1958年である（Tisieres, A. & Watson, J.D.)。それから50年後の2010年になって，細菌（原核生物）のリボソームの全立体構造が決定され，構造決定に功績のあったラマクリシュナン（Ramakrishnan, V.)，スタイツ（Steitz, T.A.)，ヨナス（Yonath, A.E.）の3人に2009年度のノーベル化学賞が授与された（ヨナスについては章末のコラム6.1を参照)。

2011年には真核生物のリボソームの全立体構造が決定された。細菌（原核生物）のリボソームの大きさは直径約20 nm，総分子量2.7 MDaであるのに対して，真核生物のリボソームは直径約25～30 nm，総分子量4.6 MDaである。

ポリペプチドの合成速度は原核生物では毎秒23アミノ酸残基，真核生物はだいぶ遅くて，毎秒2～4残基である。

6.1 リボソームの立体構造

細菌のリボソームは30Sサブユニットと50Sサブユニットからなり，合体して70S複合体を形成する（Sはスベドベリ単位。8.6.1項を参照)。構成成分のうち，rRNAが65%，タンパク質は35%を占める。大腸菌のリボソームの30Sサブユニットは，16S rRNA（1542塩基）分子を1分子と，S1からS21までの21種のタンパク質がそれぞれ1分子ずつ含まれる。50Sサブユニットには23S（2904塩基）と5S（120塩基）rRNAが1分子ずつ含まれ，L1からL31までのタンパク質からなる。L7とL12は2分子ずつだが，他はすべて1分子ずつ含まれている。図6·1bで示されているように，リボソーム全体の構造を構成しているのはrRNAであって，タンパク質は構造を部分的に支えているように見える。

30Sサブユニットの16S rRNAの3′末端にはピリミジンに富んだ配列（アンチ・シャイン・ダルガノ配列）があり，ここにmRNAのプリンに富んだシャイン・ダルガノ配列（Shine-Dalgarno sequence）（-AGGAGG-など）が結合して翻訳を開始する。tRNAはmRNAのコドンにアンチコドンで結合する（図6·1a)。コドンは3つのヌクレオチドからなり，64種類（$= 4^3$）あるが（表6·1)，アミ

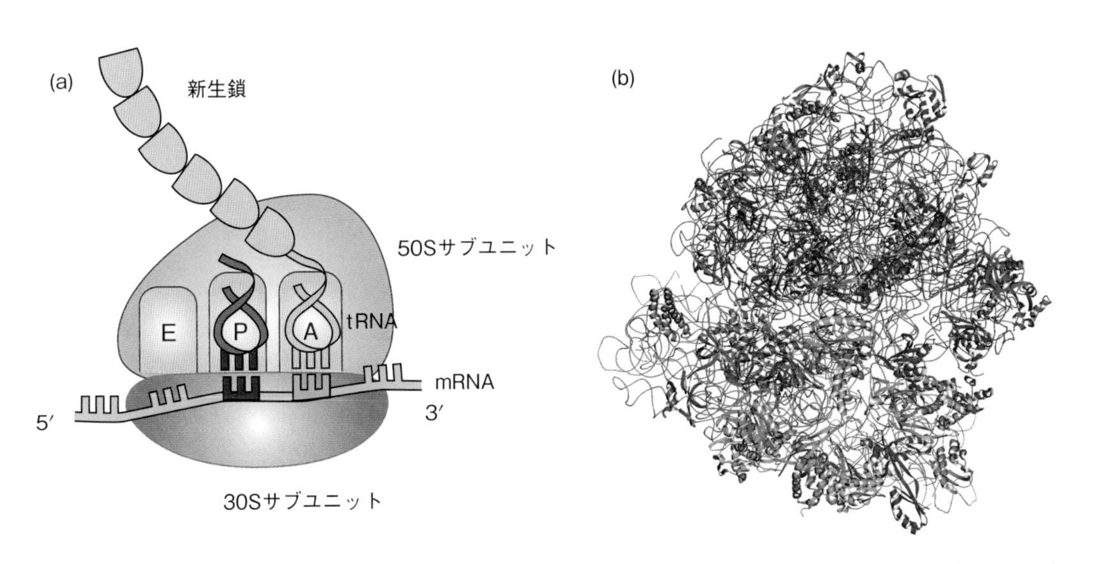

図 6·1　リボソームの立体構造
（A：A 部位，P：P 部位，E：E 部位）

ノ酸をコードしていないコドンが 3 種類（UAG，UAA，UGA）あり，これを差し引いて 61 種類のコドンがアミノ酸をコードしている。

tRNA に結合しているアミノ酸を，すでに形成されたペプチドの C 末端に結合させるペプチジルトランスフェラーゼ活性は，50S サブユニットの 23S rRNA が担っている。すなわち，この酵素活性はタンパク質ではなく RNA が担っており，したがって，リボソームは構造的にも触媒作用は RNA が主役を務めるリボザイム（11.2 節参照）である。

真核生物のリボソームは 60S と 40S の両粒子からなり，合体して 80S 粒子を形成する。この場合，リボソームを構成する rRNA は核内の核小体タンパク質と共に集合し，完成したリボソームは核膜孔を通して，細胞質に運ばれる。60S 前駆体には Nug2 という GTP アーゼ活性をもつタンパク質が結合し，核外への輸送を阻止しているが，60S サブユニットが完成すると Nug2 は Nmd3 という核外輸送シグナルをもつタンパク質と置き換わり，核外輸送シグナル（NES）はエクスポーチンというタンパク質に認識されて，核膜孔を通して細胞質に輸送される。このメカニズムはリボソームの品質管理としても機能しており，完成して機能をもつリボソームだけが，細胞質に提供されるようだ。エクスポーチンは核移行シグナル（核局在化シグナルともいう）を認識して核膜孔を通して核内にタンパク質を移送するインポーチン α と反対の機能をもつ。核移行シグナル（NLS）はリシン，アルギニンを複数個連続して含む配列である。

表6·1　コドン表

1番目の塩基	2番目の塩基 U	2番目の塩基 C	2番目の塩基 A	2番目の塩基 G	3番目の塩基
U	UUU　Phe	UCU　Ser	UAU　Tyr	UGU　Cys	U
	UUC　〃	UCC　〃	UAC　〃	UGC　〃	C
	UUA　Leu	UCA　〃	UAA〔終止〕	UGA〔終止〕	A
	UUG　〃	UCG　〃	*UAG〔終止〕	UGG　Trp	G
C	CUU　Leu	CCU　Pro	CAU　His	CGU　Arg	U
	CUC　〃	CCC　〃	CAC　〃	CGC　〃	C
	CUA　〃	CCA　〃	CAA　Gln	CGA　〃	A
	CUG　〃	CCG　〃	CAG　〃	CGG　〃	G
A	AUU　Ile	ACU　Thr	AAU　Asn	AGU　Ser	U
	AUC　〃	ACC　〃	AAC　〃	AGC　〃	C
	AUA　〃	ACA　〃	AAA　Lys	AGA　Arg	A
	AUG　Met	ACG　〃	AAG　〃	AGG　〃	G
G	GUU　Val	GCU　Ala	GAU　Asp	GGU　Gly	U
	GUC　〃	GCC　〃	GAC　〃	GGC　〃	C
	GUA　〃	GCA　〃	GAA　Glu	GGA　〃	A
	**GUG　〃	GCG　〃	GAG　〃	GGG　〃	G

*3つの終止コドンのうちUAGはアンバーコドンとよばれる。
**GUGはまれに開始コドンとしても用いられる。

内部　表面　内部または表面　終止コドン

6.2　アミノアシルtRNAの形成

ポリペプチドの構成成分であるアミノ酸は，カルボキシ基を介してtRNAの3′末端のアデニンのリボースのヒドロキシ基に結合する。この反応を触媒するのはアミノアシルtRNA合成酵素である。図6·2にtRNAの構造と転移反応を示す。tRNAは1本鎖のRNAで，分子内で相補的な配列と水素結合で結ばれて特異な立体構造をとる。アミノアシルtRNA合成酵素は大腸菌では21種類あり，それぞれの合成酵素は，1種類のアミノ酸と1種類またはそれ以上のtRNAを認識して結合させる。アミノ酸が20種類なのに，酵素が21種類であるのは，リシンが例外的に2種の合成酵素をもつためである。

アミノアシル化反応は，アミノ酸がATPと反応してピロリン酸を放出しアデニル化された後，tRNAの3′末端（受容システム＝−C-C-A3′）のアデニル酸に結合する（図6·2b）。アミノアシルtRNA合成酵素は円筒状のタンパク質で，アミノ酸とtRNAのアンチコドンを認識している。実際の認識はより複雑で，現在も研究が続けられている。アミノアシルtRNA合成酵素には由来の異なるⅠ型とⅡ型が存在する。図6·3にIle，Val，Gln（Ⅰ型），Phe，Thr（Ⅱ型）tRNA

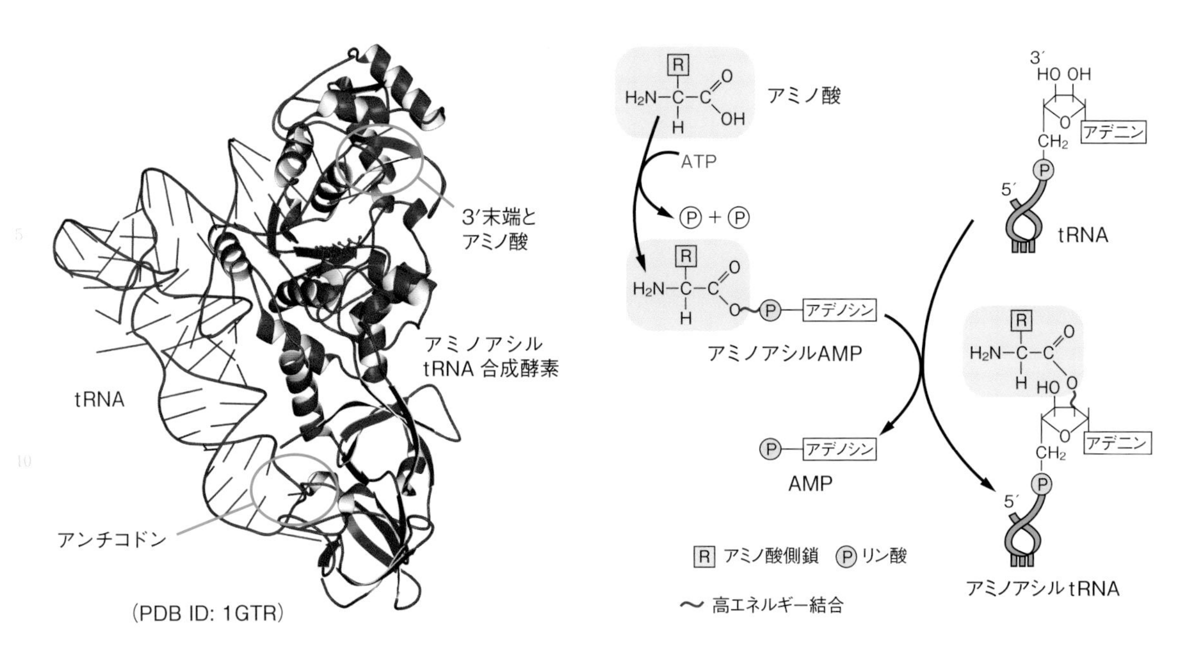

(a)　アミノアシル tRNA 合成酵素と基質 tRNA の結合　　(b)　tRNA のアミノアシル化反応

図 6･2　tRNA とアミノアシル化反応

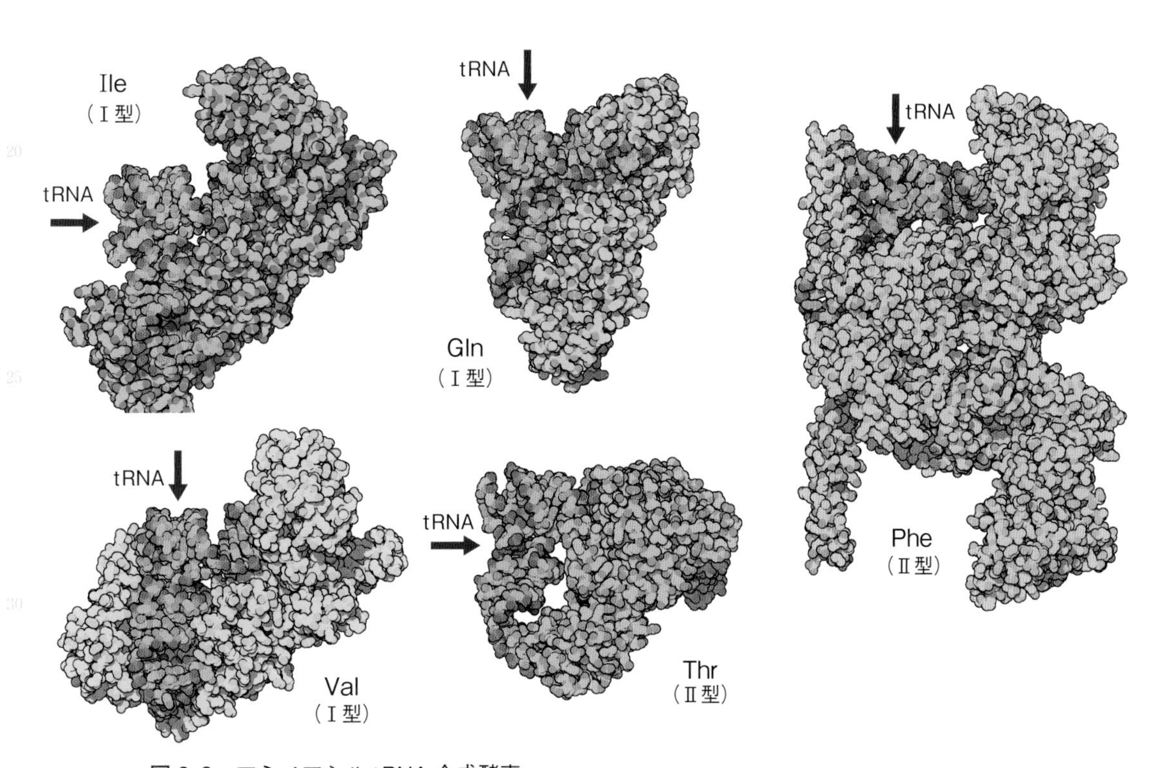

図 6･3　アミノアシル tRNA 合成酵素
（PDB ID: 1FFY, 1GAX, 1EUQ, 1EIY, 1QF6）Molecule of the Month © David S. Goodsell and RCSB PDB licensed under CC 表示 4.0 国際

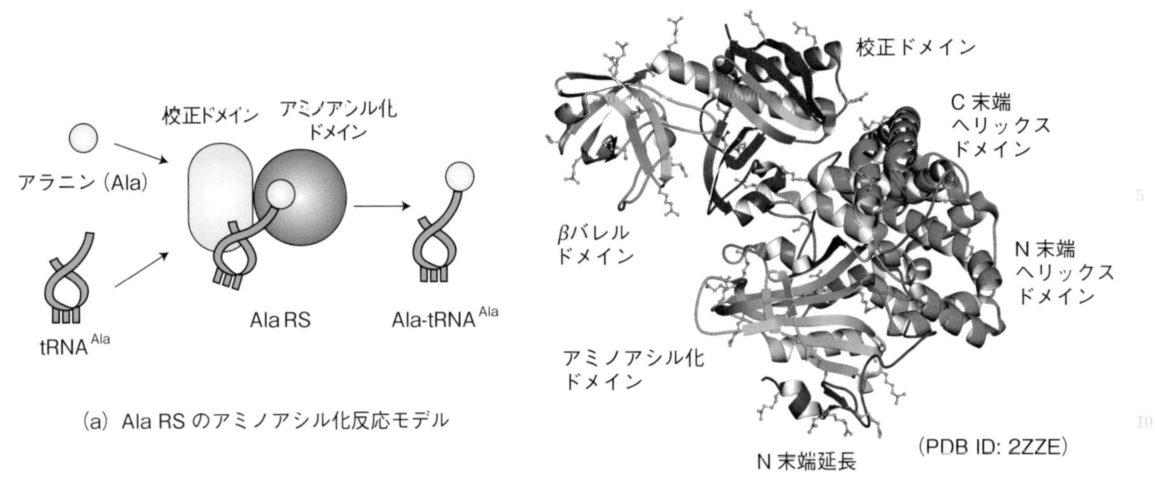

図6·4　アミノアシル tRNA 合成酵素の校正能

合成酵素の立体構造が示してある。アミノアシル tRNA 合成酵素には校正能があり，正しくないコドンとアンチコドンの塩基対が形成されたあとでも tRNA を解離することができる（図 6·4）。

6.3　ポリペプチドの生合成

翻訳，すなわちポリペプチドの生合成は，開始，伸長，終結の 3 つのステップに沿って進む。

開始段階で，30S リボソームに開始因子 IF1 と IF3 が結合すると 50S リボソームが遊離し，mRNA は 5′ 末端付近のシャイン・ダルガノ配列で 30S リボソームに結合する。開始因子 IF2 は GTP 結合タンパク質で，GTP と fMet（フォルミルメチオニン）を結合した tRNA を結合している。IF2-GTP-tRNAfMet 複合体が 30S リボソームに結合すると，tRNAfMet は開始コドン AUG を介して mRNA に結合し，さらに GTP が分解されると，GDP，Pi，IF2，IF1 は 30S 複合体から解離する。ここで，50S リボソームが結合し，tRNAfMet が 50S リボソームの P 部位[※6-1]に結合すると開始段階が終わり（図 6·5 a），伸長段階に進む。

2 番目のコドンが指定するアミノ酸を結合した（活性化された）tRNA は IF2 と同じように，今度は伸長因子 GTP-EF-Tu と共に 30S リボソームの A 部位を介

※ 6-1　50S リボソームには E（出口）部位，P（ペプチジル）部位，A（アミノアシル）部位の 3 つの部位が並んで存在している（図 6·1 も参照）。

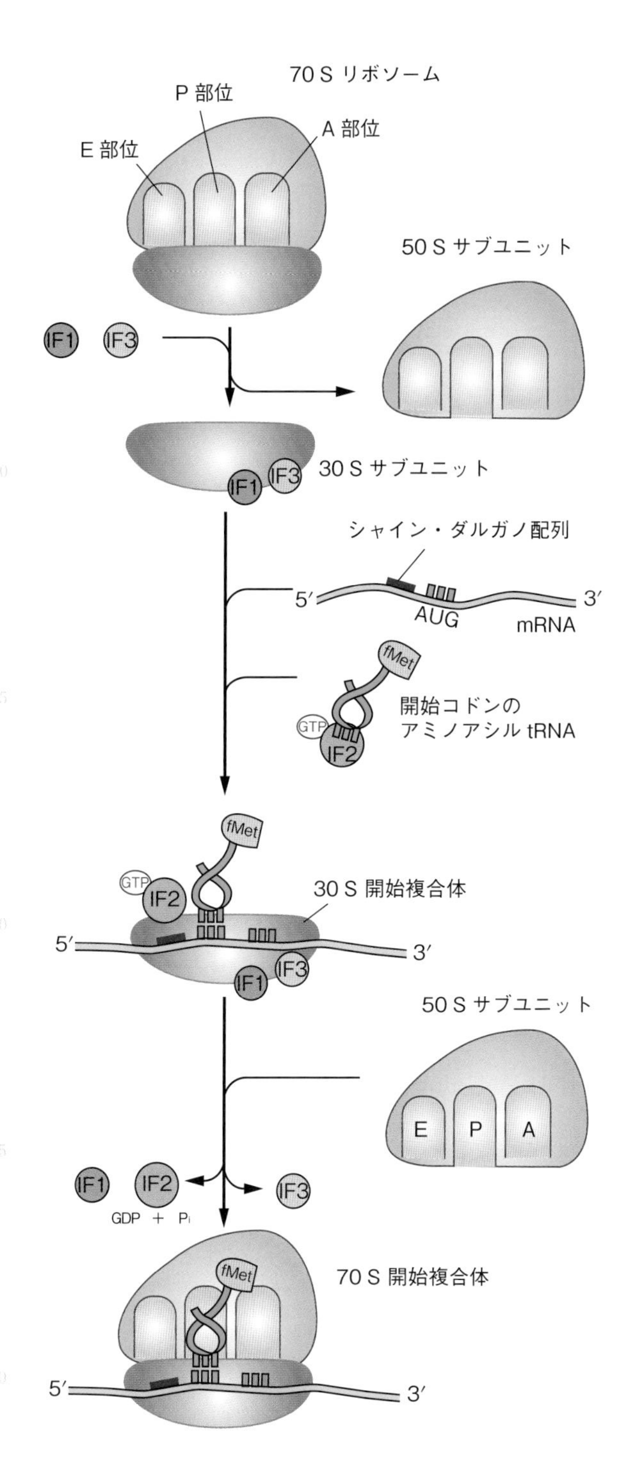

図 6･5 a　翻訳の開始段階

して mRNA に結合し，GTP が加水分解されると，GDP と EF-Tu は解離する。この段階で校正が行われ，誤ったアミノ酸が取り込まれている場合には，拒絶される。翻訳の校正率は転写の校正率よりも一桁低いと言われている。

コドンとアンチコドンの結合に伴って，30S に大きな構造変化が起こることが，70S リボソームの立体構造解析から明らかになった。その後，この立体構造変化は，結合している EF-Tu に直接伝わって，GTP の加水分解を誘起することが明らかになっている（Voorhees, R.M. *et al*., 2010；Schmeing, T.M. *et al*., 2009）。

同時に，P 部位で tRNA に結合しているペプチドは，A 部位の tRNA に結合しているアミノ酸のアミノ基に転移される。このペプチジル転移活性は，50S リボソームの 23S rRNA によって担われているリボザイムである。A 部位に移ってアミノ酸が 1 つ加えられたペプチドを結合した tRNA は，隣の P 部位に移り，空いた A 部位には mRNA の次のコドンが現れる（図 6･5 b）。こうして，mRNA の情報はポリペプチドへと翻訳されてゆく。伸長するペプチドは近傍にある長さ 10 nm のトンネルを通って 50S リボソームの裏側から出て行く（図 6･1）。

ポリペプチドを P 部位に移動し，A 部位を空にする過程には，タンパク質 EF-G-GTP が関与している。このタンパク質は aa-tRNA-EF-Tu-GTP と構造的によく似ており，「分子擬態」と呼ばれている。

最後に，終止コドン（UAA，UAG，UGA）が現れると，翻訳は終結段階に入る。この段階では，放出因子 RF1-RF3 が関与す

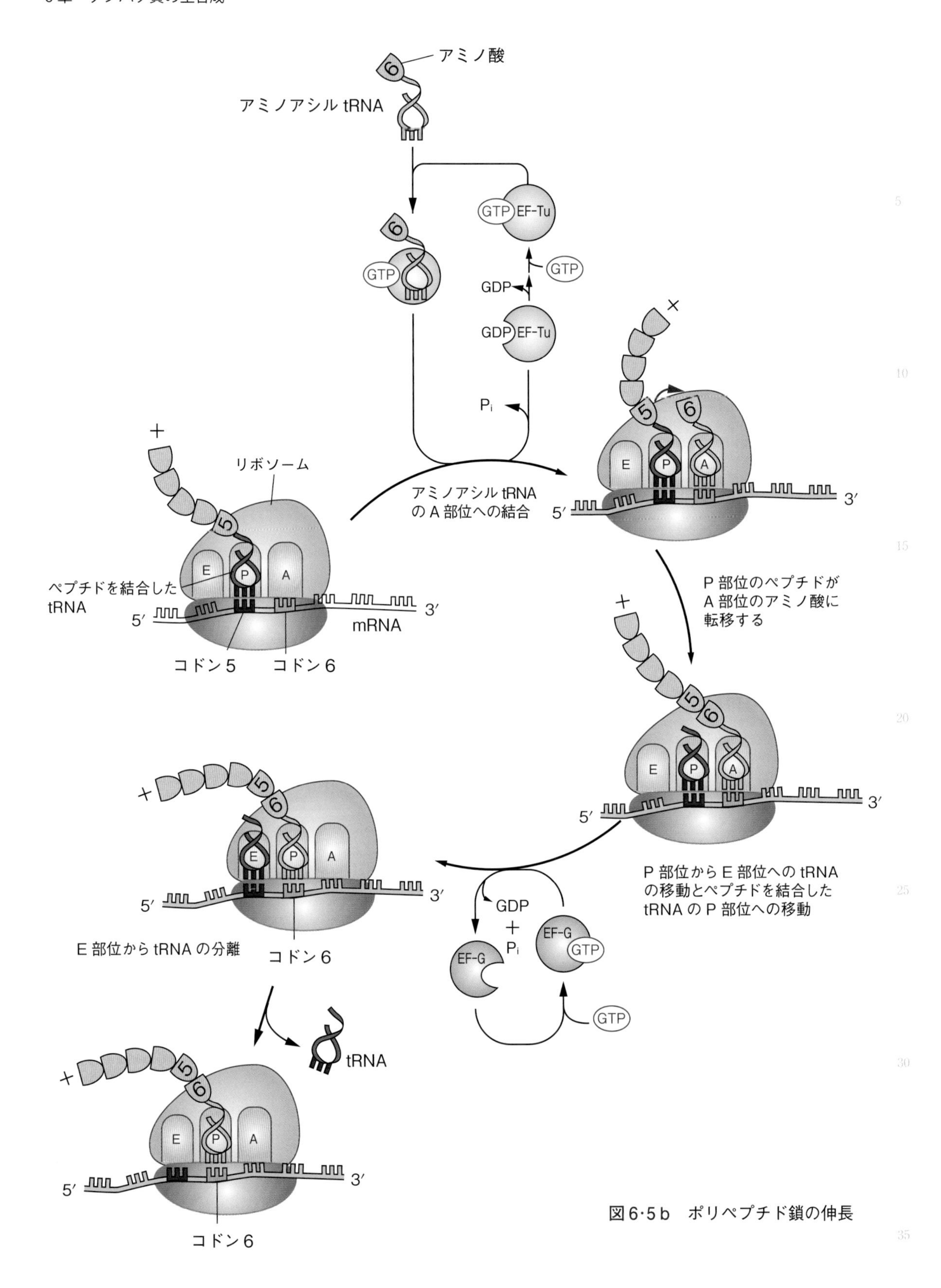

図6·5b　ポリペプチド鎖の伸長

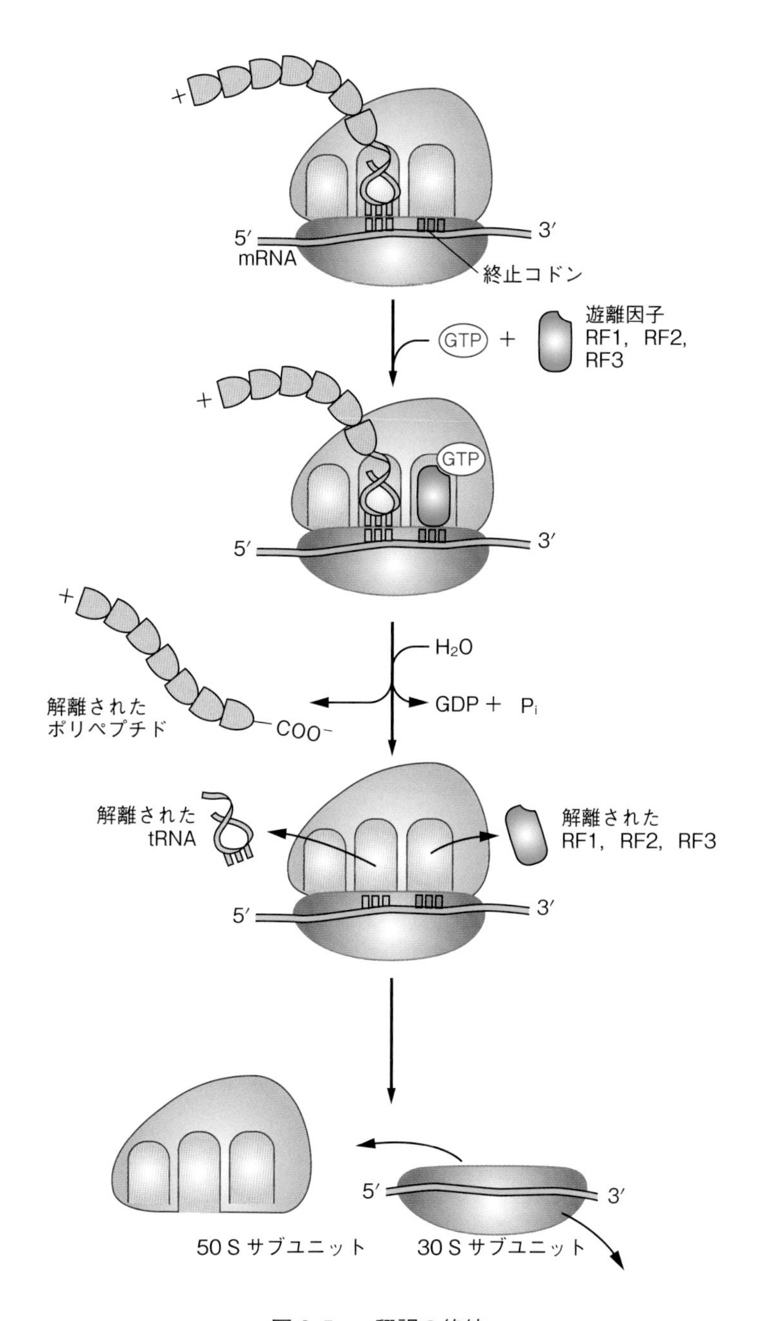

図 6·5 c　翻訳の終結

る。すなわち，A 部位に終止コドンが現れると，GTP-RF が関与し，GTP の加水分解のエネルギーで，ポリペプチドを tRNA から切り離す（図 6·5 c）。

リボソームの構造が明らかになったことによって，翻訳を阻害する抗生物質の作用様式がより具体的に説明できるようになった。テトラサイクリンは 30S リボソームに結合して P 部位への tRNA の結合を阻害する。ストレプロマイシンはア

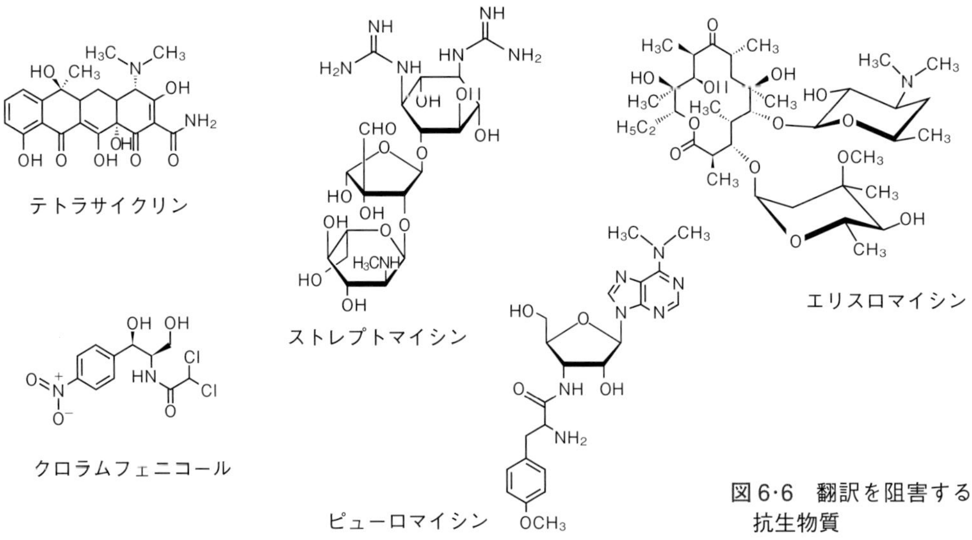

テトラサイクリン　ストレプトマイシン　エリスロマイシン

クロラムフェニコール　ピューロマイシン

図 6·6　翻訳を阻害する抗生物質

ミノアシル tRNA とメッセンジャーコドンとの対合を阻害し，アミノ酸の取り込みミスを起こさせる。エリスロマイシンは 23S RNA に結合して伸長を阻害する。クロラムフェニコールはペプチジル転移酵素を拮抗的に阻害する。ピューロマイシンは 50S リボソームの A 部位に入り，ペプチド鎖の途中放出に関与する（図 6·6）。抗生物質は真核生物のリボソームには作用しない。

6.4　新生ポリペプチド研究の新しい展開

合成されたポリペプチドは，50S リボソームにある長さ約 10 nm（100 Å）のトンネルを通り，N 末端を先頭にして背面から出て行く（図 6·1）。N 末端のシグナル配列をもつタンパク質では，シグナル配列にシグナル認識粒子（SRP：signal recognition particle）が結合すると，翻訳はいったん減速し，真核生物では小胞体に，原核生物では細胞膜に運ばれる。リボソームが小胞体（真核細胞）または細胞膜（原核生物）のタンパク質透過チャネル（トランスロコンとよばれる）に結合すると翻訳は再開される（図 6·7）。シグナル認識粒子（SRP）はリボヌクレオタンパク質（タンパク質-RNA 複合体）で，ヒト SRP では 1 分子の 7S RNA と 6 分子のタンパク質（SRP9，SRP14，SRP19，SRP54，SRP68，SRP72）からなる（SRP19，SRP54 については図 6·8 参照）。真核生物では，SRP と SRP 受容体の 3 つのドメインが GTP の結合と加水分解において機能することが知られている。SRP と SRP 受容体による GTP の協調的結合は，SRP が SRP 受容体に結合して小胞体へと導くために必要である。

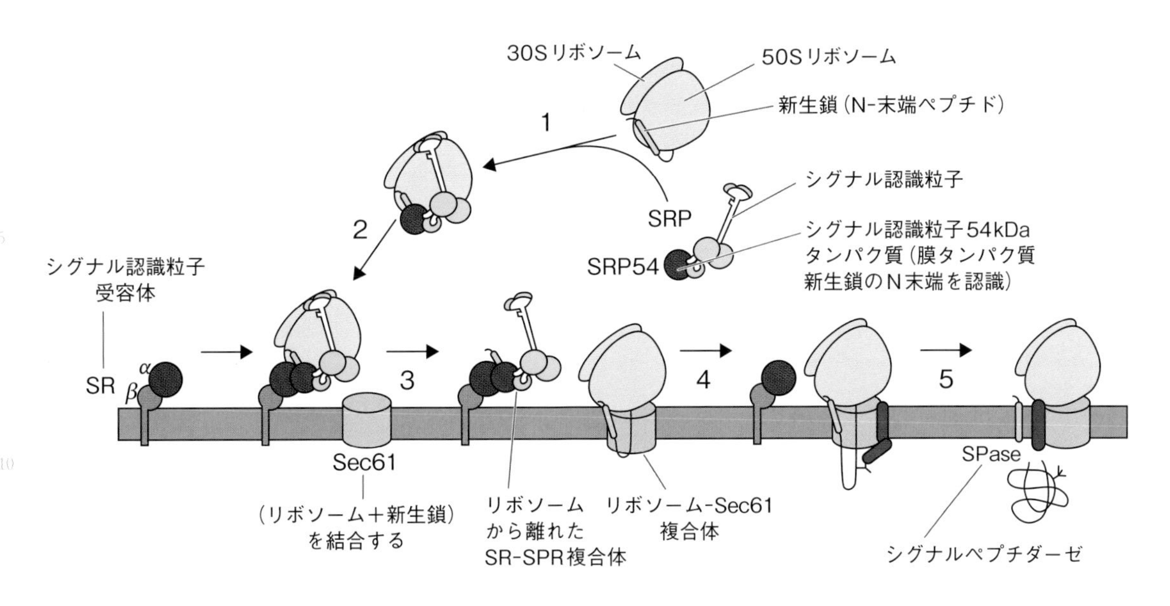

図6·7　シグナル認識粒子SRPとシグナル認識粒子受容体SR
（Nyathi,Y. *et al.*, 2013より改変）

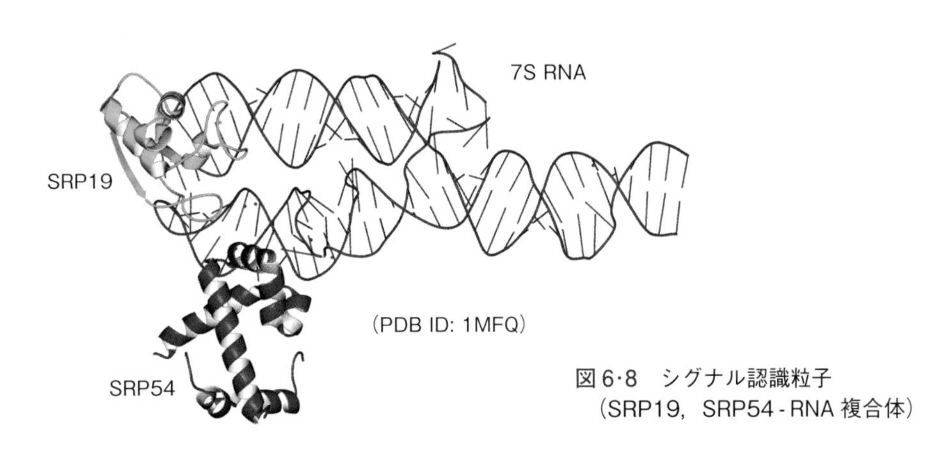

図6·8　シグナル認識粒子
（SRP19, SRP54 - RNA複合体）

シグナルペプチドは3～60残基の短いペプチドで，シグナル認識粒子に認識されてリボソームごと受容体に受け渡されるが，最終的にはシグナルペプチダーゼによって切り取られる（図6·7）。

リボソームで合成された新生鎖は，開始コドンから始まって終止コドンまで連続的に合成されるばかりではなく，翻訳途上で自身を合成するリボソームに働きかけて生理機能に関与する場合（翻訳アレスト）があったり，終止コドンによらずに翻訳を終了する機能をもつ場合など，新生鎖の新しい機能が続々と発見されている（Nakatogawa, H. & Ito, K., 2002；田口英樹, 2019）。また，いわゆるノンコーディングRNA（非翻訳RNA）といわれる，転写されてもタンパク質には翻訳されないと考えられていた領域が，短いが生理的に機能をもったタンパク質をコードする例（LCドメイン＝low complexityドメイン，同じアミノ酸が連続して現れる）が見つかるなど，新生鎖は新しい活発な研究領域になってきている。LCは天然変性タンパク質である。

6.5 タンパク質の行き先を決める標識

前節で述べたシグナルペプチドは小胞体への移行を促すが，そのほかにも配列によって，小胞体保留，核移行，ミトコンドリアマトリックス，ペルオキシソームへの輸送シグナルをコードしている配列も知られている。アミノ酸配列でなく，糖が標識（タグ）となる例も知られている。リソソームへ選別されるタンパク質には，小胞体からゴルジ体を経て付加されたN型糖鎖にM6P（マンノース-6-リン酸）が複数結合する。M6PがM6P受容体に結合すると分泌経路から離れ，内部が酸性であるリソソームに運ばれ，受容体を解離し，受容体は再利用される。リソソームに運ばれたリソソームタンパク質は，リソソーム内のプロテアーゼによって消化される。

コラム6.1 リボソームの結晶化：アダ・ヨナス（Ada E. Yonath）博士

2004年頃のある講演会で，ヨナス博士の招待講演を聴く機会があった。リボソームの結晶化と構造決定の興味深い講演だった。

講演後の懇親会で偶然ヨナス博士が隣に立っておられたので，お聞きしたかったことを質問してみた。素人目にはリボソームは大きすぎるし，多くのタンパク質が結合しているので，精製の過程で1つ，2つ外れてしまうものがあったりすると，均一な結晶ができにくいのではないかと思ったからであった。そこで，「リボソームのような巨大で複雑な分子集合体を結晶化して構造を決めようと決心されたのは何かきっかけがありましたか？」と質問してみたところ，その時のヨナス博士の答えは大変興味深いものだったので紹介したい。

なんでも結晶化を始める前に2つの論文を読まれたのだそうである。1つは冬眠中の熊の肝臓の切片で，細胞膜の内面にリボソームがきれいに二次元結晶のように集合していた，という。リボソームは壊れやすいので，働かないときは細胞内膜に貼り付いて休んでいるらしい。もう一報は受精卵の切片で，受精卵は受精後タンパク質合成の行われない時期があって，その時もリボソームは細胞膜内面に貼り付いて休んでいるらしい。その2つの論文を見て，二次元の結晶ができるなら，三次元の結晶もできるに違いないと思った，ということだった。

アダ・ヨナス博士
© The Nobel Foundation.
Photo: U. Montan.

7章 タンパク質と低分子リガンドの結合

酵素をはじめタンパク質は，パートナー分子と特異的に結合することによって機能を発揮する。パートナー分子は，**リガンド**ともよばれる。リガンドは，タンパク質や核酸のような高分子のこともあれば，低分子の場合もある。ここでは低分子のリガンドの結合について考える。

高分子のリガンドでも基本的には同じであるが，測定法が異なることが多いので次章で別に扱うことにする。

7.1 リガンドについて

酵素には，基質や補酵素，エフェクターなどのリガンドが結合する。レセプターは，アゴニスト（レセプターに結合して種々の生理作用を示す物質）や，アンタゴニスト（レセプターに結合してアゴニストの効果を阻害する分子）を結合する。

ヘモグロビンは酵素ではないが，酵素のモデル系として，リガンドである O_2 や，エフェクターとしてのプロトンや2,3-ビスホスホグリセリン酸の結合のしくみが，構造と共に詳細に調べられている。その結果，生理的な機能が分子レベルで解明されるに至っている（章末のコラム 7.1 参照）。

このように，リガンドの結合を定量的に測定し，その結果を物理化学的に解釈することは，これらのタンパク質の機能を理解する重要な手がかりを与える。

リガンドの結合については，次のようなことを知ることが重要である。すなわち，①タンパク質またはオリゴマータンパク質１分子当たり何分子のリガンドを結合できるか，②リガンドの各結合部位への結合の結合定数の大きさはいくらか，③複数の結合部位がある場合，１つの部位への結合は他の部位への結合に影響を与えるか（**ホモトロピック効果**），④同じ分子中に２つの異なるリガンドＡおよびＢに対する結合部位ａとｂがあるとき，部位ａへのリガンドＡの結合は部位ｂへのリガンドＢの結合に影響を与えるか（**ヘテロトロピック効果**），などである。一方のリガンドを他方に対して**エフェクター**とよぶことがある。

7.2　リガンド結合の測定

リガンドの結合の測定には，タンパク質–リガンドの組み合わせによって，いろいろな方法が用いられる。たとえば，ヘモグロビンへの O_2 の結合は 結合量が 400 nm の吸収（ソーレー（Soret）帯）の変化に比例することを利用する。図 7·1 には軟体動物や節足動物の酸素運搬・貯蔵にかかわるヘモシアニンへの O_2 の結合を測定する例を示してある。この場合は，酸素を十分飽和させたときの 350 nm の吸収の値 X_{max} から，酸素なしの状態の吸収 X_{min} を引いた値を ΔX_T とし，ある条件下での吸収 X の値と X_{min} との差を ΔX とすると，$\Delta X/\Delta X_T$ はリガンドである酸素分子によって占められている結合部位の割合を表すことになる。これは**飽和関数**ともよばれ，θ と表す。この場合，θ は実験から求められる。

$$\frac{\Delta X}{\Delta X_T} = \frac{\bar{\nu}}{n} = \theta \tag{7-1}$$

ここで，$\bar{\nu}$ はタンパク質 1 分子当たりに結合しているリガンド数の平均値，n はリガンド結合部位の数であり，結合しているリガンドのモル濃度を $[A_b]$，タンパク質のモル濃度を $[P_T]$ とすると，

$$\bar{\nu} = \frac{[A_b]}{[P_T]} \tag{7-2}$$

ここで，

$$[A_T] = [A] + [A_b], \qquad [P_T] = [P] + [P_b] \tag{7-3}$$

であり，$[A_T]$ は A の全濃度，$[A]$ は遊離リガンドの濃度，$[A_b]$ は結合したリガンド，$[P_T]$ はタンパク質の全濃度，$[P]$ はリガンドを結合していないタンパク質の濃度，$[P_b]$ はリガンドを結合したタンパク質の濃度である。ヘモシアニンの例では，θ が求められるので，独立に n の情報が必要である。しかし，$[A_b]$ を直接測定できれば $\bar{\nu}$ は求められる。実際，$[A_b]$ を直接測定できることも多い。その場合には，一般的に透析平衡を行う。

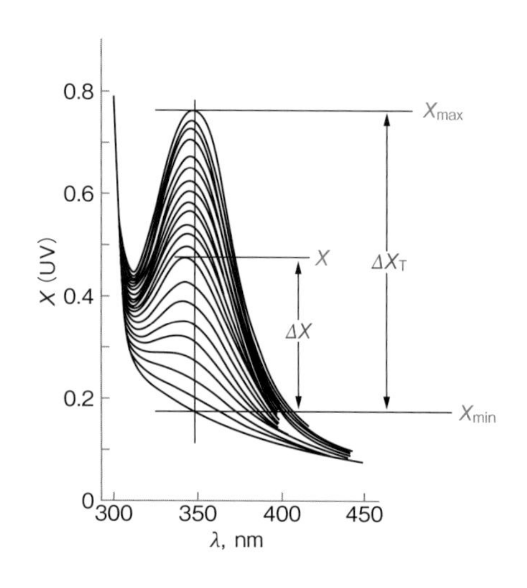

図 7·1　リガンド結合の測定
ヘモシアニンの例

透析平衡：透析平衡は半透膜のチューブを利用して行うことが多い。半透膜のチューブの先を閉じ，試料を入れた後，もう一方の端も閉じてから，リガンドを含む十分量（ふつう 100 倍程度またはそれ以上）の緩衝液に対して透析を行う（図 7·2）。平衡に達した後，透析チューブ内の溶液と透析外液中のリガンドの濃度を測定する。リガンドが例えば金属イオンならば原子吸光法を用いることができる。

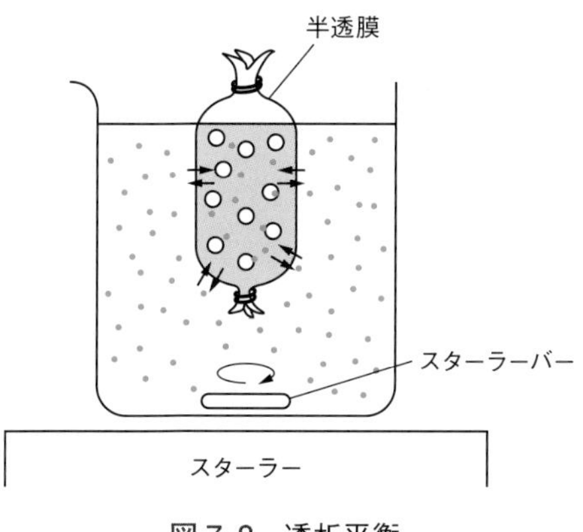

図7·2　透析平衡

タンパク質が希薄溶液（1～2 mg/mL 以下）であれば，透析チューブ内外のリガンド濃度の差がタンパク質に結合しているリガンドの濃度になる。

7.3　タンパク質1分子当たり1個の結合部位がある場合

まず，最も単純な場合としてタンパク質1分子当たり，1個の結合部位がある場合を考えよう：

$$\mathrm{P} + \mathrm{A} \rightleftarrows \mathrm{PA} \tag{7-4}$$

この反応の平衡定数（結合定数）を K，解離定数を K_d とすると，

$$K = \frac{[\mathrm{PA}]}{[\mathrm{P}][\mathrm{A}]}, \qquad K_d = \frac{[\mathrm{P}][\mathrm{A}]}{[\mathrm{PA}]} \tag{7-5}$$

と書ける。このとき，タンパク質1分子当たりに結合するリガンド数の平均値 $\bar{\nu}$ は

$$\begin{aligned}\bar{\nu} &= \frac{[\mathrm{PA}]}{[\mathrm{P}]+[\mathrm{PA}]} \\ &= \frac{K[\mathrm{P}][\mathrm{A}]}{[\mathrm{P}]+K[\mathrm{P}][\mathrm{A}]} \\ &= \frac{K[\mathrm{A}]}{1+K[\mathrm{A}]} = \theta \end{aligned} \tag{7-6}$$

と書ける。上式から $[\mathrm{A}] \to \infty$ で $\bar{\nu} = 1$，$[\mathrm{A}] = 1/K$ で $\bar{\nu} = 1/2$ となることが明らかである。(7-6) 式を解離定数で書くと，

$$\begin{aligned}\bar{\nu} &= \frac{[\mathrm{A}]/K_d}{1+[\mathrm{A}]/K_d} \\ &= \frac{[\mathrm{A}]}{K_d+[\mathrm{A}]} \end{aligned} \tag{7-7}$$

となる。すなわち，K_d は実験によって，リガンドが半分飽和した点（$\bar{\nu}=1/2$）におけるリガンド濃度として求められる。

7.4　複数の独立な結合部位がある場合

結合部位が2つある場合を考える（図7·3）。

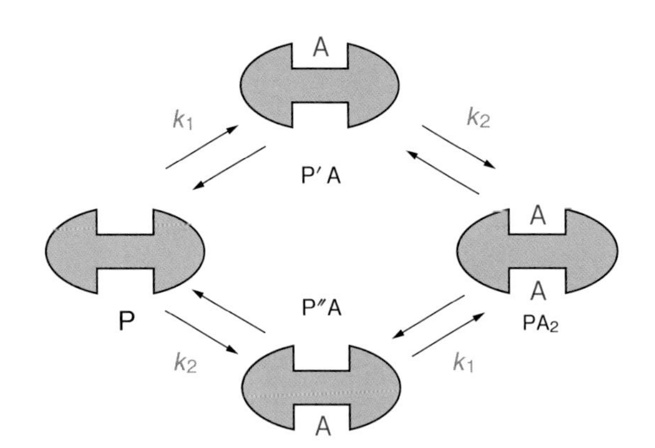

図7·3　2つの独立な結合部位へのリガンドの結合

PAという分子種は，Aの結合する部位の違いによって2種類ある。

$$\begin{aligned} \mathrm{P}+\mathrm{A} &\overset{K_1}{\rightleftarrows} \mathrm{PA} \\ \mathrm{PA}+\mathrm{A} &\overset{K_2}{\rightleftarrows} \mathrm{PA_2} \end{aligned} \tag{7-8}$$

図に示されているように，PAは2つの分子種（P′AとP′′A）から成り立っている。すなわち，

$$K_1=\frac{[\mathrm{PA}]}{[\mathrm{P}][\mathrm{A}]}=\frac{[\mathrm{P'A}]+[\mathrm{P''A}]}{[\mathrm{P}][\mathrm{A}]}=k_1+k_2 \tag{7-9 a}$$

が成り立つ。同様に，

$$K_2=\frac{[\mathrm{PA_2}]}{[\mathrm{PA}][\mathrm{A}]}=\frac{[\mathrm{PA_2}]}{([\mathrm{P'A}]+[\mathrm{P''A}])\,[\mathrm{A}]}=\frac{k_1k_2}{k_1+k_2} \tag{7-9 b}$$

（$K_1K_2=k_1k_2$ であることを考慮すると，（7-9 b）式はただちに導かれる。）

ここで，K_1, K_2 は**マクロな結合定数**，k_1, k_2 は**ミクロな結合定数**とよばれる。

とくに，$k_1=k_2$ のときは，これを k とおいて $K_1=2k$，$K_2=k/2$ となる。このときは，（7-6），（7-7）式に対応する平均リガンド結合数は

$$\bar{\nu} = \frac{[PA]+2[PA_2]}{[P]+[PA]+[PA_2]}$$

$$= \frac{K_1[P][A]+2K_2[PA][A]}{[P]+K_1[P][A]+K_2[PA][A]}$$

$$= \frac{K_1[A]+2K_1K_2[A]^2}{1+K_1[A]+K_1K_2[A]^2}$$

$$= \frac{2k[A](1+k[A])}{1+2k[A]+k^2[A]^2} = \frac{2k[A]}{1+k[A]} \qquad (7\text{-}10)$$

(7-6) 式と（7-10) 式を比べてみると，結合部位が2つになったことによってリガンド分子が2倍になっていることがわかる。したがって，飽和関数 θ の式は同じ形をしている。

結合部位が2個の場合について述べたが，ここで，これをさらに n 個の結合部位がある場合に拡張しておく。結合しているリガンドの濃度 $[A_T]$ は次式で求められる：

$$[A_T] = [PA_1]+2[PA_2]+3[PA_3]+\cdots\cdots+n[PA_n]$$
$$= \sum_{i=1}^{n} i[PA_i] \qquad (7\text{-}11)$$

一方，タンパク質の全濃度 $[P_T]$ は

$$[P_T] = \sum_{i=0}^{n}[PA_i] \qquad (7\text{-}12)$$

で与えられる。したがって，

$$\bar{\nu} = \frac{\sum_{i=1}^{n} i[PA_i]}{\sum_{i=0}^{n}[PA_i]} \qquad (7\text{-}13)$$

となる。

7.4.1　すべての部位が同一で独立な場合

まず，すべての部位が同一で独立な場合を考える。微視的な各結合部位の結合定数（ミクロな結合定数）を k とすると，i 個のリガンドが結合した複数のミクロな状態のうちの1つ（l）について

$$[PA_i]_l = k^i[P][A]^i \qquad (7\text{-}14)$$

が成り立つ。ここで「各結合部位が独立である」という条件が入ったことになる。したがって，(7-14) 式では

$$[PA_i] = {}_nC_i k^i[P][A]^i$$

となるので，これを（7-13) 式に代入して，

$$\bar{\nu} = \frac{\sum_{i=1}^{n} i \cdot {}_nC_i (k[A])^i}{\sum_{i=0}^{n} {}_nC_i (k[A])^i} \tag{7-15}$$

を得る。ここで，二項展開により

$$(1+k[A])^{n-1} = \sum_{i=0}^{n-1} {}_{n-1}C_i k^i [A]^i$$

$$= \frac{1}{nk[A]} \sum_{i=0}^{n-1} (i+1)\,{}_nC_{i+1} k^{i+1} [A]^{i+1}$$

$j = i+1$ と置いて，(7-15) 式に適用すると，大変簡単化されて

$$\bar{\nu} = \frac{nk[A](1+k[A])^{n-1}}{(1+k[A])^n}$$

$$= \frac{nk[A]}{1+k[A]} \tag{7-16}$$

となる。この式は結局，(7-6) 式を n 倍した形になっていることがわかる。ここで，$\theta = \bar{\nu}/n$ とおけば，

$$\theta = \frac{\bar{\nu}}{n} = \frac{k[A]}{1+k[A]} \tag{7-17}$$

となり，これは(7-6)式と同じ形である。図7·4には(7-16)式が $n = 2$ としてプロットしてある。

[A] → ∞ で $\bar{\nu} = n$（この場合は2）に近づき，n が求まれば，$\bar{\nu} = n/2$（ここでは1）のときの[A] の値から k^{-1}，したがって k が求まる。しかし，この曲線グラフから正確な n を求めるのは容易ではない。(7-16) 式を変形すると，

$$\frac{1}{\bar{\nu}} = \frac{1}{n} + \frac{1}{nk[A]} \tag{7-18}$$

となる。n，k を求めるには，(7-18) 式を利用して $1/\bar{\nu}$ を $1/[A]$ に対してプロットする**（両逆数プロット）**（図 7-5）。このプロットは酵素の反応速度論のラインウィーバー・バークプロット (Lineweaver–Burk plot) に関連している。

もう1つのプロットの仕方は次式に基づいて $\bar{\nu}/[A]$ を $\bar{\nu}$ に対してプロットする方法で，これは**スキャッチャードプロット** (Scatchard plot) とよばれる。(7-18) 式を変形して

$$\frac{\bar{\nu}}{[A]} = nk - \bar{\nu}k \tag{7-19}$$

を得る。この式に基づいて $\bar{\nu}/[A]$ を $\bar{\nu}$ に対してプロットすると，

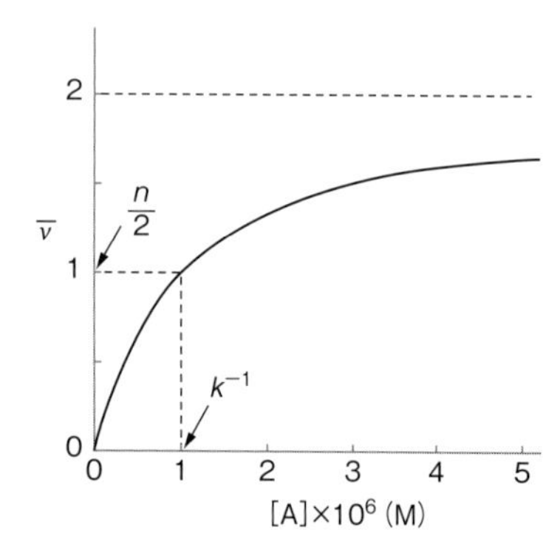

図7·4　$\bar{\nu}$ − [A] プロット
(7-16) 式で $n = 2$，$k = 1 \times 10^6 M^{-1}$ のときのグラフを表す。

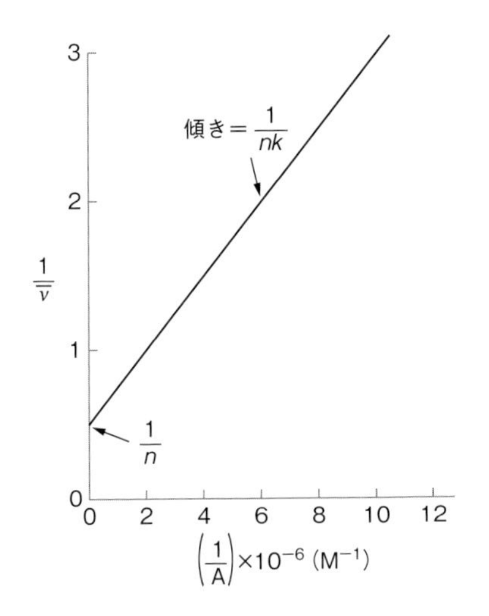

図 7·5　両逆数プロット
(7-18) 式で $n=2$, $k=1\times10^{6}\,\mathrm{M}^{-1}$ のときのグラフを表す。

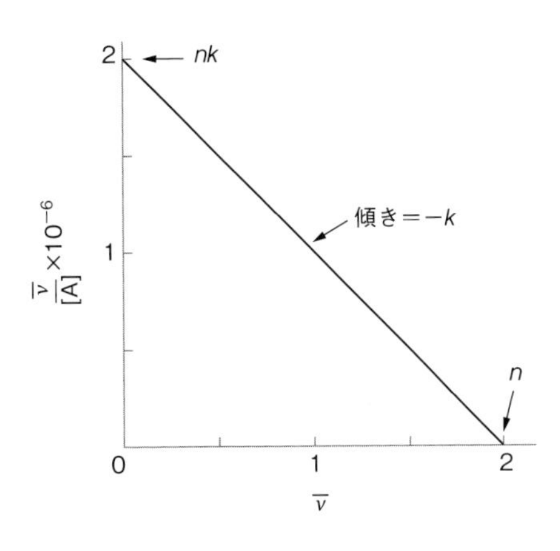

図 7·6　スキャッチャードプロット
(7-19) 式で $n=2$, $k=1\times10^{6}\,\mathrm{M}^{-1}$ のときのグラフを表す。

縦軸の切片から nk，傾きから k，横軸の切片から n が求められる（図 7·6）。

7.4.2　非等価な複数の部位への結合

タンパク質 1 分子に存在する結合部位を N 種に分け，各種ごとに n_s 個の等価な部位が存在するとする。このとき，このタンパク質の全平均結合数 $\bar{\nu}$ は

$$\bar{\nu}=\sum_{s=1}^{N}\bar{\nu}_s,\qquad \bar{\nu}_s=\frac{n_s k_s[\mathrm{A}]}{1+k_s[\mathrm{A}]} \tag{7-20}$$

と表される。すなわち，

$$\bar{\nu}=\sum_{s=1}^{N}\frac{n_s k_s[\mathrm{A}]}{1+k_s[\mathrm{A}]} \tag{7-21}$$

となる。今，結合部位が 2 種類の場合を考えると，

$$\bar{\nu}=\frac{n_1 k_1[\mathrm{A}]}{1+k_1[\mathrm{A}]}+\frac{n_2 k_2[\mathrm{A}]}{1+k_2[\mathrm{A}]} \tag{7-22}$$

である。この場合，k_1 と k_2 の値が大きく違わないと (n_1+n_2) 個の等価な結合部位の場合と区別が付きにくい。これに対して，$k_1\gg k_2$ の場合には，$[\mathrm{A}]\to 0$ で

$$\bar{\nu}\simeq\frac{n_1 k_1[\mathrm{A}]}{1+k_1[\mathrm{A}]}$$

となり，スキャッチャードプロットでは縦軸の切片は n_1k_1 を与え，横軸の切片は n_1+n_2 を与える（図 7·7）。

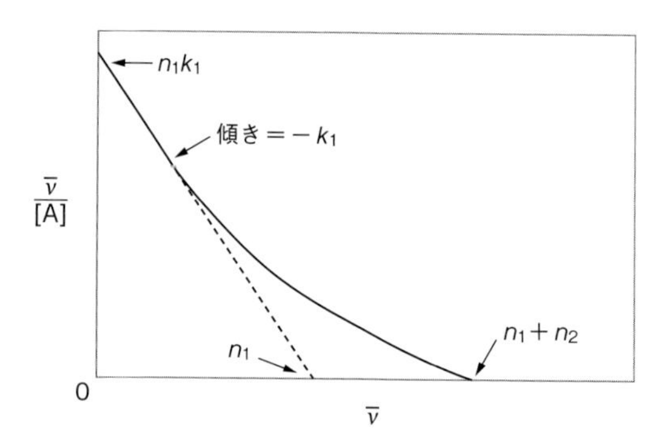

図7･7　スキャッチャードプロットの応用
(7-22) 式で $k_1 \gg k_2$ のときのグラフを表す。$\bar{\nu} \to 0$ のときの接線の $\bar{\nu}$ 軸との交点から n_1，実曲線と $\bar{\nu}$ 軸との交点から $n_1 + n_2$ が求められる。

7.5　協同的な結合

同一種のリガンドを結合する複数のリガンド結合部位をもつタンパク質において，1つのリガンドの結合が他のリガンドの結合に影響を与える場合，リガンドの結合は協同的であるといわれる。その場合，もし，リガンドのある結合部位への結合が次に結合するリガンドに対する親和性を増加させる場合には結合は正の協同性をもつといわれ，親和性を減少させる場合には負の協同性をもつといわれる。

協同性を調べるには以下に述べる**ヒルプロット**（Hill plot）が便利である。n 個の独立な結合部位をもつ場合は（7-17）式から

$$\bar{\nu} = \frac{nk[\mathrm{A}]}{1+k[\mathrm{A}]}$$

である。これを変形して

$$\frac{\bar{\nu}}{n-\bar{\nu}} = k[\mathrm{A}]$$

を得る。両辺の対数を取って，

$$\log\frac{\bar{\nu}}{n-\bar{\nu}} = \log\frac{\theta}{1-\theta} = \log k + \log[\mathrm{A}] \qquad (7\text{-}23)$$

が得られる。ここで，$\theta = \bar{\nu}/n$ である。この式は**ヒルの方程式**ともよばれる。

ヒルプロットは左辺を縦軸に，log[A] すなわち遊離のリガンド濃度の対数を横軸にとるもので，この場合のように，リガンドの結合に協同性がない場合には明らかに傾き1の直線になる（図7･8，直線a）。逆に，リガンドの全濃度範囲でヒルプロットで傾きが1の直線ならば，結合は非協同的で，すべての結合部位は独

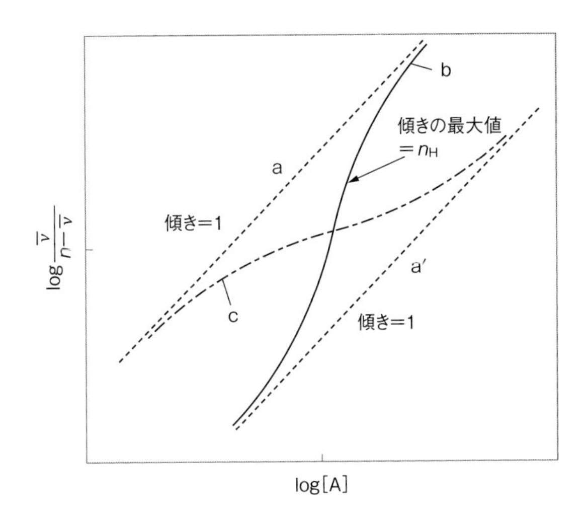

図7·8　ヒルプロット
a：非協同的結合（高親和性）。a′：非協同的結合（低親和性）。b：正の協同性。c：負の協同性または不均一な結合。

立である。しかし，結合曲線の傾きがリガンドのある濃度領域で1以上ならば，結合は正の協同性をもつと結論できる（図7·8，曲線b）。

これに対して，結合曲線の傾きがリガンドのある濃度領域で1以下ならば，結合部位が2種類以上あるか，または負の協同性をもつ（図7·8，曲線c）。傾きが1以下の領域がある場合に，結合の不均一性によるものか，すなわち結合定数の等しくない結合部位が存在するのか，そうでなくて確かに負の協同性があるのかは，結合のデータのみからは判断の付かない場合が多い。構造的に確かに同一のサブユニットからなり，しかもヒルプロットで傾きが1以下の領域が存在すれば，負の協同性をもつと結論できる。（7-23式からわかるように，ヒルプロットを行うためにはヘモシアニンの例で述べたようにθの値が測定できればよく，nと$\bar{\nu}$を両方求める必要はない。）

7.5.1　"all-or-none"（全か無か）の場合

協同性が極端に高い場合として，次のような例を考える。すなわち，あるタンパク質にn個のリガンドが同時に結合する場合である。すなわち，タンパク質分子はリガンドを1つも結合していないか，n個結合しているかのいずれかである：

$$\mathrm{P} + n\mathrm{A} \rightleftharpoons \mathrm{PA}_n \qquad (7\text{-}24)$$

平衡定数は

$$K_n = \frac{[\mathrm{PA}_n]}{[\mathrm{P}][\mathrm{A}]^n} \qquad (7\text{-}25)$$

したがって，この場合の平均結合リガンド数は

$$\bar{\nu} = \frac{n[\mathrm{PA}_n]}{[\mathrm{P}]+[\mathrm{PA}_n]} = \frac{nK_n[\mathrm{A}]^n}{1+K_n[\mathrm{A}]^n} \qquad (7\text{-}26)$$

この場合，ヒルの方程式は

$$\log\frac{\bar{\nu}}{n-\bar{\nu}} = \log\frac{\theta}{1-\theta} = \log K_n + n\cdot\log[\mathrm{A}] \qquad (7\text{-}27)$$

となる。ここで，$\theta = \bar{\nu}/n$である。この場合，ヒルプロットは傾きnの直線であ

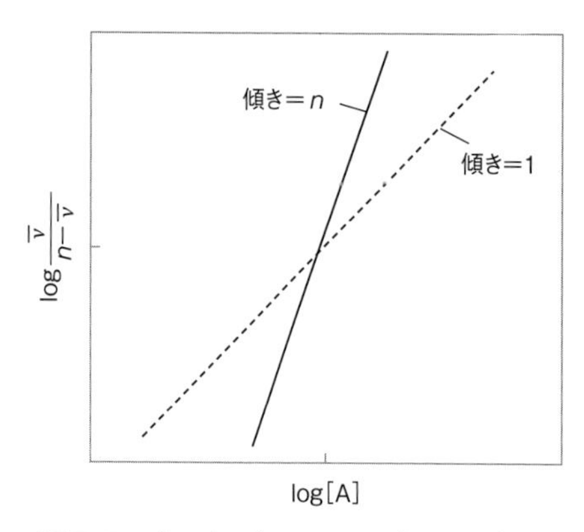

図7･9　全か無（all or none）の場合

る（図7･9）。

7.5.2　協同的な結合のモデル

正の協同的なリガンドの結合はヘモグロビンによる酸素の結合ばかりでなく，種々の酵素による基質の結合にも見られる。モノー・ワイマン・シャンジュー（Monod-Wyman-Changeux，1965）は，解糖系の酵素ホスホフルクトキナーゼの基質およびエフェクターの結合の熱力学的モデルを提出し，このモデルによって協同的な基質の結合を説明できることを示した。そのモデルは以下のようである：

このモデルでは n 量体分子が2つのコンホメーション，すなわちT（低親和性状態）とR（高親和性状態）をとり，その間に平衡が成り立っていると考える。すなわち，サブユニット分子はいっせいにコンホメーションを変え，リガンドは各サブユニットにそれぞれミクロな結合定数 k_T および k_R で結合するとする（図7･10）。いっせいに形を変えるという考えの背景には，複合体が構造変化を行ってもその対称性は保たれるだろう，という考えがある。リガンドの結合していない分子TとRの間の平衡定数を L とする：

$$L = \frac{[\mathrm{T}]}{[\mathrm{R}]} \tag{7-28}$$

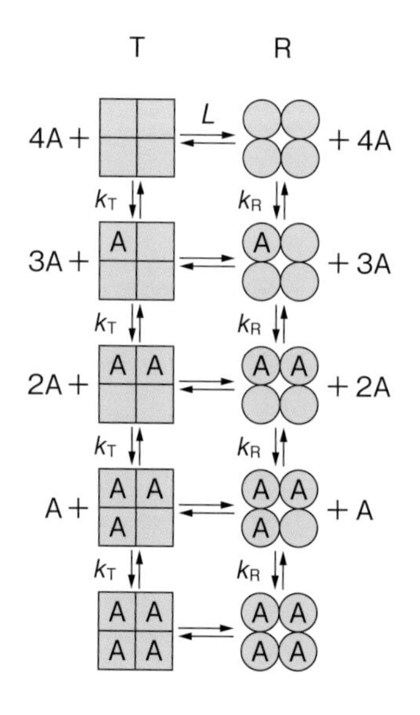

図7･10　協奏モデル（MWCモデル）

このタンパク質1分子当たりに結合しているリガンド数の平均を $\bar{v}$ とすると，

$$\bar{v} = \frac{[RA]+2[RA_2]+\cdots+n[RA_n]+[TA]+2[TA_2]+\cdots+n[TA_n]}{[R]+[RA]+[RA_2]+\cdots+[RA_n]+[T]+[TA]+[TA_2]+\cdots+[TA_n]}$$

$$= \frac{\sum_{i=1}^{n} i[RA_i]+\sum_{j=1}^{n} j[TA_j]}{\sum_{i=0}^{n}[RA_i]+\sum_{j=0}^{n}[TA_j]} \qquad (7\text{-}29)$$

である。ただし $[RA_0]=[R]$ である。ここで，$[TA_i]$，$[RA_i]$ を $[R]$ と $[T]$ の関数として表すことにすると，上記 k_R，k_T を用いて

$$\bar{v} = \frac{[R]\sum_{i=1}^{n} i\cdot {}_nC_i(k_R[A])^i+[T]\sum_{j=1}^{n} j\cdot {}_nC_j(k_T[A])^j}{[R]\sum_{i=0}^{n} {}_nC_i(k_R[A])^i+[T]\sum_{j=0}^{n} {}_nC_j(k_T[A])^j} \qquad (7\text{-}30)$$

ここで，$[T]=L[R]$ を代入し，各項の総和を求めると，$(k_T=ck_R)$

$$\bar{v} = nk_R[A]\frac{(1+k_R[A])^{n-1}+Lc(1+ck_R[A])^{n-1}}{(1+k_R[A])^n+L(1+ck_R[A])^n} \qquad (7\text{-}31)$$

この式はシグモイド状の飽和曲線を示す。図7·11には，$n=4$, $L=1000$, $c=0$, 0.04, 0.10 とし，$x=k_R[A]$, $y=\bar{v}/4$ とおいたときの曲線が示してある。(7-31)式で，$L=0$，$L\to\infty$ の極限をとると，それぞれ

$$y=\frac{k_R[A]}{1+k_R[A]}=\frac{x}{1+x} \qquad (7\text{-}32\ a)$$

$$y=\frac{k_T[A]}{1+k_T[A]}=\frac{cx}{1+cx} \qquad (7\text{-}32\ b)$$

が得られる。図7·11には (7-32 a) および $c=0.04$ について，(7-32 b)が赤でプロットしてある。

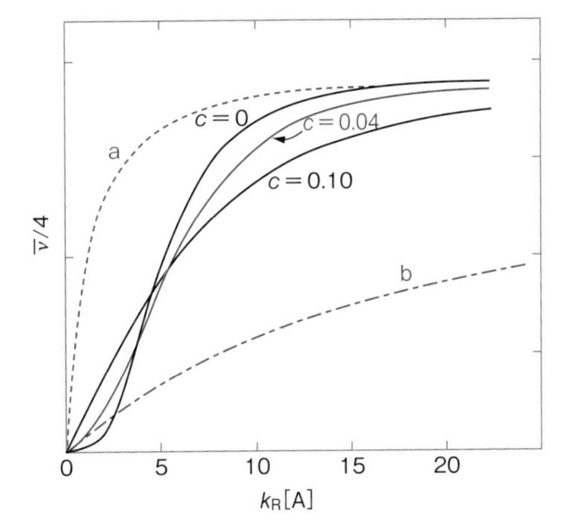

図7·11 MWC モデルの各パラメータの効果
a：$n=4$，$L=0$；b：$n=4$，$L=\infty$，$c=0.04$。

この結果から，次のように考えるとアロステリック転移が定性的に理解される。すなわち，L が大きいために低リガンド濃度ではほとんどがT状態であって，飽和曲線ははじめ低親和性の直角双曲線に沿って上昇する。しかし，そのうち急激にT状態からR状態へとコンホメーション転移が起こる。さらに高濃度側では，飽和曲線は高親和性の直角双曲線に沿って飽和が起こることになる。

MWC モデルはさらにR型とT型のハイブリッド（たとえば，サブユニットのうち，半分がR型，残りの半分がT型のコンホメーションをとる）も含めた形に拡

張され，多くのアロステリック酵素の酵素反応を説明できることが示されている。しかし，このモデルの1つの問題点は，負の協同性を説明できないことである。MWCモデルは正の協同性を説明するモデルである。

これに対して，コシュランド・ネメシー・フィルマー（Koshland-Nemethy-Filmer, 1966）は“誘導適合（induced-fit）”の概念を提出し，リガンドの結合が隣のサブユニットのリガンド親和性（結合定数）に影響を与える，という**KNFモデル**を提出した。このモデルは負の協同性も説明するが，パラメータの数が増え，そのぶん複雑になる（図7·12）。誘導適合，すなわち，タンパク質がリガンドと結合することによってコンホメーションを変化させるという現象は，その後多くの例が見いだされている。

MWCモデル，KNFモデルを含む，より一般的なモデルを図7·13に示してある。MWCモデルは破線で囲った部分，KNFモデルは対角線上の点線で囲った部分に対応する。

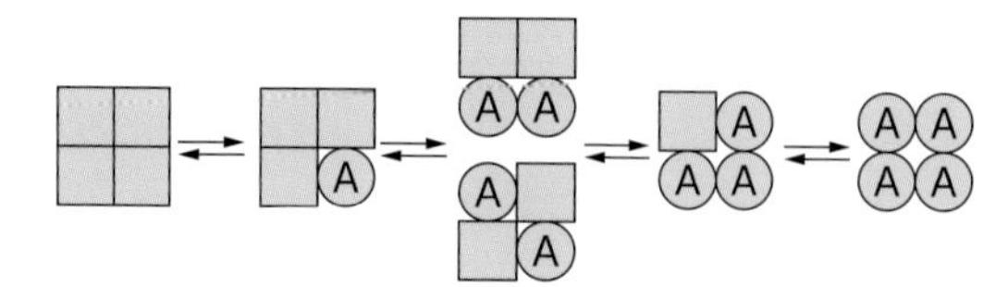

図7·12　逐次モデル（KNFモデル）

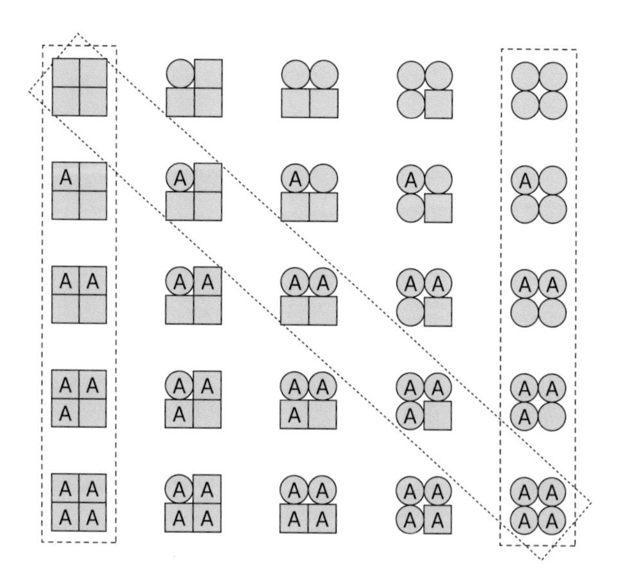

図7·13　MWCモデル，KNFモデルを含む一般的なモデル

7.5.3　ヘテロトロピック効果とアロステリック酵素

アロステリック酵素はもともと，種々の代謝過程で，いくつかの酵素反応を経て最終産物が十分量合成されたときに，それ以上不必要に原料が使われないように，その代謝経路を遮断するものとして見いだされたものである。その場合，できるだけ代謝経路の出発点に近い酵素の活性を抑制するのが効率的である。

たとえば，アスパラギン酸トランスカルバモイラーゼ（ATCase）（図5·10参照）によって生じる*N*-カルバモイルアスパラギン酸は，数段階の反応を経てシチジン5′-三リン酸（CTP）となるが，CTPが十分量産生されると，CTPがATCaseのアロステリック部位に結合して負のフィードバック阻害を行う。ホスホフルクトキナーゼ（図5·11参照）は解糖系の要の位置に存在する酵素で，基質としてのATPの結合部位の他にも，活性調節に働くATP結合部位があり，さらにNADHの結合部位もある。上記MWCモデルに即していうと，ATPやNADHはR状態よりもT状態への結合定数が大きく，その結果ATPとNADHの濃度が上昇すると，同酵素に結合して平衡をT状態側に移動させる。この場合，ATPとNADHは負のエフェクターとよばれる。

そのほかにもピルビン酸キナーゼ，グリコーゲンホスホリラーゼなど多くのアロステリック酵素が知られている。アロステリック酵素はすべてが基質に対してシグモイド状の結合を示すわけではないが，ヘテロトロピックな結合は共通の性質である。

ヘモグロビンは酵素ではないが，アロステリック効果のモデルタンパク質として多くの研究がある。ヘモグロビンでも負のエフェクターは知られている。赤血球内で高濃度に存在する2,3-ビスホスホグリセリン酸（2,3-BPG）は，ヘモグロビンT状態の構造でR状態のときより大きな中央のくぼみに結合することによって，R−T平衡においてT状態を安定化している。また，ヘモグロビンではボーア効果といって，低いpHでヘモグロビンの酸素親和性が減少する現象がみられるが，これもボーアプロトンとよばれるプロトンのT状態への結合によって説明される。

ヘテロトロピック効果は，MWCモデルでは次のように説明される。今，エフェクターがここで問題とするリガンドとは独立に結合するとする。正のエフェクターはR状態，負のエフェクターはT状態に選択的に結合するとすれば，R状態−T状態間の平衡定数L'は，エフェクター非存在下の平衡定数Lと次の関係にあることが証明できる。

$$L' = L\frac{(1+k_{\mathrm{T}}{}^{\mathrm{C}}[\mathrm{C}])^{n}}{(1+k_{\mathrm{R}}{}^{\mathrm{B}}[\mathrm{B}])^{n}} \qquad (7\text{-}33)$$

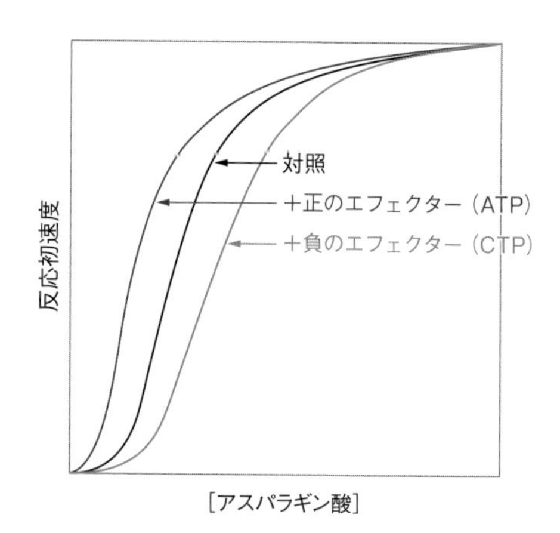

図 7·14　アロステリック酵素へのエフェクターの効果
ここではアスパラギン酸カルバモイルトランスフェラーゼの反応速度に対する正（ATP）および負（CTP）のエフェクターの効果が示してある。

ここで，k_R^B, k_T^C はそれぞれ R 状態に結合するエフェクター B(正のエフェクター) と T 状態に結合するエフェクター C（負のエフェクター）の結合定数であり，ここでは，B，C はそれぞれサブユニット 1 個に 1 分子のエフェクターが結合すると仮定してある。この式からわかるように，正のエフェクターが結合すれば L' は減少し，負のエフェクターが結合すれば L' は増加する（図 7·14）。

7.5.4　スキャッチャードプロットとヒルプロットによるアロステリックな結合の診断

ここで，正または負の協同性があるときに，実験データを各種のプロット法でプロットしたときに，それがどのように反映されるかを見てみよう。図 7·15 には，同じデータをそのまま $\bar{\nu}$ vs. [A] でプロットした場合（a)，両逆数プロットを行っ

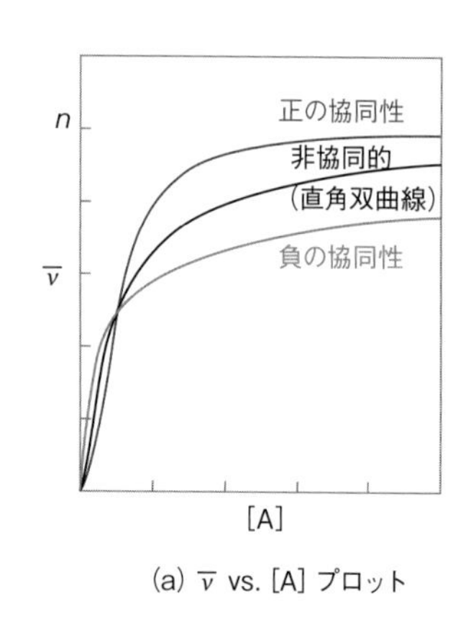

(a) $\bar{\nu}$ vs. [A] プロット

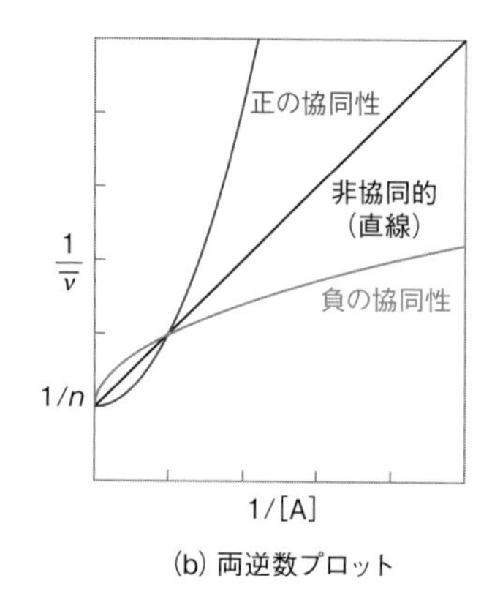

(b) 両逆数プロット

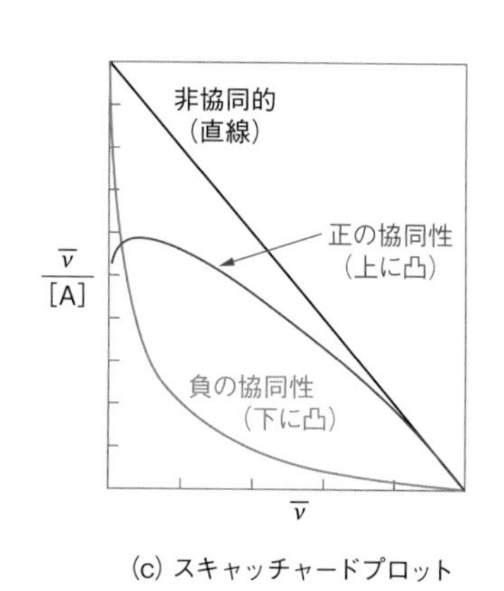

(c) スキャッチャードプロット

図 7·15　プロットによる協同性の診断

た場合（b），スキャッチャードプロットを行った場合（c）を示してある。（ヒルプロットした場合は図7·8を参照。）

スキャッチャードプロットでは，正の協同性をもつ場合は上向きに凸の曲線になることがわかる。逆に負の協同性をもつときは下向きに凸の曲線となり，この場合は結合部位が不均一の（親和性の異なる複数の結合部位が存在する）ときと区別ができない。負の協同性が，結合曲線だけからでは結合部位の不均一性と区別できないことは前に述べた。ヒルプロットでも同様のことがいえる。

7.6 タンパク質の滴定曲線と等電点

これまでに述べたリガンド結合の定式化を応用して，タンパク質の電荷を求めてみよう。タンパク質の電荷はpHに依存し，各官能基の解離状態によって決まる。等しいpK_aをもつ官能基ごとにグループに分けると，タンパク質に結合する水素イオンの数は，(7-21) 式の結合定数k_sを解離定数K_sに変えて，

$$\bar{\nu} = \sum_{s=1}^{N} n_s \frac{\dfrac{[\mathrm{H}^+]}{K_s}}{1+\dfrac{[\mathrm{H}^+]}{K_s}} \tag{7-34}$$

と求まる。ここで，n_sは各官能基の数，Nは官能基の種類の数である。タンパク質の解離基には，N末端のアミノ基，C末端のカルボキシ基のほか，側鎖の官能基としてアスパラギン酸のβ-カルボキシ基，グルタミン酸のγ-カルボキシ基，ヒスチジンのイミダゾール基，システインのSH基，リシンのε-アミノ基，チロシンのOH基，アルギニンのグアニジノ基などがある。これらの官能基はアミノ基のように，プロトンが結合すると電荷が0から+1に変わるものと，カルボキシ基のように結合すると電荷が−1から0に変わるものに分けられる。すなわち，タンパク質の電荷は

$$\overline{Q} = \sum_{s=1}^{N_1} n_s \frac{\dfrac{[\mathrm{H}^+]}{K_s}}{1+\dfrac{[\mathrm{H}^+]}{K_s}} - \sum_{p=1}^{N_2} n_p \frac{1}{1+\dfrac{[\mathrm{H}^+]}{K_p}} \tag{7-35}$$

と表される。右辺第2項はカルボキシ基など解離すると−1の電荷をもつものを表しており，水素イオンを結合していない数を表すために分子が1になっている。

$$\mathrm{pH} = -\log[\mathrm{H}^+], \qquad [\mathrm{H}^+] = 10^{-\mathrm{pH}}$$

$$\mathrm{p}K = -\log K$$

を代入すると，タンパク質の電荷がpHの関数として求められる。

7章 タンパク質と低分子リガンドの結合

$$\bar{Q} = \sum_{s=1}^{N_1} \frac{n_s \cdot 10^{\mathrm{p}K_s - \mathrm{pH}}}{1 + 10^{\mathrm{p}K_s - \mathrm{pH}}} - \sum_{p=1}^{N_2} \frac{n_p}{1 + 10^{\mathrm{p}K_p - \mathrm{pH}}} \tag{7-36}$$

この式を用いてタンパク質の滴定曲線を描くことができる。各官能基の $\mathrm{p}K_a$ は表1·1に与えられているので，アミノ酸組成がわかれば，$\bar{Q}$ をpHの関数として計算することができる。この曲線が $\bar{Q} = 0$ を与えるpHが**等電点**（pI）である（図7·16）。

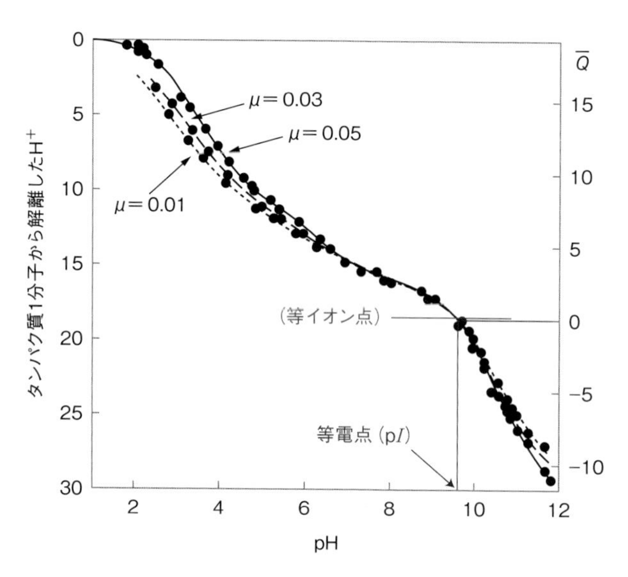

図7·16　リボヌクレアーゼの25℃における滴定曲線
μはイオン強度を表す。（Tanford, C. & Hauenstein, J.D., 1956より）

▶式（7-36）と実際の滴定曲線とのずれについて

式（7-36）は，主として以下の2つの理由から粗い近似式であることがわかる。

まず，官能基のpKは置かれた環境によって異なることである。したがって，アミノ酸配列または組成から天然状態のタンパク質の等電点を正確に計算するのは難しいが，およその等電点は推定することができる。とくに，変性条件（たとえば，8M尿素存在下）での等電点は計算値と比較的よく一致する。図7·16で等電点の近くに**等イオン点**と記したpHがある。等イオン点は，タンパク質を陰イオン交換，陽イオン交換を通すなどして H^+，OH^- 以外の対イオン（counter ion）を除いたときに，そのタンパク質溶液の示すpHを指す。

もう1つの理由は，タンパク質上の電荷どうしの反発によるものである。等電点では電荷の総計は0であるが，等電点より低いpHではタンパク質は全体として正に帯電している。荷電量が多くなるほど，さらにプロトンが結合するのは困難になる。すなわち，プロトンが結合するためにはより多くの仕事をしなくてはならない。逆に，アルカリ側では，タンパク質は負に帯電しており，プロトンはより結合しやすくなる。ヘンダーソン・ハッセルバルヒ（Henderson-Hasselbalch）の式（1-3）は，解離度を α とすると，

$$pH = pK_a + \log \frac{\alpha}{1-\alpha} \tag{7-37}$$

と書ける。ここで，球状タンパク質の表面のポテンシャルエネルギーを Ψ とすると，

$$pK_a' = pK_a + \frac{0.43\,e\Psi}{k_B T} \tag{7-38}$$

これを（7-37）式に代入して，

$$pH = pK_a' + \log \frac{\alpha}{1-\alpha} - \frac{0.43\,e\Psi}{k_B T} \tag{7-39}$$

を得る。ここで pK_a' は静電ポテンシャルの影響を受けている官能基の pK_a，k_B はボルツマン定数である。ここからわかることは，(7-39) 式で $\Psi = 0$ の場合のみ，(7-37) 式が成り立つ。(7-34) 式以下はこの近似を用いている。

なお，最近では多くのタンパク質について高分解能の構造が明らかになっているので，その構造を元に，より正確な滴定曲線の予測が原理的には可能になってきている。

7.7　リガンドの結合と酵素反応

これまで述べたリガンドの結合は酵素反応にも適用される。ミカエリス・メンテン型の反応：

$$E + S \underset{k_{-1}}{\overset{k_1}{\rightleftarrows}} ES \xrightarrow{k_{cat}} E + P \tag{7-40}$$

において，E + S と ES が平衡にあるとし，解離定数を K_s とすると，ES 複合体の全酵素濃度に対する割合は

$$\bar{\nu}_{ES} = \frac{[S]}{[S] + K_s} \tag{7-41}$$

したがって，反応の初速度は

$$v_0 = \frac{k_{cat}[E]_t[S]}{K_s + [S]} \tag{7-42}$$

と表される。ここで，$[E]_t$ は酵素の全濃度である。定常状態の仮定に基づくミカ

エリス・メンテンの式との違いは，ミカエリス定数 K_m が解離定数 K_s で置き換えられている点にある。ミカエリス定数は

$$K_m = \frac{k_{-1} + k_{cat}}{k_1} \tag{7-43}$$

であるが，$k_{-1} \gg k_{cat}$ では K_s（$= k_{-1}/k_1$）と一致する。

▶ V システムと K システム

アロステリック酵素において，MWC モデルで表されるように，R 状態と T 状態で基質の結合定数が異なるが，k_{cat} は変わらないような場合は，リガンドの結合がみかけの K_m にのみ影響を与え，V_{max} には影響を与えないので **“K システム”** とよばれる。この場合には，酵素に結合しているリガンドの平均数が酵素活性に比例する。これに対して，R 状態と T 状態で基質の結合定数は等しい（$k_R = k_T$）が，k_{cat} の値が異なるような場合は **“V システム”** とよばれ，基質濃度が V_{max} に影響を与えるが，K_m には影響を与えない。また $k_R \neq k_T$ で，k_{cat} も異なる場合は **“KV 混合型**“とよばれる（詳しくは廣海啓太郎（1991）などを参照）。

コラム 7.1　アロステリックモデルの発展小史

ヘモグロビンのシグモイド型の酸素結合（協同的結合：低酸素濃度では酸素の結合は弱いが，ある濃度を越えると結合は急速に進む）を最初に報告したのはクリスチャン・ボーア（Christian Bohr）ら[※7-1]で，1904 年のことだった。以来，酸素のヘモグロビンへの協同的な結合の機構は多くの研究者の注目を集めてきた。アデア（Adair, G.S.）は 1925 年に浸透圧の測定によって初めてヘモグロビンの分子量を測定し，鉄原子の数からサブユニットの数を 4 と決定した[※7-2]。アデアはまた，シグモイド曲線を初めてアデア方程式によって定量的に説明した。アデア方程式は，酸素の結合曲線を 4 つの定数（アデア定数）を用いて表している：

$$y = \frac{K_1 p + 2K_2 p^2 + 3K_3 p^3 + 4K_4 p^4}{4(1 + K_1 p + K_2 p^2 + K_3 p^3 + K_4 p^4)}$$

ここで，p は酸素濃度である。アデアの導入した 4 つの平衡定数は後にアデア定数とよばれたが，当時は実際の値は不明だった。

1935 年，ポーリング（Pauling, L.C.）は，順次結合する酸素分子の親和性とヘモグロビンの構造（立体構造は未知だったが，四量体の可能な配置を仮定）に基づいて，サブユニット間＝ヘムーヘム間相互作用を初めて関係づけ（PNAS,1935），2 つの結合定数で実験

※7-1　クリスチャン・ボーアは医師で生理学者，古典量子論の創始者のニールス・ボーアの父で，ヘモグロビンが酸性領域で酸素を解離しやすくなるボーア効果を発見した。

※7-2　ヘモグロビンの分子量はアデアとは独立に翌 1926 年，スベドベリが超遠心分析を用いて決定している。

データとほぼ一致するシグモイド曲線が説明できることを示した。コリエル（Coryell, C.D.）もポーリングの路線を引き継いだが，いずれのモデルも，2分の1飽和点に関して飽和曲線は対称になると予測するものだった。しかし，1955年，ロートン（Roughton, F.J.）らはさらに精密な測定を行って，実験によって得られるシグモイド曲線は2分の1飽和点に関して対称ではないことを明らかにし，ポーリングらの古典的モデルは正しくないことが示された。

1970年，ペルーツ（Perutz, M.F.）は，決定した精密な立体構造に基づいて立体化学的なモデルを提案した。ペルーツモデルは多くの研究者の注目を浴び，より洗練された数学的モデルも提出された（Szabo, A. & Karplus, M., 1972）。アッカーズ（Ackers, G.K. *et al.*, 1982, 1992）は，さらにテトラマーからダイマーへの解離も考慮した熱力学的モデルを報告している。本文で述べたMWCモデル，KNFモデルに加えてこのペルーツモデルによってこの分野は活況を呈し，これら3つのモデルを組み合わせたモデル（Herzfeld, J. & Stanley, H.E., 1972）や数学的モデル（Szabo, A. & Karplus, M., 1972）も現れた。

このように，実験データの精密化とモデルの改良が行われてきたが，ヘモグロビンのすべての性質を正しく表すモデルは未だ完成しておらず，発展は今なお続いている（Imai, K., 1982; Imai, K. *et al.*, 2002）。

本コラムはKiyohiro Imai 著“Allosteric models of hemoglobin still evolving”In Hemoglobin: Recent Developments and Topics (Ed. by Masako Nagai, 2011)のHistorical viewを参考にした。

8章 タンパク質分子の相互作用

細胞小器官の形成，細胞内外の情報伝達，筋肉の収縮や免疫における分子認識，これらすべての過程は，タンパク質分子とパートナー分子との特異的な相互作用によって実現している。特異的な相互作用を可能にしているのは，ポリペプチド鎖の折りたたみ方と，相互作用部位におけるアミノ酸残基の配置である。そして，折りたたみ方も，相互作用部位におけるアミノ酸残基の配置も，これを規定しているのは一次構造，すなわちアミノ酸配列である。

このことについてヘモグロビンを例に挙げて考えてみる。ヘモグロビンは5.5節でサブユニット間相互作用の例として取りあげた。サブユニット間相互作用は基本的にタンパク質間相互作用と同じなので，簡単に復習すると，ヘモグロビンのαおよびβサブユニットは，リボソームで生合成されると，一次構造に依存して折りたたまれる。ヘムが結合する前のアポヘモグロビンには，ヘムが結合する空間ができていて，そこにヘムが挿入される。

ヘモグロビンの場合はシトクロムと異なり，ヘムとタンパク質の結合は共有結合ではなく，非共有結合によって安定化されている。挿入されたヘムの鉄原子（II価）は，FヘリックスのHis残基（F8）のイミダゾール基のN原子に配位結合で結合している（図8·1a）。ヘムの反対側に酸素分子が結合すると，His残基は8°右に回転してヘリックスFをヘリックス軸に沿ってC末端側に押し動かすことになる。このわずかな動きが拡大して，$\alpha\beta$二量体（ダイマー）は互いに（$\alpha^1\beta^1$が$\alpha^2\beta^2$に対して）滑りを起こして15°回転し（両者が8°弱ずつ回転するので、合わせて15°強回転する），T状態からR状態へと変化する（図8·1b）。

ここで重要なことは，基本単位である$\alpha\beta$二量体（ヘテロダイマー）におけるαサブユニットとβサブユニットの結合（$\alpha^1 \cdot \beta^1$）は強いが，ヘテロダイマーどうしの間の結合（$\alpha^1 \cdot \beta^2$）は弱いことである。表5·3によれば，構造上$\alpha^1\beta^1$間（$\alpha^2\beta^2$間も同じ）におけるファンデルワールス接触はデオキシ型で110，オキシ型で98，水素結合はデオキシ型で5，オキシ型でも5である。これに対して，$\alpha^1\beta^2$間（$\alpha^2\beta^1$間も同じ）ではファンデルワールス接触はデオキシ型で80，オキシ型で69，水素結合はデオキシ型で1，オキシ型でも1である。これからわかるように，$\alpha^1\beta^1$（$\alpha^2\beta^2$）の方が$\alpha^1\beta^2$（$\alpha^2\beta^1$）より結合が多く，したがって強い。また，デオキシ型とオキシ型を比べると，デオキシ型の方がオキシ型より固く結合している

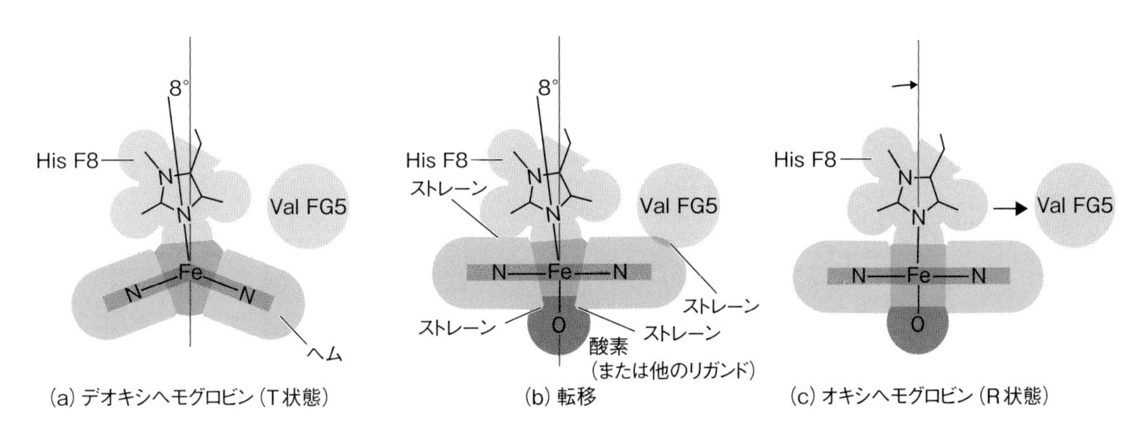

図 8·1 ヘモグロビンのヘムと His F8
ヘモグロビンのヘムの Fe 原子は His F8(ヘリックス F の 8 番目の His)のイミダゾール基の N に結合している。酸素 O_2 がヘムの Fe の反対側に結合すると，ヘムは扁平な形から平面状に変形する。「ストレーン」と書かれているのはそこに歪みが生じているところを示し，Fe と N を結ぶ直線が 8°回転することによって O－Fe－N が直線上に並ぶと歪みが解消される。その結果，F ヘリックスおよび FG コーナーが → 方向（右側）に引っ張られ，ヘモグロビンが T 状態から R 状態に転移する。(Mathews, C. K. *et al.*, 2003 より改変)

ことがわかる。実際，実験的にもデオキシ型状態に比べてオキシ型状態ではヘテロダイマー間の結合が弱く，四量体から二量体に解離しやすいことがわかっている。

さて，相互作用を定量的に測定する技術や解析法は，細胞内外の情報伝達や分子集合の過程における分子認識の機構を理解するためだけでなく，タンパク質工学や創薬など応用の面でも重要である。7 章ではタンパク質と低分子リガンドとの相互作用について述べたが，本章ではタンパク質分子どうしおよび，タンパク質－核酸の相互作用を定量的に取り扱う方法について述べる。

8.1 同種分子どうしの会合 ―単量体と二量体の間の平衡―

オリゴマー酵素の中には，サブユニットどうし堅く結合してほとんど解離することがないものもあれば，比較的結合が弱くて条件によって解離しやすいもの，また，リガンドの結合によって解離・会合が制御されているものなど様々なものがある。各サブユニットの数や結合の強さ，解離・会合の制御の仕方を明らかにするには，これを定量的に調べることが重要である。

まず，最も簡単な相互作用として，同一のタンパク質分子が集合して二量体を形成する場合を考える。アルコール脱水素酵素，スーパーオキシドジスムターゼ，イソプロピルリンゴ酸脱水素酵素など，同一サブユニットからなる二量体（ホモダイマー）の酵素は多数の例が存在する（表 5·1）。

$$2\mathrm{M} \rightleftarrows \mathrm{D}$$

単量体（モノマー）・二量体（ダイマー）の平衡がタンパク質の全濃度の変化によってどのように変化するかを考えてみよう。今，この反応の平衡定数（結合定数）を K とすると，

$$K = \frac{[\mathrm{D}]}{[\mathrm{M}]^2} \tag{8-1}$$

ここで，[M]，[D] は単量体と二量体のモル濃度（M = mol/L）である※8-1。全タンパク質濃度をモノマー M のモル数で表して M_0 とすると，

$$M_0 = [\mathrm{M}] + 2[\mathrm{D}] \quad \text{すなわち} \quad [\mathrm{D}] = \frac{M_0 - [\mathrm{M}]}{2} \tag{8-2}$$

(8-2) 式を (8-1) 式に代入して，

$$\frac{[\mathrm{M}]}{M_0} = \frac{-1 + \sqrt{1 + 8KM_0}}{4KM_0} \tag{8-3}$$

が得られる。ここで，平方根の前の符号は物理的に意味のある＋をとってある。(8-3) 式を (8-2) 式に代入し，$2[\mathrm{D}]/M_0$ と M_0 をそれぞれ重量濃度 C に変換し，C_2/C_0 を C_0 に対してプロットすると，図 8·2 が得られる（C_0，C_1，C_2 はそれぞれ，全タンパク質，単量体，二量体の重量濃度である）。図は，全タンパク質濃度が増加するにつれて二量体がどのように増加するかを示している。

(8-3) 式で $[\mathrm{M}]/M_0 = 1/2$ として計算すればわかるように，ちょうど単量体タンパク質分子の2分の1が二量体を形成するとき，その濃度 M_0 が $1/K$ になっている。したがって，この場合には重量濃度で半分のタンパク質分子が二量体化した点から平衡定数を算出することができる。次に，実験によって平衡定数を見積もる方法について考える。

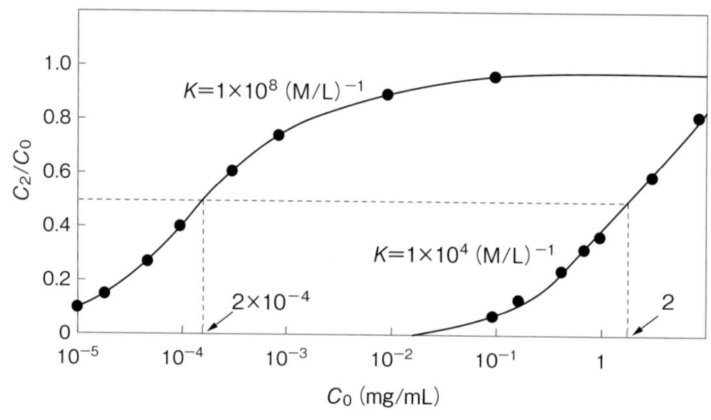

図 8·2　二量体形成のタンパク質濃度依存性
分子量2万のサブユニットからなるタンパク質の単量体・二量体平衡について，(8-3) 式の左辺 $[\mathrm{M}]/M_0$ と M_0 をそれぞれ重量濃度に換算（C_1/C_0 と C_0）し，C_2/C_0 を C_0 に対してプロットしてある（$C_2 = C_0 - C_1$）。

※8-1　平衡定数は，厳密には濃度でなく活動度で表すべきであるが，低濃度（数 mg/mL 以下）では活動度係数は1に近く，濃度で置き換えて差し支えない。

今，単量体と二量体の重量分率を f_M および f_D とすると，重量平均分子量 M_w は

$$M_w = f_M M_M + f_D M_D \tag{8-4}$$

で表される。ここで，M_M，M_D はそれぞれ単量体，二量体の分子量である。

$f_M + f_D = 1$ および $M_D = 2M_M$ を用いて

$$f_M = 2 - \frac{M_w}{M_M} \tag{8-5}$$

ここで，モル濃度の代わりに重量濃度を使うと，$C_D = f_D C_0$，$C_M = f_M C_0$（C_0：mg/mL）

$$K = \frac{[D]}{[M]^2} = \frac{\left(\frac{C_D}{2M_M}\right)}{\left(\frac{C_M}{M_M}\right)^2} = \frac{M_M}{2}\frac{C_D}{{C_M}^2} \tag{8-6}$$

$$= \frac{M_M}{2}\frac{f_D C_0}{{f_M}^2 {C_0}^2} = \frac{M_M}{2C_0}\frac{(1-f_M)}{{f_M}^2} \tag{8-7}$$

こうして，実験によってタンパク質総濃度 C_0 における重量平均分子量 M_w（正確に求まるのは重量平均沈降係数）を求め，(8-5) 式によって f_M を求めることによって，各濃度における平衡定数を求めることができる。重量平均分子量 M_w は，超遠心分析（沈降平衡法，沈降速度法）や光散乱法（静的光散乱）によって求められる（8.6 節参照）。沈降速度法の場合は M_M，M_D の代わりに，s_M，s_D（それぞれ単量体と二量体の沈降係数）を用いて，f_M，f_D を求めることができる。K をフィッティングパラメータとして，データを理論曲線に最小自乗法で当てはめて結合定数 K を求める。

以上述べた単量体－二量体間の平衡はさらに，単量体－三量体，単量体－四量体へと拡張することができる。ここで，上述の重量平均を含めて平均値の取り方について述べておく。

▶数平均分子量と重量平均分子量

単量体の分子量が 1 万であるとして，単量体と二量体が等モル存在する，すなわち同じ数だけ（またはモル濃度だけ）存在するとき，それぞれの分子量を足して 2 で割って得られる分子量，1 万 5 千は**数平均分子量**とよばれる。しかし，この場合，重量（または重量濃度）としては単量体と二量体は 1 : 2 の割合で存在する。これを考慮して重量分率で平均を取ると，(1 万 × 1 + 2 万 × 2)/3 = 1.67 万となる。これは**重量平均分子量**とよばれる。

一般に，各分子量にモル分率をかけて足し合わせると数平均分子量，重量分率をかけて足し合わせると重量平均分子量が求められる。超遠心分析や光散乱で得られる分子量は，分子が均一でない場合はその重量平均分子量を与える。

数平均分子量　　　　　　　　　　　　　　　　浸透圧，凝固点降下

$$M_n = \frac{\sum_i N_i M_i}{\sum_i N_i} = \frac{\sum_i C_i}{\sum_i \left(\frac{C_i}{M_i}\right)} \tag{8-8}$$

重量平均分子量　　　　　　　　　　　　　　　　光散乱，沈降平衡

$$M_w = \frac{\sum_i N_i M_i^{\,2}}{\sum_i N_i M_i} = \frac{\sum_i C_i M_i}{\sum_i C_i} \tag{8-9}$$

Z 平均分子量

$$M_z = \frac{\sum_i N_i M_i^{\,3}}{\sum_i N_i M_i^{\,2}} = \frac{\sum_i C_i M_i^{\,2}}{\sum_i C_i M_i} \tag{8-10}$$

（N_i は i 成分のモル数またはモル濃度；C_i は i 成分の重量または重量濃度。式(8-10) で定義される平均分子量を Z 平均分子量という）

8.2　リガンドを介する会合

リガンドが会合平衡をシフトさせる例は数多く知られている。たとえば，節足動物のヘモシアニンでは，Mg^{2+} などの2価のカチオンが六量体のヘモシアニンを二十四量体に会合させる。また，この平衡は結合する酸素によっても影響を受け，酸素が結合すると二十四量体を形成しやすくなる。系によっては，逆に Mg^{2+} イオンなどが結合すると，平衡が解離に傾く例も知られている。

今，簡単なモデルとして単量体と二量体の間の平衡が，n 個のリガンド A の結合を介して起こると仮定しよう：

$$2\mathrm{M} + n\mathrm{A} \rightleftarrows \mathrm{DA}_n \tag{8-11}$$

この反応の平衡定数 K は

$$K = \frac{[\mathrm{DA}_n]}{[\mathrm{M}]^2[\mathrm{A}]^n} \tag{8-12}$$

で与えられる。実際には超遠心分析や光散乱で測定されるのは，M と D の分子量またはその重量平均分子量なので，見かけの平衡定数

$$K_{\mathrm{app}} = \frac{[\mathrm{DA}_n]}{[\mathrm{M}]^2} \tag{8-13}$$

が求められる。見かけの遊離のリガンド濃度の関数として平衡定数が求められれ

ば，結合にかかわるリガンドの分子数nが求められることを示そう。(8-12)と(8-13)式から

$$K_{app} = K[A]^n, \qquad \ln K_{app} = \ln K + n \ln [A] \tag{8-14}$$

両辺を$\ln [A]$で微分すると，

$$\frac{d \ln K_{app}}{d \ln [A]} = \Delta n \tag{8-15}$$

が得られる。ここではnをΔnで置き換えてあるが，これはこの傾きが，会合の平衡式で一般的には単量体と二量体の結合するリガンド数の差になることを示すためである。

上記ヘモシアニン分子は，強固な集合体である六量体（ヘキサマー）分子が2つまたは4つ集合していてそれらが平衡にある。以下，六量体を単量体とよび，二量体と四量体との間の平衡を考える。ヘモシアニンについて，Mg^{2+}の濃度および温度を変えてK_{app}を測定した結果を図8·3に示す。

図8·3(a)ではMg^{2+}濃度の対数に対して$\ln K_{app}$がプロットしてある。この図から明らかなように，単量体と二量体の間の平衡（平衡定数はK_{12}）はMg^{2+}濃度に依存するが，二量体と四量体の間の平衡は依存しない。傾きから単量体1分子当たり3個のMg^{2+}イオンが関与していることがわかる。なお，図8·3(b)はファントホッフプロットで，このグラフからわかるように，単量体と二量体の間の平衡が温度に依存しないのに対して，単量体と四量体間の平衡（平衡定数はK_{14}）は温度に依存しており，結局，二量体と四量体の間の平衡が疎水性結合であることを示唆している。

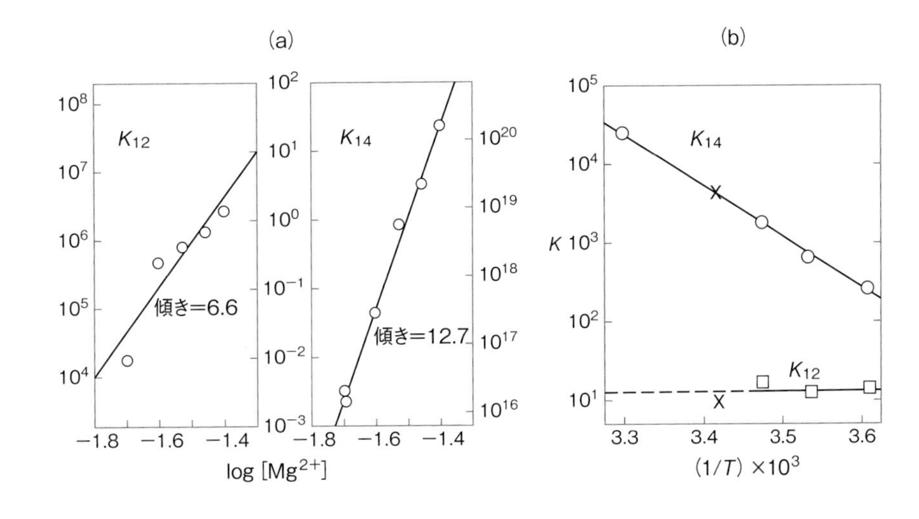

図8·3　ヘモシアニンの二量体および四量体形成のタンパク質濃度依存性
a:Mg^{2+}濃度依存性，b:温度依存性（ファントホッフプロット）。Xは20℃（超遠心分析の標準温度）を示す。(Blair, D. & Van Holde, K. E., 1976より)

8.3　異なる分子種間の会合

ホルモンなどがレセプターに結合する場合などを始めとして，細胞内には異種の分子が結合する反応が数多くある。

8.3.1　反応速度と反応定数

まず，簡単な例として，異なる2つのタンパク質または他の生体高分子が会合する場合を考える：

$$\mathrm{A} + \mathrm{B} \underset{k_{-1}}{\overset{k_1}{\rightleftarrows}} \mathrm{AB} \tag{8-16}$$

このような反応で知りたいのは，結合の強さと速さ（反応速度）である。結合の強さがpH，塩濃度，温度などによってどのように影響されるかを知ることによって結合の性質・種類がわかり，その結果を利用すると，結合を制御することが可能になる。

異種分子どうしの会合を測定するには，滴定型カロリメトリーや表面プラズモン共鳴法が適している（逆にこれらの方法は，原理的に同種分子間の会合の測定には向いていない）。

(8-16) 式の反応でABの生成する反応速度は

$$\frac{d\,[\mathrm{AB}]}{dt} = k_1[\mathrm{A}][\mathrm{B}] - k_{-1}[\mathrm{AB}] \tag{8-17}$$

であり，Aの全濃度をA_T，Bの全濃度をB_Tとして，$A_T = [A] + [AB]$，$B_T = [B] + [AB]$から[A]，[B]を求めて (8-17) 式に代入すると，[AB]についての微分方程式が得られる。ストップト・フロー法[※8-2]を使って分子AとBを瞬時に混合し，ABの生成速度を調べるか，下記の表面プラズモン共鳴法を利用して会合反応を解析すると，会合の速度定数が求められる。後者ではまた解離の速度定数も求めることができる。平衡状態では$d[AB]/dt = 0$なので，

$$\frac{k_1}{k_{-1}} = \frac{[\mathrm{AB}]}{[\mathrm{A}][\mathrm{B}]} = K_\mathrm{A} \tag{8-18 a}$$

$$\frac{k_{-1}}{k_1} = \frac{[\mathrm{A}][\mathrm{B}]}{[\mathrm{AB}]} = K_\mathrm{D} \tag{8-18 b}$$

が導かれる。ここで，K_Aは結合定数，K_Dは解離定数である。

※8-2　ストップト・フロー法：2つの注射筒のような筒を連結した装置にそれぞれ分子Aと分子Bの溶液を入れておき，ピストンを急激に押してセル内で二液を混合して，複合体ABの生成速度を観測する方法（コラム4.2参照）。

8.3.2　平衡定数の単位について

タンパク質濃度は場合によってモル濃度Mで表したり，重量濃度（mg/mL）で表したりする。時によっては，吸光度で表すのが便利なときもある。異なる濃度の単位を用いると，当然平衡定数の値も単位も異なってくる。A + B ⇄ ABのモル濃度で表した平衡定数を K^{m} とすると，

$$K^{\mathrm{m}} \equiv \frac{[\mathrm{AB}]}{[\mathrm{A}][\mathrm{B}]} = \frac{M_{\mathrm{A}} M_{\mathrm{B}}}{M_{\mathrm{AB}}} \frac{C_{\mathrm{AB}}}{C_{\mathrm{A}} C_{\mathrm{B}}} \equiv \frac{M_{\mathrm{A}} M_{\mathrm{B}}}{M_{\mathrm{AB}}} K^{\mathrm{w}} \quad (8\text{-}18\mathrm{c})$$

となる。ここで，C_{AB}，C_{A}，C_{B} は重量濃度（g/L），K^{w} は重量濃度で表した平衡定数である。また，S_{AB}，S_{A}，S_{B} をそれぞれAB，A，Bの吸光度，α_{AB}，α_{A}，α_{B} を各分子種の吸光係数とすると，吸光度で定義される平衡定数 K^{A} は

$$K^{\mathrm{A}} \equiv \frac{S_{\mathrm{AB}}}{S_{\mathrm{A}} S_{\mathrm{B}}} = \frac{\alpha_{\mathrm{AB}} C_{\mathrm{AB}}}{\alpha_{\mathrm{A}} C_{\mathrm{A}} \alpha_{\mathrm{B}} C_{\mathrm{B}}} = \frac{\alpha_{\mathrm{AB}}}{\alpha_{\mathrm{A}} \alpha_{\mathrm{B}}} K^{\mathrm{w}} \quad (8\text{-}18\mathrm{d})$$

となる。

8.3.3　会合反応の自由エネルギー

表8·1にタンパク質間の解離・会合反応の自由エネルギー ΔG，エンタルピー ΔH，エントロピー ΔS の値の例を挙げてある。ΔG，ΔH，ΔS の間には，$\Delta G = \Delta H - T\Delta S$ の関係がある。この表からわかるように，タンパク質の会合反応にはエンタルピーとエントロピーがいろいろな程度で関与しており，結合の強さだけでなく，エントロピーとエンタルピーのどちらがどの程度結合に寄与しているかは，タンパク質によって大きく異なる。

この表には，エンタルピーとエントロピーが相殺し合っている例が多く見られる。たとえば，アルギノサクシナーゼではエンタルピー，エントロピーいずれも正であり，エントロピーの自由エネルギーへの寄与がエンタルピーの不利な寄与を相殺している。また，エノラーゼではエンタルピーの自由エネルギーへの寄与を負のエントロピーが相殺している。一般的には後者の例が多い。すなわち，2つのタンパク質分子が会合する場合，タンパク質分子に注目すると，会合によってエントロピーは減少するので不利に働くが，会合することによって得られるエンタルピーの自由エネルギーへの寄与によって，会合反応が解離反応よりも有利となる。

会合によって失われるエントロピーがエンタルピーの減少と相殺する例は多く知られており，**エントロピー・エンタルピー相殺**（entropy-enthalpy compensation）とよばれる。

表 8·1　タンパク質の解離・会合反応[a)]

タンパク質	反応型	K（モルスケール）	$\Delta G°$ (kJ/mol)	$\Delta H°$ (kJ/mol)	$\Delta S°$ (J/mol/K)	$\Delta G°$/unit[b)] (kJ/mol)
アルギノサクシナーゼ	$2A \rightleftarrows A_2$	3.2×10^7	−43	+193	+791	−21
エノラーゼ	$2A \rightleftarrows A_2$	3.7×10^6	−39	−335	−925	−20
グルタミン酸デヒドロゲナーゼ	$A + A_i \rightleftarrows A_{i+1}$	1.1×10^5	−33	0	+105	−16
ヘムエリスリン	$8A \rightleftarrows A_8$	3.4×10^{36}	−194	0	+92	−24
ヘモグロビン	$2(AB) \rightleftarrows A_2B_2$	8.0×14^4 (M ヘム)$^{-1}$	−27	−29	−6.3	−14
インスリン	$2A \rightleftarrows A_2$	10.2×10^3	−23	−30	−23	−11
	$2A_2 \rightleftarrows A_4$	0.9×10^3	−17	−68	−172	−8
	$A_2 + A_4 \rightleftarrows A_6$	0.6×10^3	−16	+205	+741	−8
β-ラクトグロビン	$4A_2 \rightleftarrows A_8$	2.4×10^{11}	−64	−234	−632	−16
トリプシンインヒビター	$2A \rightleftarrows A_2$	3.7×10^3	−21	0	+80	−10
トリプトファナーゼ	$2A_2 \rightleftarrows A_4$	1.2×10^4	−28	+209	+829	−11
トリプトファン合成酵素[c)]	$2B \rightleftarrows B_2$	4.6×10^5	−32	0	+105	−16
	$2A + B_2 \rightleftarrows A_2B_2$	8.4×10^6	−37	−65	−94	−18
卵白リゾチーム[d)] + IgG Fv 断片	$A + B \rightleftarrows AB$	2.2×10^8	−48	−85	−123	−24
バルナーゼ + バルスター[e)]	$A + B \rightleftarrows AB$	1.0×10^{14}	−19.0	−19.3	1	−10
シトクロム c + モノクローナル抗体（2B5）[f)]	$A + B \rightleftarrows AB$	2.0×10^9	−12.6	−21.0	−28.2	−6.5

a：Klotz, I. M. (1975)。表Ⅶより抜粋し，単位を kcal/mol より kJ/mol に改めた。b：サブユニット当たりの $\Delta G°$。なお，c の第二段階の会合および d は，滴定型微小カロリメーターによる測定で，それぞれ Ogasahara, K. *et al.* (1992) および Ito, W. *et al.* (1993) による。e：Frisch, C. *et al.* (1997)。f：Pierce, M. M. *et al.* (1999)。

8.4　タンパク質の自己集合とクラウディング効果

細胞内や体液中では特異的相互作用をするタンパク質分子以外にも多くのタンパク質分子が高濃度に存在する。特異的相互作用にあずからないこれらの分子も高濃度で存在するがゆえに，特異的な相互作用に対して影響を与える可能性が示唆されており，**クラウディング効果**（crowding effect）とよばれる。

1つは高濃度の高分子溶液での顕著な排除体積効果である。排除体積効果は第2ビリアル係数に反映される。第2ビリアル係数はタンパク質溶液の非理想性の指標となる。分子どうしが反発する場合は正の値を取り，互いに引き寄せる場合には負の値を取る。

他方，クラウディング効果は，タンパク質の分子集合や折りたたみ（フォールディング）の反応速度や平衡定数に影響を与える。一般的にタンパク質の折りたたみはクラウディング効果で，コンパクトな構造が安定化されることで促進される。

8.5 タンパク質・核酸相互作用

DNAの複製，転写，修復，遺伝子の発現制御などにおいて，タンパク質と核酸との相互作用は重要な役割を果たしている。ここでは，タンパク質・核酸相互作用における**特異的相互作用**と**非特異的相互作用**について述べる。

タンパク質・核酸相互作用においては，ふつう特異的相互作用というと，**配列特異的相互作用**を意味する。制限酵素や修飾酵素，リプレッサー，転写因子などは，DNAの特定の配列を認識して結合する。DNAポリメラーゼの複製開始点への結合や，RNAポリメラーゼの転写開始点への結合なども配列特異的である。

これに対して，複製に重要な役割を果たすDNAの1本鎖DNA特異的結合タンパク質，recAなどの組換え酵素やヒストンなどは，配列には依存せずにDNAに結合する。しかし，この場合でもDNAへの結合という意味では特異的な相互作用であって，いわゆる非特異的相互作用とは異なる。

DNAへのタンパク質の結合は独立で等価な結合を行う場合（図8·4a）でも，図8·4bに見られるように，直線からはずれてヘテロな結合サイトをもつように見えるのがふつうである。これは，図8·4c,dに示すように，結合するタンパク質が複数の塩基対にわたって結合するためである。そのため，図の例では，ある程度リガンドのタンパク質が結合すると，リガンド間に2個または1個の塩基対しか残っていなくて，そこには新たなリガンドが結合できなくなる。実際にはリガンドは結合・解離の平衡にあるので，次第にリガンドは席を譲り合いながら全体にわたって隙間なく結合するようになる。

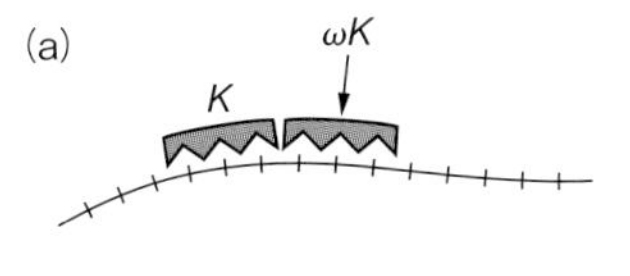

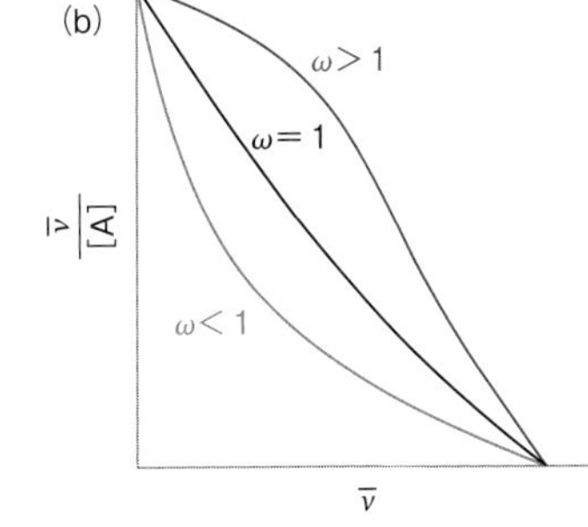

図8·4① DNAへのリガンドの協同的結合
1つめのリガンドの結合定数を K とすると，2つめはタンパク質間の相互作用があるために，K とは異なる結合定数をもつ。$\omega = 1$ なら非協同的。$\omega > 1$ なら（正の）協同的結合になる。$\omega < 1$ の場合は負の協同性を示し，リガンドどうしが電荷などにより反発するときなどに見られる。

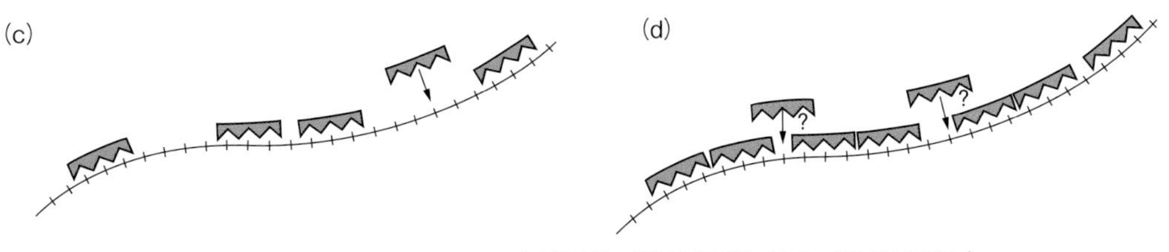

図8·4② DNAへのリガンドの非特異的（準特異的）結合（格子モデル）
c：低濃度のリガンドの結合，d：高濃度のリガンドの結合

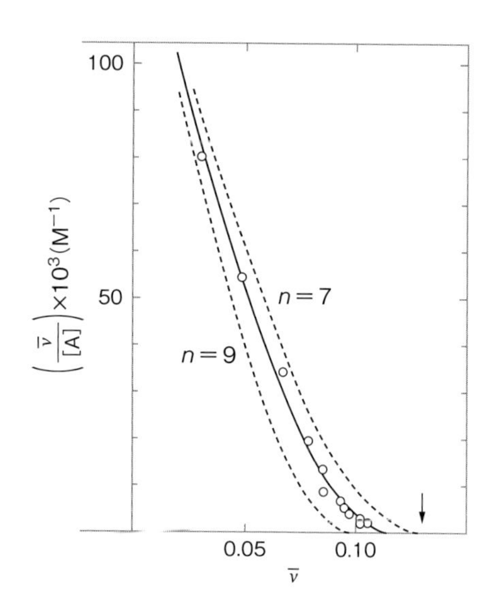

図 8·5　DNA へのリガンド〔εDnpLys(Lys)$_6$〕の非配列特異的結合
[A] は遊離の εDnpLys(Lys)$_6$ のモル濃度。(McGhee, J. & von Hippel, P., 1974)

図 8·5 は，マックギーとヴォンヒッペルの理論（McGhee, J. & von Hippel, P., 1974）から計算して得られたもので，この事情を正しく表している。同理論では，協同的な結合も組み込まれている。リガンドが DNA との親和性だけでなくリガンドどうしの親和性をもっている場合には正の協同性を示し，リガンドは分散して結合せず，長い DNA 上でパッチを形成してかたまって存在する傾向が見られる。これは，先に述べた複製にかかわる 1 本鎖特異的タンパク質や recA の場合，機能に重要な性質となる。

8.6　タンパク質分子の解離・会合の測定

本節ではタンパク質分子の解離・会合の測定法について述べる。

8.6.1　超遠心分析（AUC）

タンパク質分子は通常の重力では拡散が勝って沈降しないが，これを遠心機のローターに入れて大きな重力場の中におくと沈降するようになる。超遠心分析機は遠心中の溶液内の濃度分布を直接観測できるようにした機械で，この機械を使って沈降，拡散の様子を観測するのが超遠心分析である。超遠心分析には，比較的高速で回転して沈降する界面を観測する沈降速度法と，比較的低速で回転して沈降と拡散が釣り合って平衡に達したときのセル内の濃度分布を調べる沈降平衡法がある。沈降速度法（図 8·6a）では，界面の沈降の速さから沈降係数が求

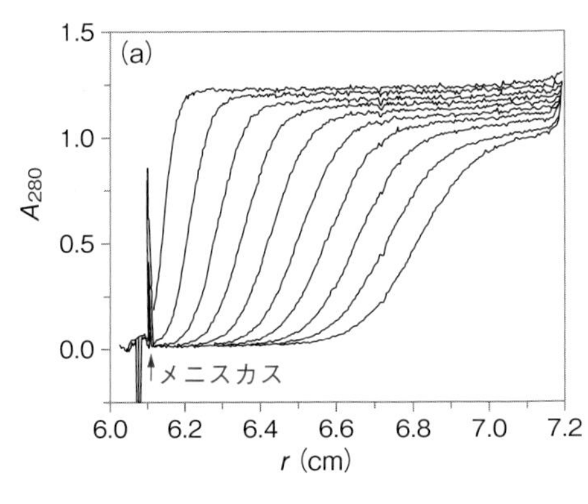

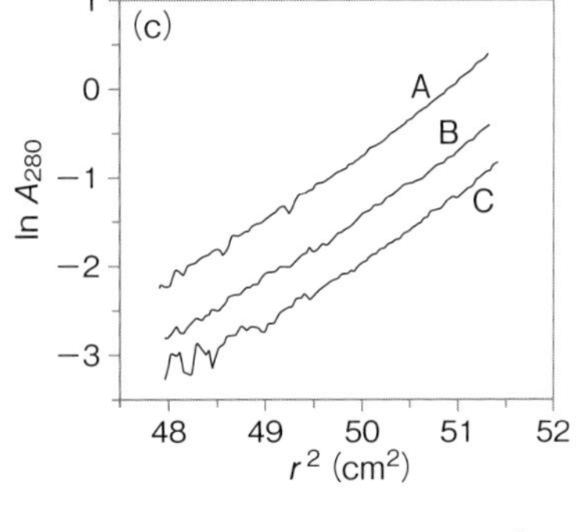

(c) は沈降平衡の実験結果の ln C vs. r^2 プロット
タンパク質濃度A：0.6 mg/mL，B：0.35 mg/mL，C：0.2 mg/mL；25℃，7000 rpm

図 8·6　超遠心分析
a:沈降速度法，b，c:沈降平衡法。
A_{280} は 280nm の吸光度。

められる。沈降係数は実験データから以下の式に基づいて計算される：

$$\ln\frac{r_b(t)}{r_b(t_0)} = s\omega^2(t-t_0) \tag{8-19}$$

ここで，r_b は回転中心から界面までの距離，ω は回転の角速度であり，s が沈降係数である。この式から，$\ln(r_b(t)/r_b(t_0))$ を $t-t_0$ に対してプロットすれば，傾きから $\omega^2 s$，したがって s が求まる。沈降係数 s は sec の単位をもち，10^{-13}sec をスベドベリ単位Sとして 10S のように表す。なお，現在では SEDFIT などのソフトウェアを用いた解析を行うのが一般的で，SEDFIT などでは沈降係数の分布関数を求めることができ，(8-19) 式を用いて実験データをプロットして沈降係数を求める必要はなくなっている。

沈降係数は分子量 M，摩擦係数 f，溶質分子の偏比容 $\bar{v}$，溶媒の密度 ρ と次の関係にある：

$$s = \frac{M(1-\bar{v}\rho)}{Nf} \tag{8-20}$$

ここで，N はアボガドロ数である。(8-20) 式の右辺分母には摩擦係数 f が含まれており，沈降係数は分子・複合体の形に依存することを示している。摩擦係数と

拡散係数の間には

$$D = \frac{RT}{Nf} \tag{8-21}$$

の関係があるので，(8-20) 式を (8-21) 式の両辺で割って

$$\frac{s}{D} = \frac{M(1-\bar{v}\rho)}{RT} \tag{8-22}$$

が得られる。この式は**スベドベリの式**とよばれる。沈降速度法で沈降係数から分子量を求めるときにはこの式を用いる。より正確な分子量の測定には沈降平衡法が用いられるが，最近は速度法が圧倒的に頻度が高く用いられているのは以下の2つの理由による。

第1の理由は以下に示すように，平衡法で求められる分子量は重量平均分子量であって，ある特定の分子種の分子量を求めるためには，その分子種を十分精製しなければならないことである。平衡法に比べて速度法は，低濃度の異種分子の検出感度が圧倒的に高い。そのため，平衡法によって分子量を求めるときには，前もって速度法で当該分子の精製度を確認しておく必要がある。第2の理由は分子量を求める目的である。実際には，当該タンパク質分子が何量体なのかを知りたいことが多い。その場合には数%の誤差は問題にならないからである。

沈降平衡法（図8·6b）では，以下の式に基づいて分子量が求められる：

$$\frac{d\ln C}{d(r^2)} = \frac{\omega^2 M(1-\bar{v}\rho)}{2RT} \tag{8-23}$$

ここで，C はセル内の溶質の濃度（重量濃度，たとえば mg/mL），r は回転中心からの距離，ω は回転の角速度，M は分子量，$\bar{v}$ は溶質の偏比容，ρ は溶媒の密度，R は気体定数，T は絶対温度である。この式から，濃度の対数を r^2 に対してプロットすれば傾きから分子量 M が求められることがわかる（図8·6c）。いくつかの相互作用のない複数の溶質成分がある場合，成分 i については (8-23) 式がよい近似になる。すなわち，

$$\frac{dC_i}{d(r^2)} = \frac{\omega^2(1-\bar{v}\rho)}{2RT} M_i C_i \tag{8-24}$$

すべての溶質について足し合わせると

$$\sum_{i=1}^{n} \frac{dC_i}{d(r^2)} = \frac{dC}{d(r^2)} = \frac{\omega^2(1-\bar{v}\rho)}{2RT} \sum_{i=1}^{n} C_i M_i \tag{8-25}$$

両辺を

$$C = \sum_{i=1}^{n} C_i \tag{8-26}$$

で割ると，

$$\frac{1}{C}\frac{dC}{d(r^2)} = \frac{\omega^2(1-\bar{v}\rho)}{2RT}\frac{\sum_{i=1}^{n} C_i M_i}{\sum_{i=1}^{n} C_i} \tag{8-27}$$

$(1/C)\,dC = d\ln C$ であるので

$$\frac{d\ln C}{d(r^2)} = \frac{\omega^2(1-\bar{v}\rho)}{2RT}M_{wr} \tag{8-28}$$

ここで，

$$M_{wr} = \frac{\sum_{i=1}^{n} C_i M_i}{\sum_{i=1}^{n} C_i} \tag{8-29}$$

すなわち，平衡法で得られる分子量は溶質が不均一の場合，その重量平均の分子量になる。また，沈降平衡の測定精度は高いが，不均一な試料の中の特定の分子種の分子量の測定には向いていない。沈降平衡法で正確な分子量を求めるためには，あらかじめ沈降速度法を用いて試料の均一性を確認しておく必要がある。

超遠心分析は，最近では単に分子の均一性や分子量を求めるだけでなく，解離・会合の平衡過程を解析するためにも重要な方法となっている。

超遠心分析では，同種分子間の相互作用の解析が，異種分子間の相互作用の解析よりも容易である。その理由は，異種分子間の場合，吸光係数や偏比容がタンパク質によって異なるからである。後述する滴定型カロリメトリーや表面プラズモン共鳴法では，原理的に同種分子間の相互作用は測定できないので，超遠心分析がとくに有用である。

8.6.2　静的光散乱（SLS）

分子に電磁波が照射されると，分子中の電子が電磁波の振動数と同じ振動数で振動する．電磁気学によれば，振動する電荷は電磁波を生じる（図 8·7a）。この場合のように，入射波の振動数と散乱波の振動数が等しい散乱は**レイリー（Rayleigh）散乱**とよばれる。散乱光強度を I とすると，

$$\frac{I}{I_0} = \frac{V(1+\cos^2 2\theta)}{r^2}KMc \tag{8-30}$$

と表される。ただし I_0 は入射光の強度，V は散乱容積，θ は散乱角，r は散乱容積から検出器までの距離，M は分子量，c は分子の重量濃度である。

分子量が数万以下の分子量のタンパク質からの散乱波の強度は，散乱波の散乱角に依存しない。したがって，たとえば，散乱角 90 度，すなわち，入射光線と直角の方向で観測すればよい。

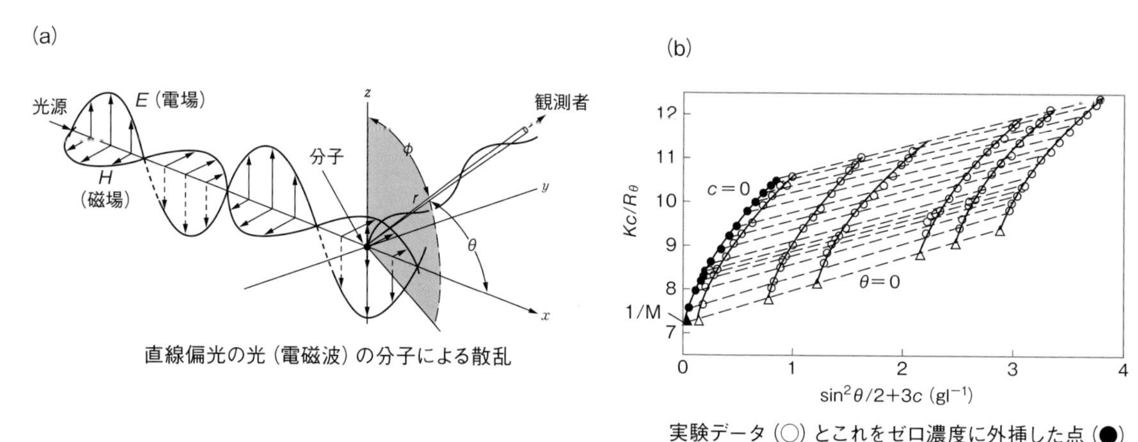

図8·7　光散乱法（a）とジムプロット（b）

$$K = \frac{2n^2 n_0^{\,2}}{N_0 \lambda^4}\left(\frac{dn}{dc}\right)^2 \qquad \text{(8-31)}$$

ここで，n_0は純粋な溶媒の屈折率，nは溶液の屈折率，λは測定に用いる光の波長である。この式からわかるように，散乱波の強度は波長の4乗に反比例する。また，この式から，屈折率の濃度依存性を求める必要があることがわかるが，タンパク質，核酸，糖など物質によって屈折率の濃度依存性（dn/dc）が異なり，タンパク質に限るとその種類には大きく依存しないので，しばしば$dn/dc \simeq 0.186$ g^{-1} mLの値が用いられる。分子量が小さい場合には誤差が大きいことが知られており，実際に測定することが望まれる。

（8-30）式を$V(1+\cos^2 2\theta)/r^2$で割ってR_θを定義すると，下式のようになる。

$$R_\theta = \frac{r^2}{V(1+\cos^2 2\theta)} \frac{I}{I_0} \qquad \text{(8-32)}$$

これは**レイリー比**（Rayleigh比）とよばれ，以下これを散乱強度として用いる。

以上は，タンパク質の大きさが測定する光の波長に比べて小さい場合で，タンパク質の大きさが波長と同程度かそれより大きくなると散乱角に依存するようになる。すなわち，

$$R_\theta = KMc\left(1 - \frac{16\pi^2 R_G^{\,2} \sin^2\theta}{3\lambda^2}\right) \qquad \text{(8-33)}$$

ここで，R_Gはタンパク質分子の回転半径で，

$$R_G{}^2 = \frac{1}{(n+1)^2} \sum_{i<j} r_{ij}{}^2 \tag{8-34}$$

で定義される。(8-33) 式から濃度 c を無限希釈したときの式は，

$$\lim_{c\to 0} \frac{Kc}{R_\theta} = \frac{1}{M}\left(1 + \frac{16\pi^2 R_G{}^2 \sin^2\theta}{3\lambda^2}\right) \tag{8-35}$$

で，(8-35) 式は，**ジムプロット (Zimm plot)** の基になるものである（図 8·7 b)。濃度 c と散乱角 θ を 0 に外挿することによって分子量 M が求められる。この場合，(8-32) 式から，濃度 0 における傾きから回転半径 R_G が求められる。分子量と回転半径が求められると，分子を回転楕円体に近似したときの軸比を求めることができる。

超遠心分析と光散乱はいずれも，元来分子量を求めることを目的として開発されたが，この 2 つの測定機器を比べると，大きな違いは，超遠心分析機が分離と分析を 1 つの機器で行うものであるのに対して，光散乱測定器はそれ自体には分離する機能がないことである。他方，ゲルろ過（SEC ＝サイズ排除クロマトグラフィー）や FFF（フィールドフローフラクショネーション）を光散乱装置の上流に接続した SEC-MALS や FFF-MALS（MALS ＝多角度光散乱検出器）が多く用いられるようになった。1990 年以前の光散乱装置では，散乱光検出器を試料セル

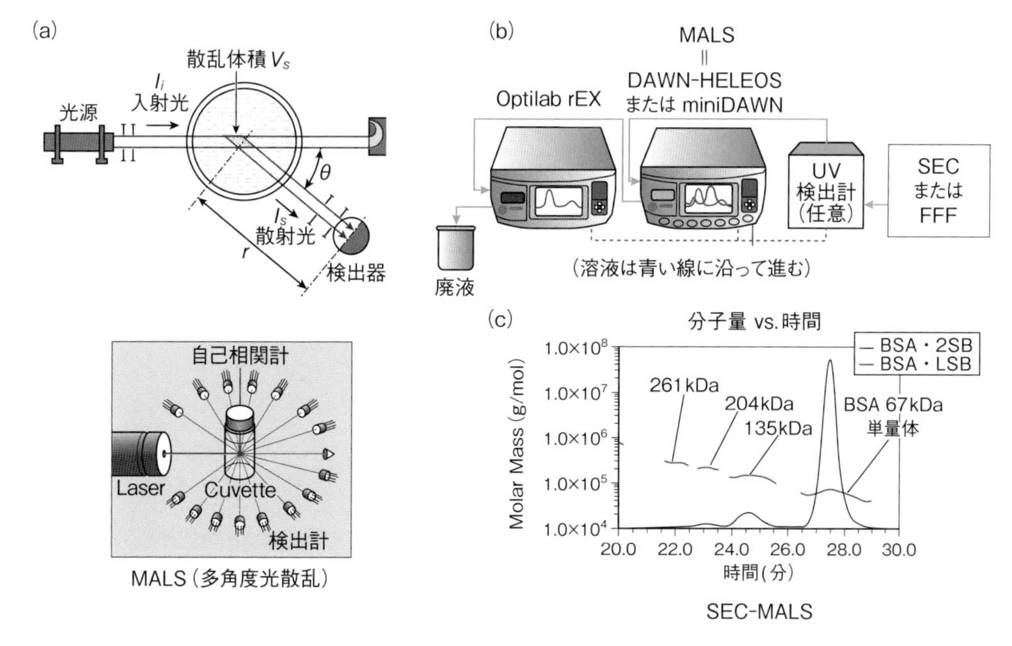

図 8·8 ①　SEC-MALS と FFF-MALS
a：光散乱の原理。b：装置の概要。c：溶出時間に対して，吸光度と，散乱光強度から算出した分子量がプロットしてある。

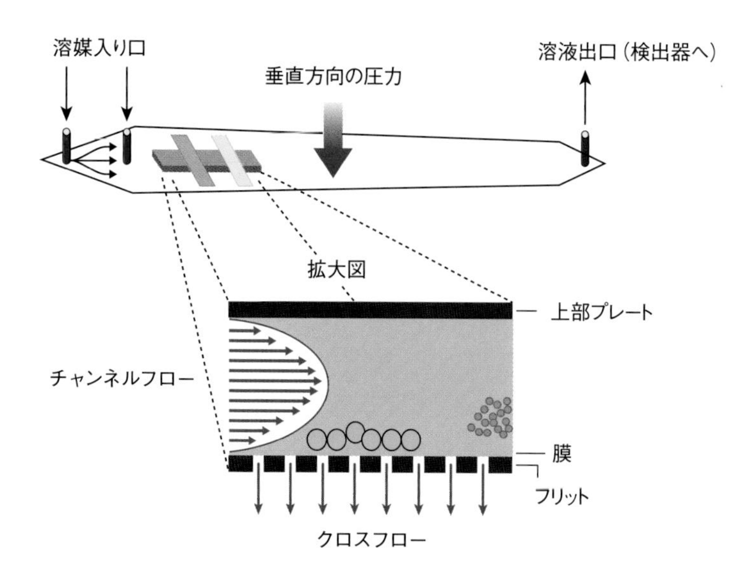

図8·8②　FFF（フィールドフローフラクショネーション）
非対称フローFFFによる粒子の分離；上部の壁は不透過性，下部は半透膜である。（Yohannes *et al.*, 2011）

の周りで回転させて散乱光強度の角度依存性を測定したが，MALSは複数の角度に光検出器を設置したもので，この新しい装置によって，測定が非常に容易になった（図8·8①）。超遠心分析機も，1950年頃から使われていたModel Eに代わって1990年頃に新しい型の機器が市販され，一般の生化学の研究者にも容易に使用できるものとなった。なお，FFFでは，2枚の板に挟まれた狭い領域を通すことによって，粒子は大きさによって分離され，小さなものから溶出する（図8·8②）。

8.6.3　動的光散乱（DLS）

大きな分子からの散乱強度は，分子のブラウン運動のために時間的にゆらいでいる。動的光散乱（準弾性散乱ともいう）では，散乱光のゆらぎの自己相関関数$g(\tau)$を測定することができる。$g(\tau)$は分子の並進の拡散係数D_Tと以下の関係にある：

$$g(\tau) = 1 + \beta \exp(-2 \cdot D_T \cdot q^2 \tau) \tag{8-36}$$

ここで，$q = \dfrac{4\pi n_0}{\lambda_0} \sin\dfrac{\theta}{2}$，$\tau$は相関時間である。

（8-36）式を用いて得られる拡散係数D_Tと沈降速度法から得られる沈降係数sを組み合わせると，スベドベリの式（8-22）から分子量が求められる。また，並進の拡散係数から，次式を用いて流体力学的半径（ストークス半径）を求めることができる：

$$D_t = \frac{kT}{6\pi\eta R_h} \tag{8-37}$$

ηは溶液の粘度，R_hは流体力学的半径である。不均一な系では粒径分布が得られる。

8.6.4　X線小角散乱（SAXS）

X線小角散乱は，原理的には光散乱と同じ電磁波の散乱である。ただし，波長

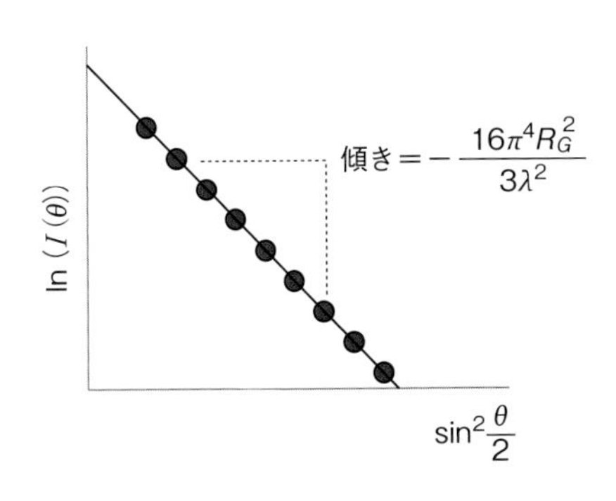

図 8·9　X 線小角散乱 - ギニエプロット

がずっと短いために，分子量の比較的小さなタンパク質でも角度依存性が生じる。X 線小角散乱では，分子量とは独立に回転半径 R_G が求まる。そのためにギニエプロット（**Guinier plot**；図 8·9）を用いる：

$$\ln\frac{I(\theta)}{I(0)} = -\frac{16\pi^4 R_G^2 \sin^2\dfrac{\theta}{2}}{3\lambda^2} \tag{8-38}$$

さらに，広角の情報を取り入れることによって，ある程度の内部構造・形状に関する情報が得られる。

8.6.5　表面プラズモン共鳴法（SPR）

表面プラズモン共鳴法は比較的新しい方法で，適当な角度で全反射する光の反射面からしみ出すエバネッセント波と，その反射面に接する金属薄膜内の電子のプラズマ波（表面プラズモン）が共鳴することを利用して，金属表面の屈折率の変化を観測する。金属薄膜に固定したリガンドにタンパク質が結合すると，その部分の屈折率が変化し，その結果共鳴することによって反射光の強度が減少する角度が変化する。図 8·10a に装置，図 8·10b にデータの一例を示してある。結合相，解離相を最小自乗法でフィッティングすることによって結合の速度定数（k_1）と解離の速度定数（k_{-1}）が得られ，したがって，平衡定数も得られる。とくに，膜に存在する受容体にリガンドが結合する系などに向いているが，溶液中

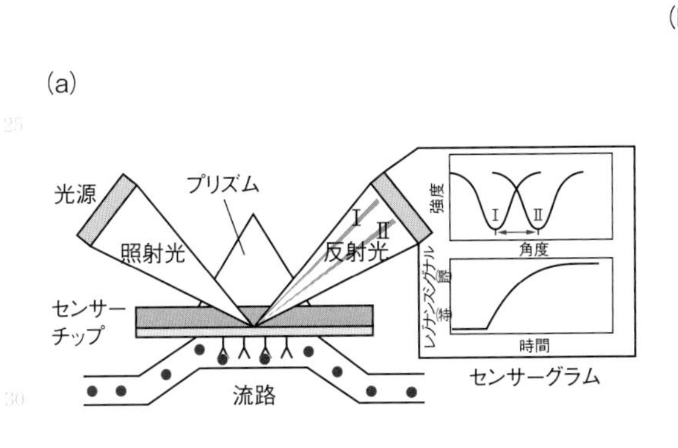

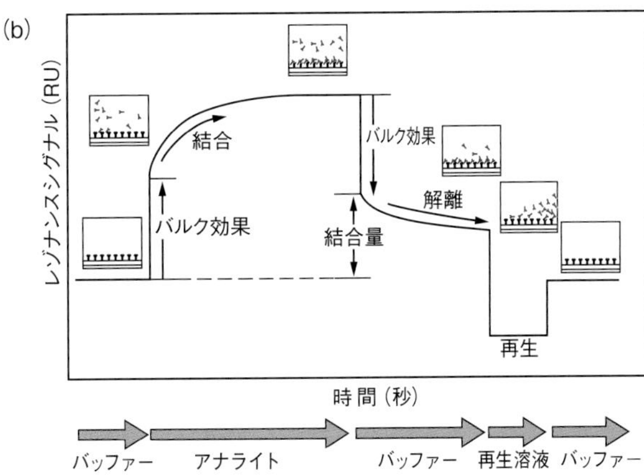

図 8·10　表面プラズモン共鳴法
a：装置，b：測定例。バルク効果：試料溶液と溶媒の密度の違いによって生じる SPR の応答。アナライト：結合を測定する対象のリガンド（橋本せつ子・森本香織，2009）

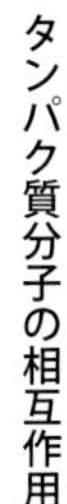

のタンパク質間の相互作用を，片方のタンパク質を金属面に固定することによって測定することも行われており，種々の固定化法が利用できるようになっている。

8.6.6　等温滴定型カロリメトリー（ITC）

カロリメトリーでは，反応のエンタルピー変化 ΔH を直接測定することができる。等温滴定型カロリメーターでは，断熱材で囲まれたセル内の溶液に外から少量ずつ結合するリガンドを注入して混合する。リガンドは低分子でも高分子でもよい。図8·11a に装置，図8·11b に実験データを示してある。右図上①がタンパク質溶液にリガンドを加えていったときに得られる反応熱をプロットしたグラフである。この熱量には希釈熱も含まれている。①から，タンパク質の存在しない同じ低濃度の緩衝液にリガンドを注入したときの溶媒との相互作用も含めた希釈熱を差し引くことによって，右図下②の，タンパク質とリガンドの相互作用に基づくエンタルピー ΔH が得られる。この図から結合の平衡定数も得られるので，ΔG，ΔS も求めることができる。

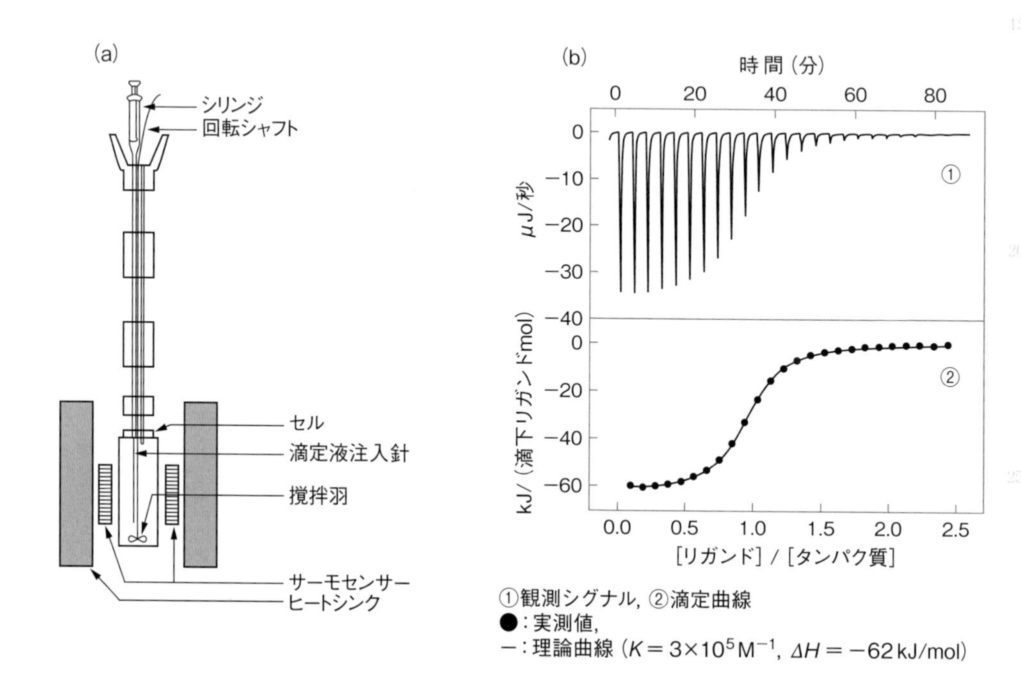

図8·11　等温滴定型微小カロリメトリー
a：装置，b：測定例。(Micro Cal のカタログより)

9章 消化酵素・細胞内プロテアーゼ・エネルギー依存性タンパク質分解システム

ワトソン（Watson, J.D.）とクリック（Crick, F.H.C.）によってDNAの構造が発見されたのは1953年であり，この年をもって分子生物学が創始されたとされている。続いて1958年にクリックによって提唱されたセントラルドグマ（図1·4参照）は，遺伝子のもつ塩基配列の情報はmRNAを介してタンパク質のアミノ酸配列に翻訳されることを示している。分子生物学はその後，驚異的な発展を遂げたが，タンパク質に関しては，研究者の目は長らくその生合成や構造・機能相関に向けられ，タンパク質の分解がこの分野の中心として注目されることはなかった。

さて，ヒトは栄養として，一日に70gのタンパク質を摂取している。他方，体内では1日250gのタンパク質が生合成され，同量のタンパク質が分解されている（図9·1）。食餌として摂取したタンパク質は胃，十二指腸，小腸でアミノ酸に分解され，吸収される。

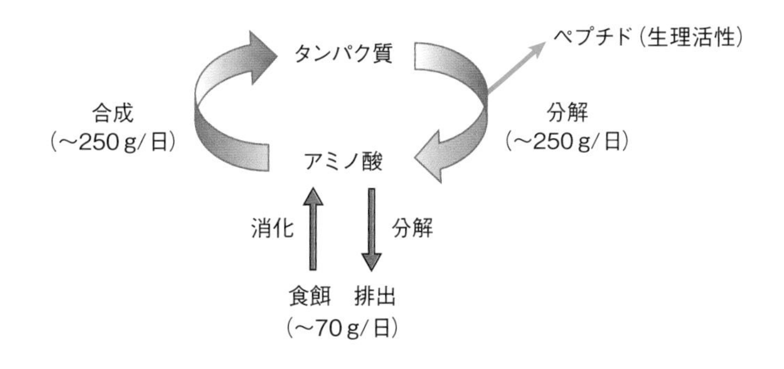

図9·1　成人の1日当たりのタンパク質代謝

9.1　消化酵素 —細胞外プロテアーゼ—

食餌として摂取したタンパク質は，胃では酸性プロテアーゼであるペプシン，十二指腸ではすい臓から分泌されるキモトリプシンやトリプシンなどによってアミノ酸まで分解され，小腸で吸収される。吸収されたアミノ酸は血流に乗って体内の組織に運ばれ，組織が必要とするタンパク質が合成される。

消化器の分泌酵素は，N末端に分泌のためのシグナル配列と，必要な場所に届くまで活性を抑制するプロペプチドがついた前駆体（プレプロ体）として合成される。たとえば，キモトリプシンの場合，すい臓細胞の粗面小胞体で合成され，小胞体内でシグナルペプチダーゼによってシグナルペプチドを切断されたキモトリプシノーゲン（プロ体）は，十二指腸で分泌された後，ペプチダーゼによって15番目のアルギニンと16番目のイソロイシンの間が切断され，活性のあるπ-キモトリプシンとなる。その後，自己分解により，2個のジペプチド（Ser-Arg, Thr-Asn）が除去され，α-キモトリプシンとなる（図9･2）。

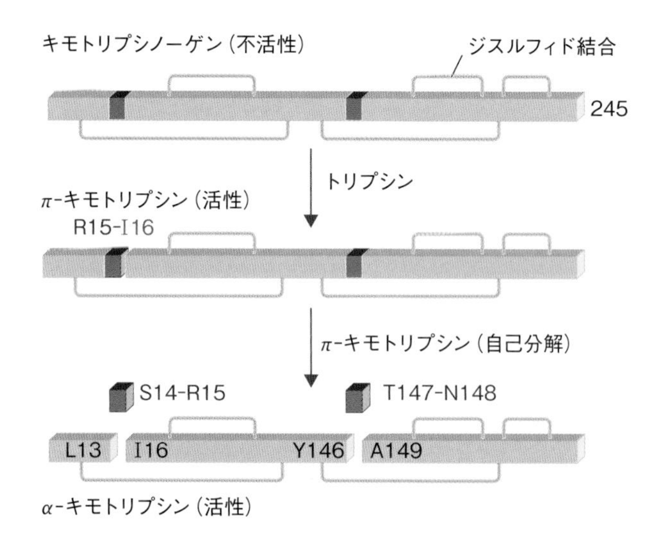

図9･2　プロテアーゼ前駆体
（Campbell, 1999より改変）

酵素の研究の歴史はタンパク質よりも古く，イタリアのスパランツァーニ（Spallanzani, L.）はすでに1783年，ひもで縛った肉片を犬に飲み込ませてからしばらくして肉片を取り出してみると，溶けていることを見いだしている。またロシアのキルヒホッフ（Kirchhoff, G. S. C.）は1814年に，麦芽抽出液がデンプンを糖化する作用があることを見いだした。初めて酵素を単離（部分精製）したのはペイアン（Payen, A.）とペルソ（Persoz, J. F.）で1833年のことである。彼らは大麦の粒からデンプンを分解する酵素を抽出し，これをジアスターゼ（diastase）と命名した（現在ではアミラーゼとも称される）。1936年にはシュワン（Schwann, T.）が胃液からペプシンを発見している。ちょうどこの頃，ベルセリウス（Berzelius, J. J.）は酵素の働きを分子内の原子の再配置として説明し，酵素の科学的概念を発展させた。

キューネ（Kühne, W.F.）は1867年に，すい臓からタンパク質分解酵素トリプシンを単離した。酵素という名前を最初に提案したのが，このキューネである。酵素（enzyme）という名前は，「酵母の中」という意味をもつ言葉に由来している。それは，パンやぶどう酒が酵母の発酵によるところから来ているのであろう。しかしこの時点でも，酵素の化学的本体が何であるかについては，熱で失活すること以外にはまったくわかっていなかった。

20世紀を迎えると酵素の化学反応速度や反応機構も研究され，1913年にいわゆるミカエリス・メンテン型反応の速度論が定式化されている。しかし，ミカエリス・メンテン（Michaelis-Menten）の速度論が確立した当時は，酵素がタンパク質であるとは考えられていなかった。酵素がタンパク質であることが明らかになったのは，1926年にサムナー（Sumner, J.B.）が，なた豆ウレアーゼの結晶化に成功したときであった。今日ではタンパク質の結晶化といえば，X線結晶構造解析が目的であるが，当時はX線結晶構造解析でタンパク質の立体構造が決定されるとはとても考えられなかった。タンパク質の立体構造（原子構造）が初めて決定されたのは1958年のことで，ケンドルー（Kendrew, J.C）によるミオグロビン，ペルーツ（Perutz, M.F.）によるヘモグロビンの構造解析が最初である。ちなみに，1926年という年は，スベドベリ（Svedberg, T.）が最初にヘモグロビンの分子量を超遠心分析で決定してから2年後である。

こうして，古くから存在が知られ，反応機構も研究されながら，化学物質としての実体が何であるかわからなかった酵素が，タンパク質であることがやっとわかったのである。その後，1930年のノースロップ（Northrop, J.H.）によるペプシンの結晶化に引き続いて，トリプシノーゲン，キモトリプシンなどが次々と結晶化されていった。

生体内の反応はほぼすべてが酵素によって触媒されている。反応で酵素と結びついて変化を受ける物質を**基質**（substrate），変化を受けて生じた物質を**産物**（product）とよぶ。すべての酵素はそれぞれ特異的な基質に結合する。酵素による反応が，有機化学で用いられる無機の触媒と異なる点は，反応が高度に特異的である点と，副産物が生じない点である。

生体内で起こる酵素反応は千差万別だが，ここではタンパク質分解酵素（プロテアーゼ）に限って話を進める。プロテアーゼは大きく分けて4種類に分類される（表9·1）。セリン，ヒスチジン，アスパラギン酸の三残基（triad）を活性部位にもつセリン・プロテアーゼ，システインのチオヒドロキシ基（SH基）を活性部位にもつチオール・プロテアーゼ，金属イオンを要求するメタロ・プロテアーゼ，酸性領域で機能する酸性プロテアーゼである。

表9·1　プロテアーゼの反応機構による分類

グループ	阻害剤	最適 pH	由来
セリン・プロテアーゼ	DFP	8～10 (4)*	膵臓（トリプシン，キモトリプシン，エラスターゼ），血清（トロンビン，プラスミン），微生物（サブチリシン，酸性カルボキシペプチダーゼ）
チオール・プロテアーゼ	PCMB	7～8 (4～8)**	動物組織(カテプシン類)，植物(パパイン，ブロメリン，フィチン)，微生物(クロストリピン)
メタロ・プロテアーゼ	EDTA	7～9	膵臓(カルボキシペプチダーゼ A, B)，腎臓(ロイシンアミノペプチダーゼ)，微生物(サーモライシン，コラゲナーゼ)，蛇毒
酸性プロテアーゼ	DAN***	2～4	胃(ペプシン，レンニン)，微生物(ペニシロペプシン)

*カビ酸性カルボキシペプチダーゼ，staphylococcal プロテイナーゼ，**カテプシン類

*** DAN：diazoacetyl-DL-norleucine methyl ester

酵素はまた，タンパク質の末端アミノ酸を切断するエキソペプチダーゼと，ポリペプチド鎖の途中を切断するエンドペプチダーゼの２つの群に分類することもできる。

細胞外プロテアーゼには血液凝固系のプロテアーゼ群なども含まれるが，ここではそれらについては述べない。

プロテアーゼの基質特異性は様々で，特異性も高いものから低いものまである

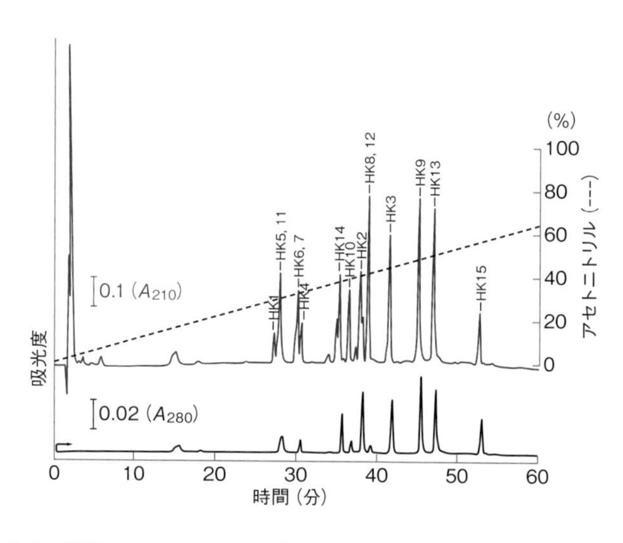

図9·3　逆相 HPLC によるペプチド分離の例

ハプトグロビンのリシルエンドペプチダーゼ消化断片の分離。210 nm の吸収で全ペプチド，280 nm の吸収で Trp および Tyr を含むペプチドが観測される。HK：ハプトグロビンのリシンの C 末端側で切断された断片。(提供：青森大学　熊崎 隆氏)

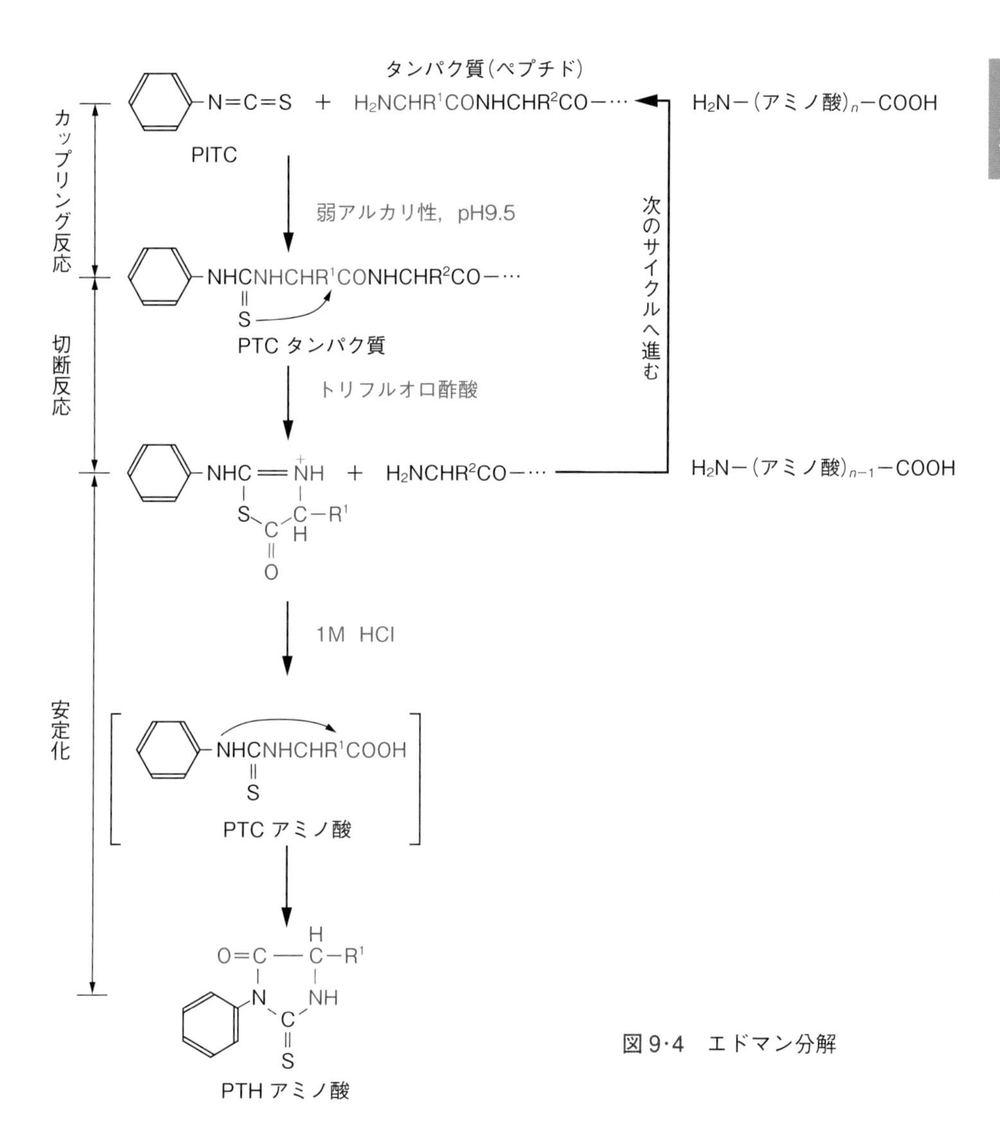

図 9·4 エドマン分解

が，タンパク質のアミノ酸配列決定のためには，とくに基質特異性の高いプロテアーゼで断片化して各断片を分離し（HPLC = 高速液体クロマトグラフィー；図 9·3），各断片についてエドマン分解を行う（図 9·4）。そのときの断片化にはトリプシン，V8 プロテアーゼなどのような基質特異性の高いプロテアーゼが用いられる。各断片の順序を決定するためには少なくとも 2 種類の，それぞれが互いの切断部位を含むような断片を生じるプロテアーゼで断片化する必要がある。このように，プロテアーゼは一次構造決定の試薬として用いられることがある。表 9·2 によく用いられるプロテアーゼの基質特異性を示した。

表9·2　プロテアーゼの基質特異性

$$
\text{N末端}\cdots\cdots-\underset{\mathrm{H}}{\underset{|}{\mathrm{N}}}-\overset{\mathrm{R_1}}{\overset{|}{\underset{\mathrm{H}}{\underset{|}{\mathrm{C}}}}}-\overset{\mathrm{O}}{\overset{\|}{\mathrm{C}}}\blacktriangledown\!\!-\underset{\mathrm{H}}{\underset{|}{\mathrm{N}}}-\overset{\mathrm{R_2}}{\overset{|}{\underset{\mathrm{H}}{\underset{|}{\mathrm{C}}}}}-\overset{\mathrm{O}}{\overset{\|}{\mathrm{C}}}-\cdots\cdots\text{C末端}
$$

酵素	特異性
トリプシン	R_1 = Lys, Arg
キモトリプシン	R_1 = Tyr, Phe, Leu, Ile, Val, Trp
ペプシン	R_1 = Phe, Leu, その他
トロンビン	R_1 = Arg
パパイン	R_1 = Arg, Lys, Phe-X（Pheの隣の残基のC末端側）
ブロメライン	R_1 = Lys, Ala, Tyr, Gly
サーモリシン	R_2 = キモトリプシンと同じ残基（高温で切断できる）
サブチリシン	基質特異性は低い
カルボキシペプチダーゼA	R_2 = C末端アミノ酸

9.2　セリンプロテアーゼの反応機構

酵素の例としてセリンプロテアーゼの1つ キモトリプシンを取り上げ，活性部位の原子構造をもとにして反応機構を調べてみる（図9·5）。キモトリプシンは，主として芳香族アミノ酸のC末端側で切断するエンドペプチダーゼである。キモトリプシンの活性部位には3つの重要な残基があって，三つ組（トライアド）とよばれている。すなわち，Ser 195（195番目のセリン残基），His 57，Asp 102である。

活性部位に隣接して，疎水性ポケットとよばれる基質認識部位がある。酵素は疎水性ポケットで芳香族アミノ酸残基（図ではフェニルアラニン）を認識して，非共有結合で基質のタンパク質を結合する。すると，セリンの水素原子がヒスチジンに渡され，酸素原子は基質のカルボニルの炭素原子と結合し，もともと平面構造を取っていたペプチド結合をゆがめて四面体構造を取らせ，遷移状態を形成する。その結果，ペプチド結合は切断されてC末端側ペプチドは遊離し，N末端側ペプチドはセリンに結合してアシル酵素を生成する。

これまでがアシル化段階，以降が脱アシル化段階で，脱離したC末端側ペプチドに代わってヒスチジンに水分子が結合し，水素原子をヒスチジンに渡すと共に，OH^-をN末端側ペプチドに転移して同ペプチドを遊離させる。こうしてポリペプチドの切断を完了する。アスパラギン酸は，一貫して負の電荷によって，イミダゾール環の水素原子の付加を安定化していると考えられる。

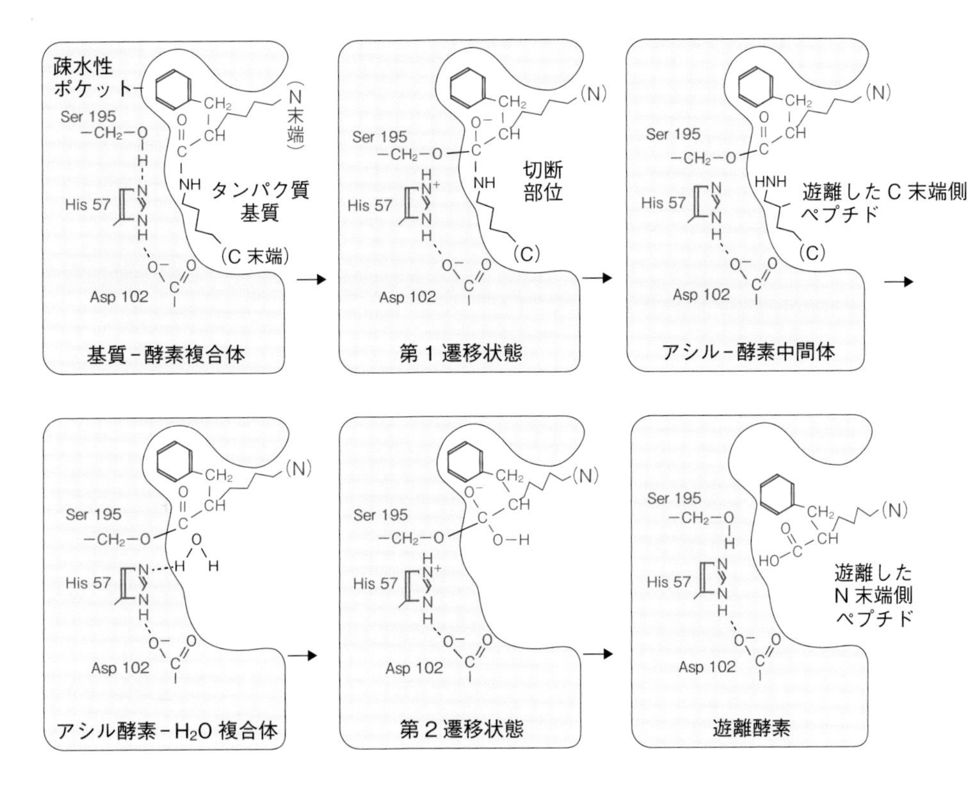

図9·5　キモトリプシンの反応機構
詳細は本文参照

9.3　細胞内プロテアーゼ

1964年にラットの脳から単離されたカルパインは，非リソソーム系の細胞内システインプロテアーゼで，アポトーシスや細胞周期に関与しているほか，血液凝固に関与しているが，まだ不明の点も多い。カルパインは，Ca^{2+}依存的に基質の限定的な分解を行う「モジュレータ・プロテアーゼ」として知られ，ユビキチン-プロテアソーム系（次節）やオートファジー-リソソーム系（9.5節）との関連も報告されている。15種類以上が知られているが，大きく分けて，μ-カルパイン（10^{-4}～10^{-6}M Ca^{2+}で機能）とm-カルパイン（10^{-3}M Ca^{2+}で機能）がある。

カテプシンはリソソームに存在する酸性プロテアーゼの総称で，活性部位も基質特異性も異なるものが含まれ，15種類が知られている。

9.4　ユビキチン化とプロテアソーム

図9·1に示したように，食餌として摂取するタンパク質を分解して生じるアミノ酸とは別に，体内では日ごとに250グラムのタンパク質が分解され，同量の新

しいタンパク質が合成されている。このように，タンパク質がきわめて動的なリサイクルシステムを構成していることは，すでに1942年にシェーンハイマー（Schoenheimer, R.）によって述べられている。

これを実験的に証明したのはシンプソン（Simpson, M. V.）で，1953年のことであった。シンプソンは，タンパク質分解には代謝エネルギーが必要と報告しており，これが後々重要となるが，必ずしも当時のこの分野の研究者全体には受け入れられなかったようである。1953年といえば，ワトソンとクリックによってDNAの立体構造が明らかにされた年である。しかし，タンパク質の動的リサイクルについては大きな注目を浴びることはなく，彼が提案したタンパク質のエネルギー依存性分解も忘れ去られることになった。

しかし，1977年にはゴールドバーグ（Goldberg, A. L.）により，網状赤血球（reticulocyte）の抽出液では，ATP添加によってタンパク質分解が著しく促進されることが報告され，エネルギー依存性のタンパク質分解システムが再び注目を集めた。1978年にハーシュコ（Hershko, A.）とチカノーバー（Ciechanover, A.）が，ATP依存性タンパク質分解系に注目して，陰イオン交換体に結合しない画分（I）から熱安定性のAPF1タンパク質を見いだした。これは後にユビキチンであることがわかり，ATPは分解されるタンパク質をポリユビキチン化する段階で使われることが明らかになった。

ポリユビキチン化されたタンパク質は速やかに分解されるが，ユビキチン化されたタンパク質を分解するプロテアーゼが明らかになったのは，田中らによって，陰イオン交換の分画（II）から20Sプロテアソーム（触媒粒子）に続いて，20Sプロテアソームの両端に19Sプロテアソーム（制御粒子）が結合した26Sプロテアソームが発見されたときで，2009年のことだった（Saeki, Y. *et al.*, 2009）（図5·4参照）。

26Sプロテアソームは総分子量250万，総サブユニット数66個の巨大分子である。20Sプロテアソームは，7つのサブユニットからなるαリングとβリングが4つ縦走して形成されている（$\alpha\beta\beta\alpha$の二十八量体）。19S制御粒子はLid（蓋部）とBase（基底部）から構成されており，基底部には6種のAAA型ATPaseがあって，ATPの加水分解のエネルギーを使ってタンパク質をアンフォールド（変性）させ，変性したタンパク質がαリングを通ってβリングまで到達する作用を果たしていることがわかった。

その後，プロテアソームの多様性が見いだされていく中で発見された免疫プロテアソームは，抗原提示細胞の表面に，産生されるべき抗体の抗原として，免疫プロテアソームによって切断されたペプチドを細胞表面に提示する。

9.5　オートファジー（自食作用）

オートファジーは，細胞が自身の一部をリソソームで分解する現象である。大隅良典はオートファジーについて長年研究を行い，1994年には14種類のオートファジーに必須のAtgタンパク質を同定した。現在までに18種類のタンパク質が同定されている。このうちAtg13は，C末端に長い天然変性領域をもち，その部分にTORC1という酵素が複数の箇所をリン酸化してオートファジーを抑制しているが（図9·6①），飢餓状態になると，脱リン酸が起こる（図9·6②）。その結果，Atg17が結合し，さらにAtg1，Atg29，Atg30が結合して複合体を形成する。この複合体の表面に出ているAtg13にAtg9小胞が多数結合して（図9·6③），分解されるべきミトコンドリア，タンパク質凝集体などを取り込んだオー

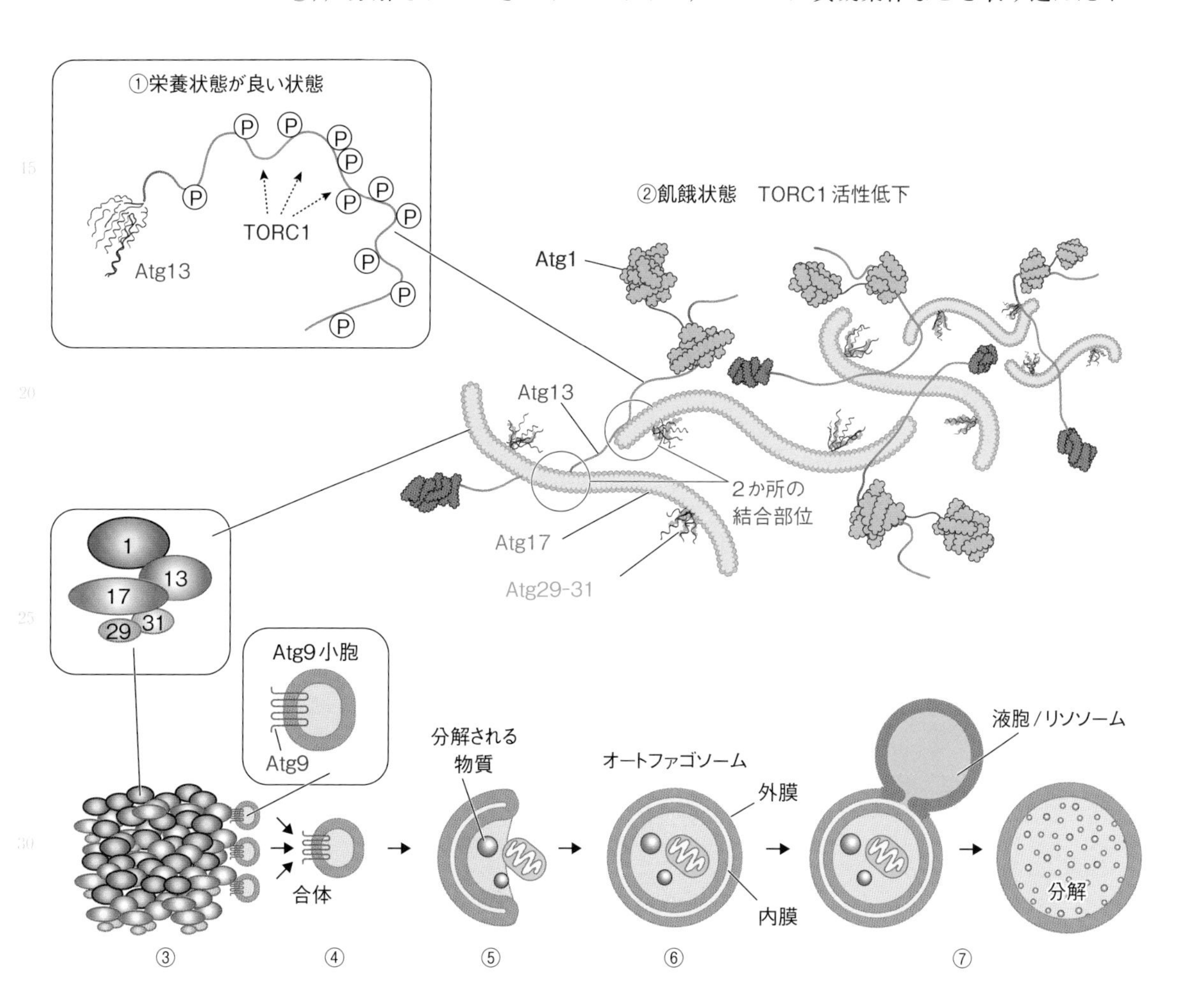

図9·6　オートファジーが始まる仕組み
（野田展生, Spring-8 NEWS 90号（2017）より。提供:（公財）高輝度光科学研究センター）

トファゴソームが形成される（図9·6④～⑥）。

オートファゴソームは内膜と外膜をもち，外膜が液胞／リソソームと融合することによって内容物は分解される（図9·6⑦）。オートファジーは発生・分化，老化，免疫など多くの生理作用に関係し，また，発がん，神経変性疾患，心不全，腎症など，多くの重要疾患と関連していることが明らかになっている。

オートファジー機構解明の業績によって，大隅良典教授は2016年度のノーベル生理学・医学賞を受賞した。

10章 超分子タンパク質集合体

オリゴマータンパク質については5章で述べた。生体内にはオリゴマータンパク質よりさらに大きな「超分子」とよばれる構造体が数多く存在する。超分子の定量的な定義は難しいが，ここでは，「超分子」とは，電子顕微鏡で容易に観察できる程度の大きさの分子集合体・複合体と考えておく。これまでに，リボソームやスプライソソームなどヘテロなサブユニットからなる大きな集合体としての超分子は見てきたが，ここでは1種類またはごく少数の種類のサブユニットからなるホモポリマーを考える。

超分子は，大きく分けて線状集合体と球殻集合体に分けて考えることができる。まず，線状集合体を考える。なお，超分子を構成する単位であるサブユニットをプロトマーとよぶ。1種類のサブユニットから構成される超分子では，プロトマーはサブユニットと同義であるが，微小管のように，$\alpha\beta$ ヘテロ二量体（ダイマー）が単位になって超分子を構成する場合には，$\alpha\beta$ 二量体がプロトマーである。

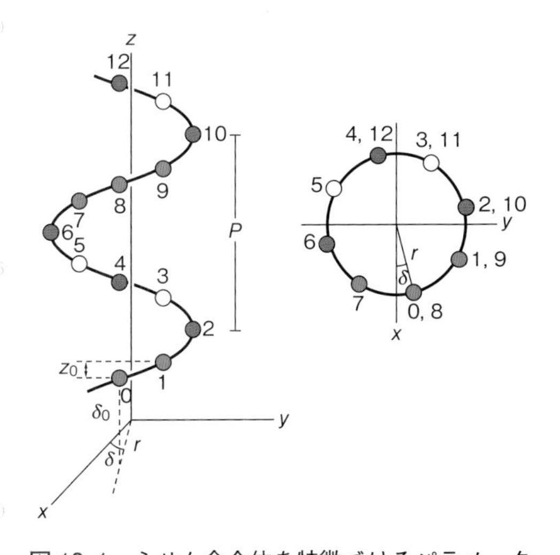

図10·1　らせん会合体を特徴づけるパラメータ
1プロトマー当たりの進みを z_0 とすると，P/z_0 は，ピッチ当たりのプロトマーの数を表す。らせんには右巻きと左巻きがあるが，図は右巻きを示す。筋肉のアクチン線維は，P = 36 nm，r = 1.7 nm で，ピッチ当たり13プロトマーのらせんが2本（スターツ = 2）寄り合わさったものである。

10.1　線状（らせん）集合体の構造

図10·1にらせん会合体が図示されている。プロトマータンパク質の形成する最も基本的な形は「らせん」である。今，1本のらせん会合体を考えると，らせんは，

1）ピッチ（周期）　P

2）らせんによって形作られる円筒の半径　r

3）1周期内に含まれるプロトマーの数　P/z_0

で特徴づけられる。

らせんが最も基本的で一般的であるという理由は，閉じた輪はピッチ（P）が0のらせん，直線状の重合体は半径（r）が0のらせんと見なすことができるからである。

もう1つのらせん集合体を規定するパラメータはスターツ（starts）で，何本のらせんがより合わさって集合しているかを表す。n スターツであるとすると，

1つのプロトマーを含むらせん軸に垂直な平面で切ったとき，その平面内には n 個のプロトマーが存在することになる。アクチンは2スターツ，微小管は13スターツ（11～16），細菌べん毛（フラジェラ）は11スターツ，TMV（タバコモザイクウイルス）は16スターツである（図10·2）。

線状会合体を形成するタンパク質の結晶構造のデータは少なかったが，G-アクチン（単量体アクチン）やチューブリン $\alpha\beta$ ダイマーの結晶構造が報告されている。

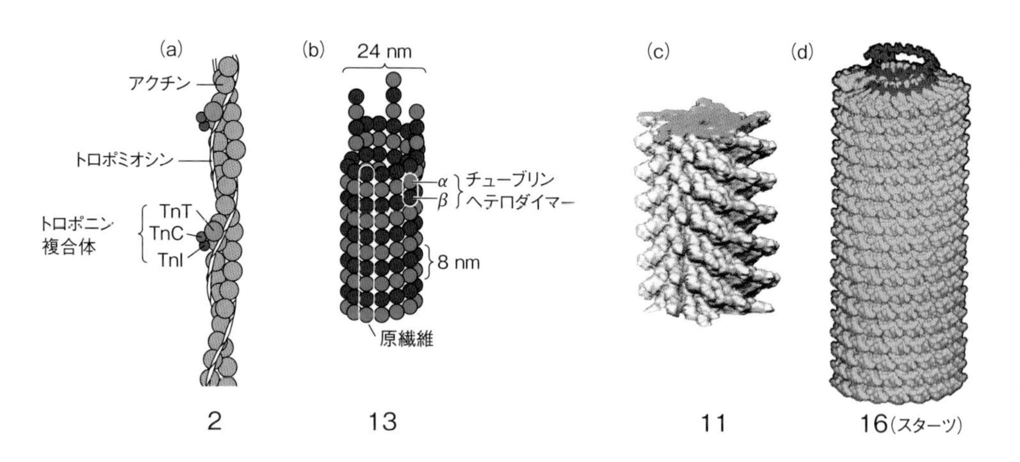

図10·2　らせん会合体タンパク質の例
a：F-アクチン，b：微小管，c：細菌べん毛，d：TMV（タバコモザイクウイルス）

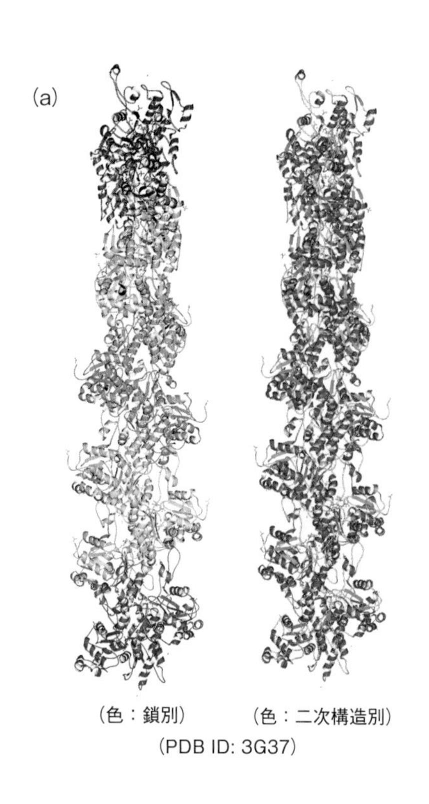

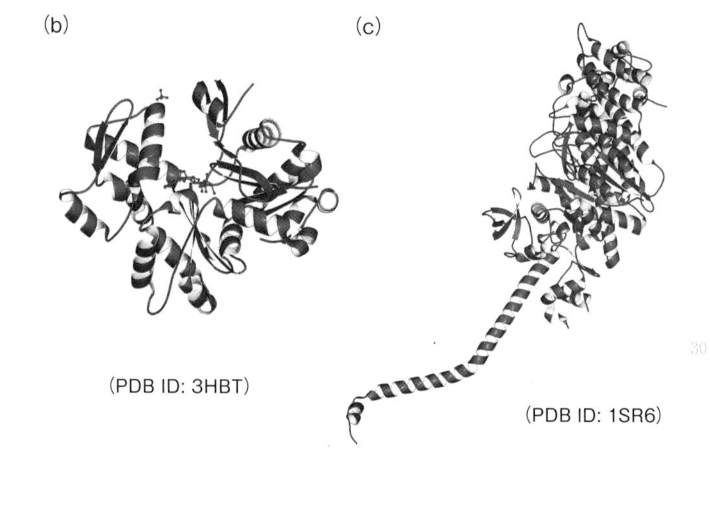

図10·3　アクチンとミオシンの立体構造
a：F-アクチン，b：G-アクチン，c：ミオシン頭部（S1）

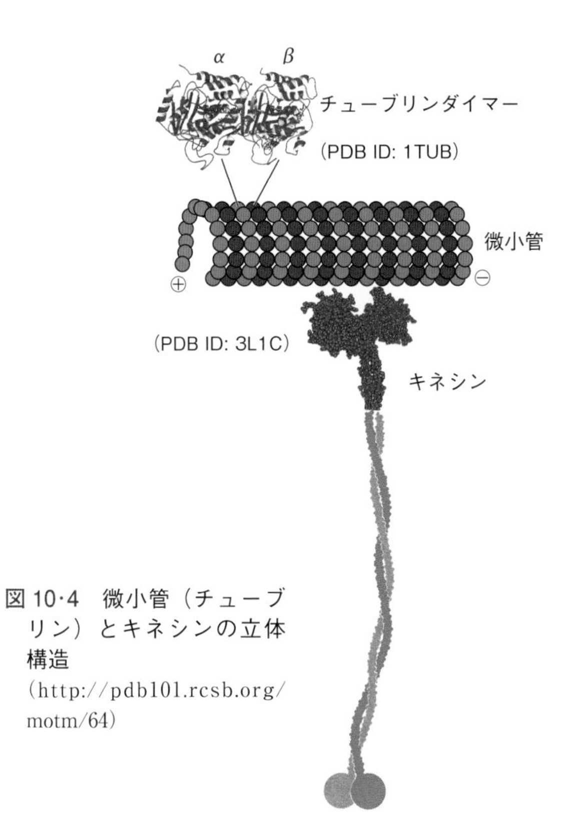

図 10･4　微小管（チューブリン）とキネシンの立体構造
（http://pdb101.rcsb.org/motm/64）

この構造を，電子顕微鏡画像からの三次元像再構成の低分解能イメージと重ね合わせることによって，F-アクチンの三次元構造が提案された（図 10･3a）。ミオシン頭部の構造（図 10･3c）も決定されており，現在，アクチンとミオシンの相互作用に基づく収縮メカニズムの解明が急速に進んでいる。

タバコモザイクウイルス（TMV）の原子レベルの立体構造は難波らによって報告された。これは X 線繊維図形（X-ray fiber diagram）から原子座標が決定された初めての例で，0.29 nm の分解能で構造が決定された（図 10･5）。

サブユニットは主として半径方向に走る 4 本の α ヘリックスからなっており，ピッチは 2.3 nm，16 ～ 17 サブユニットで 1 回転する。TMV は 34 個のサブユニットからなるディスクをイニシエーターとして，これに TMV RNA の特定の部位が結合し，サブユニットの会合に先立ってディスクから らせんへの転移が起こると考えられている。ディスクの構造も決定されているので，ディスクから らせんへの構造転移も，ヘモグロビンのアロステリック転移の場合と同様にサブユニット間のすべりとして原子レベルで理解できるようになった。

α ヘリックスがねじれあってできる超らせんは，二量体だけでなく，オリゴマーにも見られる。この場合，α ヘリックスの鎖の数が 2 本になるか（二量体），3 本になるか（三量体），あるいは 4 本になるか（四量体）について経験則が得られている（表 2･1 参照）。

(a)

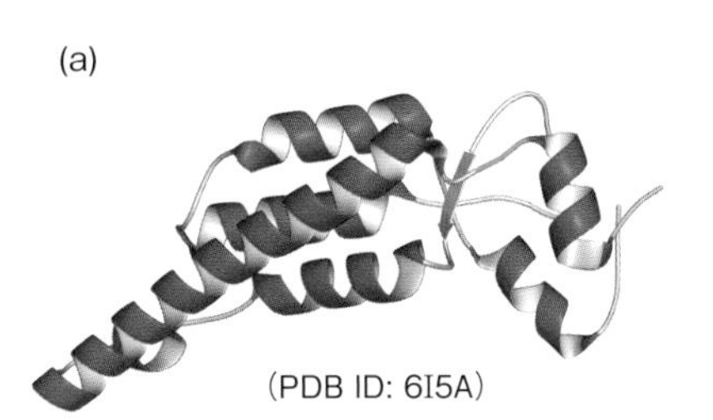

(b)

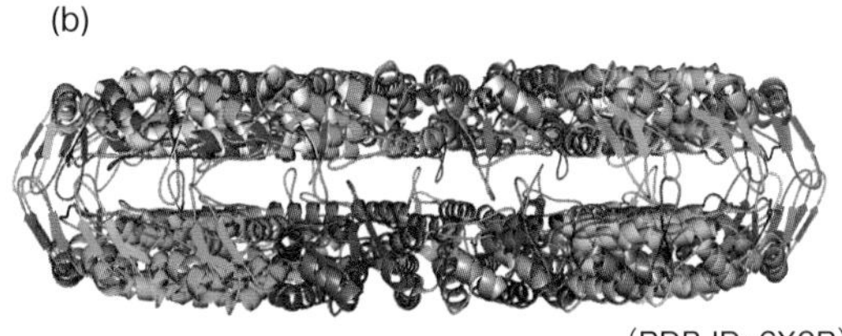

図 10･5　TMV サブユニットと二重ディスク構造
a：単量体（サブユニット）（二次構造別に配色），b：34 個のサブユニットからなるディスクが head-to-head で重なった構造

10.2　らせん集合体の形成 ―アクチンの G-F 変換―

ここでは，らせん集合体の代表例として，筋肉タンパク質アクチンのらせん集合体の形成について述べる。単量体のアクチンはG-アクチン，集合体（重合体）はF-アクチンとよばれる。アクチンは低塩濃度下ではG-アクチンとして存在するが，0.1 M KCl 存在下では重合してF-アクチンとなる。これは**G-F 変換**とよばれる：

$$\text{G-アクチン} \underset{-\,\text{salt}}{\overset{+\,\text{salt}}{\rightleftarrows}} \text{F-アクチン}$$

ここで，G-アクチンはATPを結合しており，重合に伴ってATPは加水分解されてADPとなる。すなわち，F-アクチン中ではアクチン分子はADPを結合している。

以下の説明では，溶液中に常に一定濃度のATPが存在するとし，一端で脱重合したG-アクチン・ADPはATPと交換されてG-アクチン・ATPになり，他端で結合ATPを加水分解してG-アクチン・ADPとしてF-アクチンと会合する（アクチンのトレッドミリング）（図10·6）。実際，細胞の中には常にほぼ一定濃度のATPが存在している。

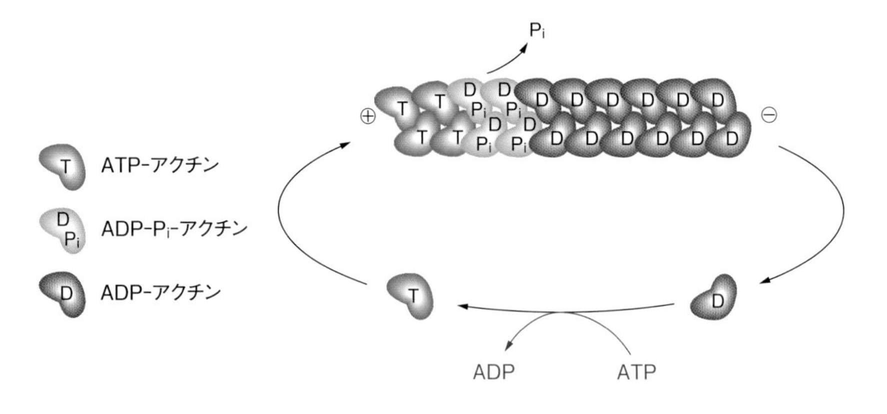

図10·6　アクチンのトレッドミリング
アクチンは常に（−）端で解離し，（+）端で重合する反応が定常状態を維持している。微小管でも同様なトレッドミリングが起こっている（微小管ではATPでなくGTP）。

名古屋大学の大澤文夫（当時）は1959年，この系では一定の塩濃度では常に一定濃度のG-アクチンがF-アクチンと共存していることを見いだした。このアクチンの濃度は**臨界濃度**とよばれ，これ以下のアクチン濃度ではF-アクチンはまったく見られない。図10·7aは，全アクチン濃度を増加させていくと，ある濃度（臨界濃度）まではF-アクチンはまったく見いだされないが，その濃度を超えると，臨界濃度を差し引いた残りのアクチンはすべてF-アクチンとして存在する，ということを示している。この臨界濃度は塩濃度の関数であり（図10·7b），図中，全アクチン濃度がc_0で塩濃度が0.07 Mでは，G-アクチンとF-アクチンは

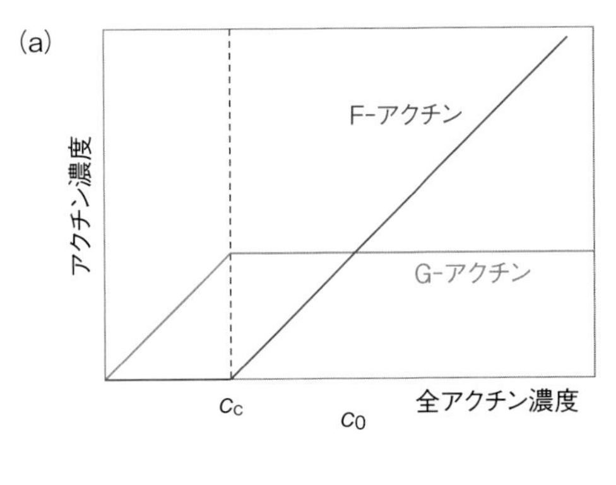

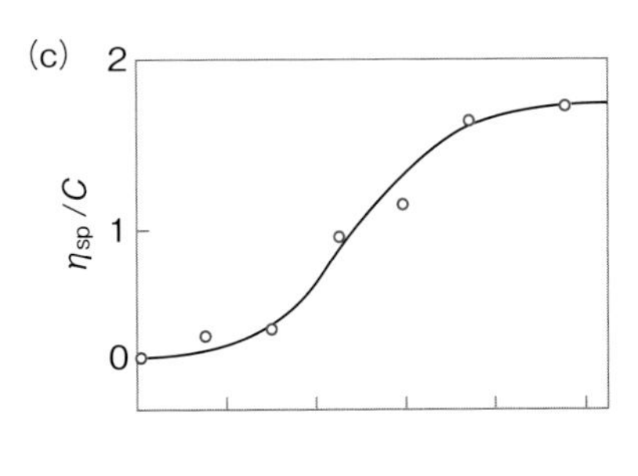

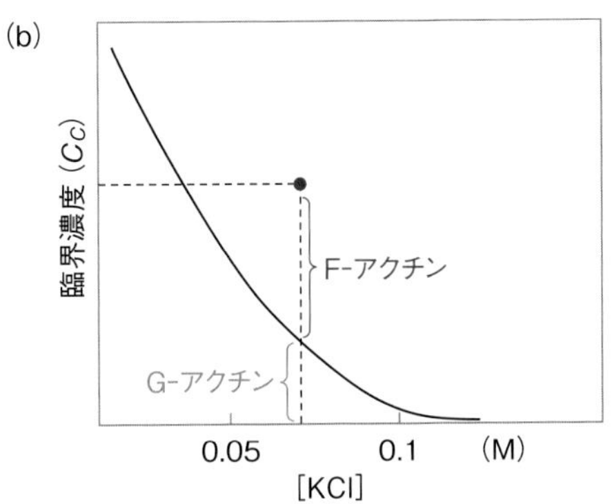

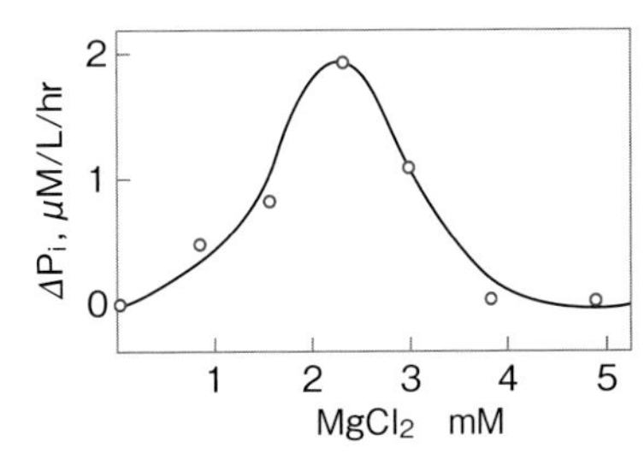

上図はアクチン溶液の固有粘度（F-アクチンの量にほぼ比例），下図はATP分解活性（単位時間当たりの無機リン酸 P_i 放出量）のMg^{2+}イオン濃度依存性。

図 10·7　アクチンの協同的重合
a：臨界濃度，b：臨界濃度の塩濃度依存性，c：ATP 分解活性
上図はアクチン溶液の固有粘度（F- アクチンの量にほぼ比例），下図は ATP 分解活性（単位時間当たりの無機リン酸 Pi 放出量）の Mg^{2+} イオン濃度依存性。(Oosawa, F. & Asakura, S., 1975 より)

図に示したような比になっていることを示している。このような臨界濃度の存在は脂質分子のミセル形成にも見られるもので，一般的に**相転移**とよばれる協同現象である。

G-F 変換は ATP 存在下で定常状態にあり，F- アクチンの一方の端から脱重合すると同時に他方の端には G- アクチンが F- アクチンに結合している（図 10·6）。これを示すために，アクチンの全濃度を一定にして ATP 分解活性の塩濃度依存性を測定したのが図 10·7c 下である。この図から，ATP の加水分解活性には最適塩濃度が存在することがわかる。この塩濃度はちょうど G- アクチンと F- アクチンの重量濃度がほぼ等しいところと一致している。この濃度より低いと F- アクチンの量が少なく，したがって端の数も少ないので ATP の分解は少なくなる。逆に，この濃度より高いと平衡が F- アクチンの側に偏って G- アクチンの量が少なくなるためにやはり ATP 分解は少なくなる。この実験から，G- アクチンと F- アクチンは単に混合物であるのではなくて，動的な平衡にあることがわかる。このような現象は熱力学的にはどのように説明されるだろうか。

10.3　らせん集合体形成の熱力学的モデル

重合の最も簡単なモデルとして，G-アクチンが1つずつ順番に結合していくモデルを考える。

モデルⅠ：

○ + ○ ⇄(K) ○○

○○ + ○ ⇄(K) ○○○

○○○ + ○ ⇄(K) ○○○○○

⋮　　⋮

c_i を i-マーのモル濃度とすると，結合定数 K を用いて，

$$c_2 = Kc_1{}^2$$

$$c_3 = Kc_1c_2 = K^2c_1{}^3$$

$$c_4 = K^3c_1{}^4$$

$$c_i = K^{i-1}c_1{}^i \tag{10-1}$$

と書ける。ここで，全アクチン濃度をモノマーに換算したものを c_0 とすると，

$$c_0 = \sum_{i=1}^{\infty} ic_1 = \sum_{i=1}^{\infty} iK^{i-1}c_1{}^i = K^{-1}\sum_{i=1}^{\infty} i(Kc_1)^i$$

したがって[※10-1]，

$$c_0 = \frac{c_1}{(1-Kc_1)^2} \tag{10-2}$$

を得る。これをグラフで表すと，図10·8aのようになる。グラフに見られるように，単量体分子の濃度は上限があるものの，実験で見られる図10·7aのような協同性は現れない。

※10-1　ヒント：

$\sum_{i=0}^{\infty} x^i = 1 + x + x^2 + \cdots = \frac{1}{1-x}$ の両辺を x で微分すると，

$$\sum_{i=1}^{\infty} ix^i = x\frac{d}{dx}\left(\sum_{i=0}^{\infty} x^i\right) = x\frac{d}{dx}\frac{1}{1-x} = \frac{1}{(1-x)^2}$$

が得られる。

そこで，次のようなモデルが考えられた。

モデルⅡ：

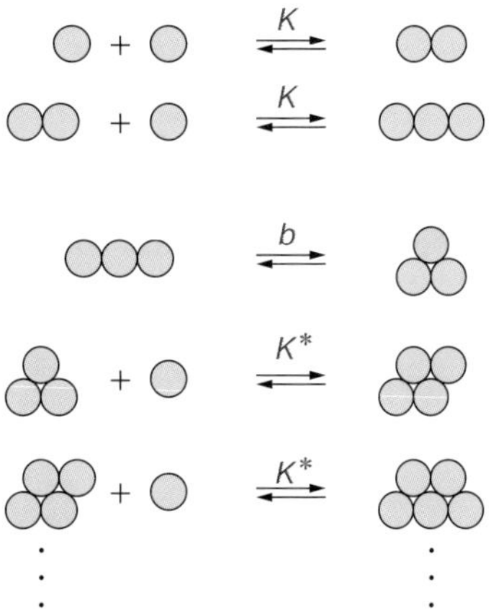

ここで，b は線状の分子を曲げるために必要なエネルギーに関する項（$b < 1$），K^* は結合部位が2か所できることによる結合定数（$K < K^*$）である。ここでは，1つの例として，三量体が安定化されると仮定しているが，四量体，五量体またはそれよりさらに大きくなってから初めて2つの結合部位で結合するようになるとしてもよい。この場合，

$$c_2 = Kc_1{}^2$$

$$c_3 = K^2 c_1{}^3$$

$$c_3{}^* = bc_3 = bK^2 c_1{}^3, \qquad b < 1$$

$$c_4{}^* = K^* c_3{}^* c_1 = K^* bK^2 c_1{}^4$$

$$c_i{}^* = \sigma (K^*)^{-1} (K^* c_1)^i, \qquad \sigma = b\left(\frac{K}{K^*}\right)^2 \ll 1$$

$$c_0 = \sum_{i=1}^{\infty} i(c_i + c_i{}^*), \qquad i \geqq 3$$

$$c_0 = \frac{c_1}{(1 - Kc_1)^2} + \sigma\left\{\frac{c_1}{(1 - K^* c_1)^2} - (c_1 + bK^* c_1{}^2)\right\} \tag{10-3}$$

$$(K^* > K, \quad (K^*)^{-1} < K^{-1}, \quad \sigma \ll 1)$$

式（10-3）を図10·8bにプロットしてある。c_0 が小さいうちは，右辺第一項が効いているが，c_1 が $(K^*)^{-1}$ に近づくにつれて第二項が大きくなり，その結果，c_1 は K^{-1} に近づく前に $(K^*)^{-1}$ で頭打ちになることがわかる。すなわち，臨界濃度は

$$c_{1\mathrm{crit}} = (K^*)^{-1}$$

となる。したがって，F-アクチンが生成を開始する総アクチン濃度は

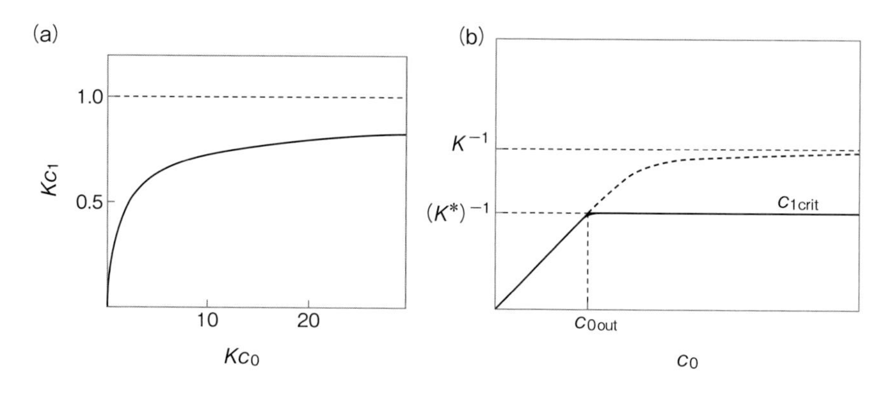

図 10·8　アクチン重合のモデル
a：非協同的モデル（モデル I），b：協同的重合モデル（モデル II）

$$c_{0\mathrm{out}} = \frac{(K^*)^{-1}}{(1 - K(K^*)^{-1})^2}$$

である。線状の重合体を曲げるのに必要な自由エネルギーを F_b とすれば，

$$b = e^{-\frac{F_b}{kT}}$$

線状重合体に G-アクチンを 1 つひとつ結合させていく自由エネルギーを F とすれば，

$$K = e^{-\frac{F}{kT}}$$

また，曲げた上で新たに結合するサブユニットが 2 か所で結合するときに得られる自由エネルギーを F^* とすると，

$$K^* = e^{-\frac{F^*}{kT}}$$

と表される。

速度論的には F-アクチンの形成は核形成と伸長反応に分けられる：

$$\frac{d[n](t)}{dt} = k^* c_1{}^i \qquad \text{核形成}$$

$$-\frac{d[n](t)}{dt} = k_+ c_1 [n] \qquad \text{伸長} \qquad (10\text{-}4)$$

ここで，$[n](t)$ は核のモル濃度，すなわち F-アクチンのモル濃度の時間依存性，k^* は核形成の速度定数，k_+ は伸長の速度定数である。

単量体の G-アクチンに塩を加えて重合させると，核形成は単量体濃度の i 乗（$i > 3$）に比例するので，単量体濃度の減少に伴って核形成は急激に抑えられ，伸長反応が優勢になる。単量体の初濃度が高いと核がたくさん形成されるので，短いF-アクチンが多量に生じる。逆に，単量体の初濃度が低いと，できる核の数が少なくなり，少数の平均長の長いF-アクチンが生じる。

アクチンのG-F変換は当初，筋肉タンパク質のアクチンで発見された。その後，粘菌細胞のアクチンの研究などから，細胞質内のアクチンは細胞周期によって，また周囲の環境によって重合・脱重合をくり返しており，G-F変換は細胞内でも重要な生理的意味をもつことが明らかになっている。

また，ここで明らかになったような協同的な重合が，チューブリンからなる微小管，細菌のべん毛の構成タンパク質であるフラジェリンや，ウイルスの構造形成などでも見いだされている。（細菌のべん毛は鞭打ち運動ではなく，回転運動をすることがわかって以来，微生物の分野では鞭毛ではなく，べん毛と書くようになっている。）

10.4　アミロイドの形成 —アミロイドーシス—

タンパク質のミスフォールディングによってアミロイドとよばれる繊維状の集合体が形成され，病気の原因になっている例が数多く見いだされている。アミロイドを形成するタンパク質は様々で，たとえば，全身性アミロイドーシスの原因となるタンパク質としては，免疫グロブリンL鎖（ALアミロイドーシス），免疫グロブリンH鎖（AHアミロイドーシス），トランスサイレチン（家族性アミロイドポリニューロパチーⅠ，Ⅱ型），β_2ミクログロブリン（透析アミロイドーシス），また，限局性アミロイドーシスではアミロイドβペプチド（アルツハイマー病），プリオンタンパク質（牛海綿状脳症BSE，羊スクレイピー，クロイツフェルト・ヤコブ病），プロラクチン（老化脳下垂体，プロラクチノーマ），インスリン（インスリノーマ），ラクトフェリン（家族性角膜アミロイドーシス）などがある。いずれもアミロイド形成に先立ってαヘリックスに富んだ構造からβシートに富んだ構造への変換が起こる。興味深いことに，さまざまな形の異なるタンパク質から形成されるアミロイドがよく似ている。アミロイドの代表的な構造を図10·9に示す。

アミロイドの形成もアクチンと同じように核形成と伸長からなるが，核形成は非常に遅い。*in vitro*でアミロイドの生成を見る際には，単離したアミロイド線維を超音波処理して短い断片を作り，それを核として加えると，ただちに伸長反応が起こるのを見ることができる。

プリオンタンパク質は，伝染性であることが他のアミロイドタンパク質とは異なっている（11.3節参照）。タンパク質は，そのまま複製されることはないので，

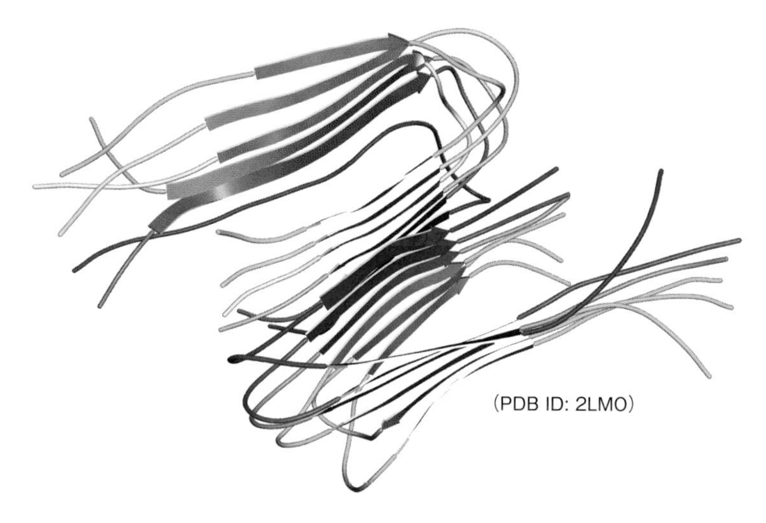

図10·9　βアミロイド

タンパク質によって病気が伝染するということは，セントラルドグマに抵触するのではないかと思われたが，以下のように，まったく異なる機構が提唱されている。

プリオンはαヘリックス3本からなるGPIアンカーをもつタンパク質で，健常なヒトにも存在しており，PrP^Cと表記される。PrP^Cが病原性のPrP^{SC}（アミノ酸配列は同一）と接触することにより，自身がPrP^{SC}のβ構造が豊富な構造に変換され，アミロイド線維を形成するという機構である。

10.5　球殻集合体

多くの球状ウイルスが正二十面体対称をもつことは古くから知られていたが，1950年代から構造生物学の研究者の間で，タンパク質分子という基本的に非対称な構造をもつ同一のサブユニット分子が，どのようにして正二十面体対称の構造を構成できるか，ということが問題になっていた。

▶準等価性理論

正二十面体の三角形の各面に3つずつサブユニットを配置していくと，60個のサブユニットを等価な位置に配置することができる（図10·10a）。この構造体は12個のペンタマー（五量体）からなると見ることができる。しかし実際は，サブユニット数は60よりずっと多いことがほとんどで，その場合にはすべてのサブユニットを等価な位置におくことはできなくなる。

この問題に対して，1962年にキャスパー（Caspar）とクルーグ（Klug）は，“準

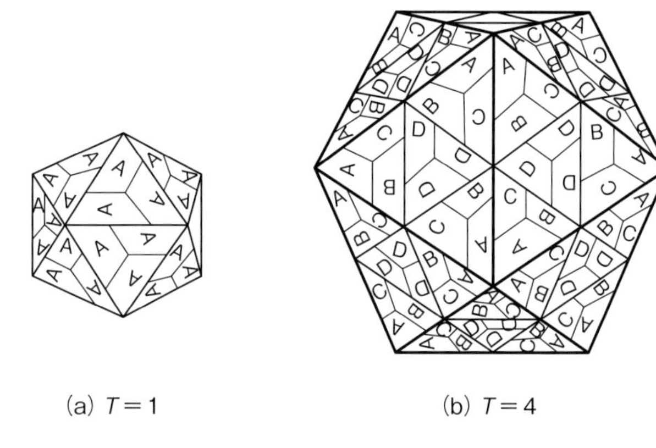

図 10·10　球殻構造の対称性と準等価性理論

等価性（quasi-equivalence）”の概念を提出した。この理論では，正二十面体のウイルスのキャプシド（頭殻）はペンタマーとヘキサマー（六量体）の2種類の構造からなるとする。その場合，同じタンパク質分子が五量体と六量体の2種類の構造を作るので，両者は完全に等価ではなく，両者の中ではサブユニットは同じ結合関係を保ったまま，多少のゆがみを許して“準等価”な関係を保つ，と考えられる。この理論はそれゆえ，**“準等価性理論”**とよばれる。

ペンタマーは正二十面体の各頂点に位置するので常に12個存在するが，ヘキサマーはウイルスの大きさによって数が異なる。今，図 10·11 のような多数の正三角形からなるネット（p ネット）を考え，任意の格子点を原点として，60°の角度をなす2つの軸，h 軸と k 軸をとる。ここで，原点にペンタマーを配置したときに，次にペンタマーをどこに配置するかによって正二十面体の大きさが一義的に決まる。

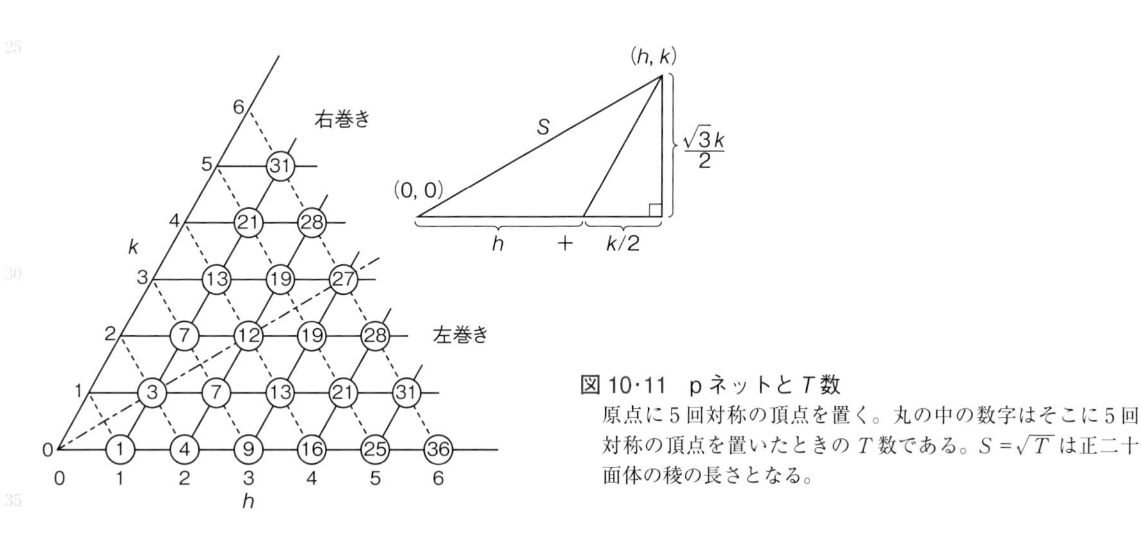

図 10·11　p ネットと T 数
原点に5回対称の頂点を置く。丸の中の数字はそこに5回対称の頂点を置いたときの T 数である。$S=\sqrt{T}$ は正二十面体の稜の長さとなる。

たとえば，この座標系の各点の座標を (h, k) で表すと，$(1, 0)$ の位置にペンタマーをおくと，ペンタマーのみからなる図 10･10 a のような正二十面体ができる。このように，大きさによって正二十面体を一義的に定めるパラメータとして，**T 数**（triangulation number）が定義された：

$$T = h^2 + hk + k^2$$

ここで，h，k は任意の正の整数である。図 10･10 a, b に $T = 1$ および $T = 4$ の例が描いてある。h か k のいずれかが 0 の場合，または $h = k$ の場合には T 数で構造が一義的に決まるが，それ以外の場合，すなわち，$T > 4$ で h も k も 0 でなく，しかも $h \neq k$ の場合には，右巻き（d）と左巻き（l）の 2 通りが考えられる。たとえば，λ ファージや T4 ファージはそれぞれ $T = 7l$ と $T = 13l$ で左巻きであるが，ポリオーマウイルスでは $T = 7d$ で右巻きである。

以後，20 年以上にわたってキャスパー - クルーグ（Caspar-Klug）理論が指導的な原理となってきた。しかし，その後，いくつかの球状植物ウイルスの高分解能 X 線結晶構造解析の結果が報告され，その結果，理論に修正が必要になってきた。“準等価性”の考え方は，元来サブユニット間の結合が基本的には同一であって，多少のひずみを加えることによって各サブユニットの置かれた場所の非等価性，すなわち，図 10･10 b での位置 A ～ D の相違に対処していると仮定している。しかし，SBMV（southern bean mosaic virus）の高分解能構造を検討してみると，各サブユニットの三次構造はほとんど同一で，そのかわりに複数の“非等価”な結合が存在することがわかった。つまり，高次構造のひずみではなくてむしろ，異なる結合によって正二十面体構造を可能にしているわけである。さらに，アデノウイルス（$T = 25$）では，ペンタマーの位置にはペンタマーでなく準 5 回対称軸をもつ 1 つのサブユニット，ヘキサマーの位置には六量体ではなく五量体が存在していることがわかった。

もう 1 つの予想外の発見は，ポリオーマウイルスの構造である。このウイルスは 72 個のキャプソマー（五量体または六量体）からできていて，$T = 7$ であり，準等価性理論に基づいて考えると 12 個のペンタマーと 60 個のヘキサマーからできているはずであった。ところが，電子顕微鏡像の分解能が上がるにつれ，72 個のキャプソマーはすべてペンタマーであることが明らかになった。ポリオーマウイルスに近縁で，同様にペンタマーのみ

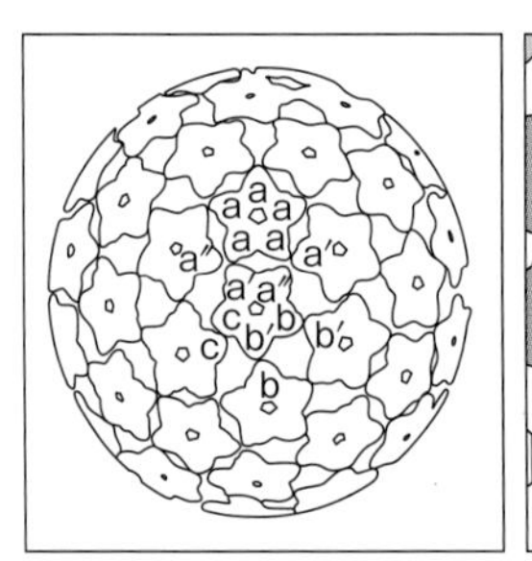
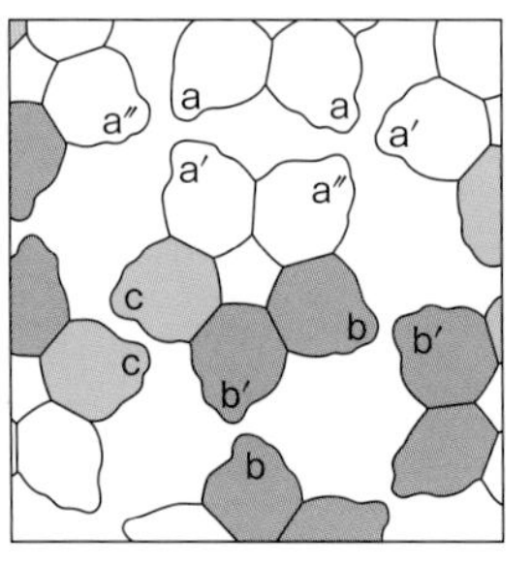

図 10･12　SV40 のサブユニット配置
正二十面体の各頂点に位置するペンタマー内サブユニットを a，準等価性理論でヘキサマーが予想される位置のペンタマーのサブユニットを a′，a″，b，b′，c とする。a-a′-a″，b-b′，c-c の 3 通りの異なる結合様式が存在した。

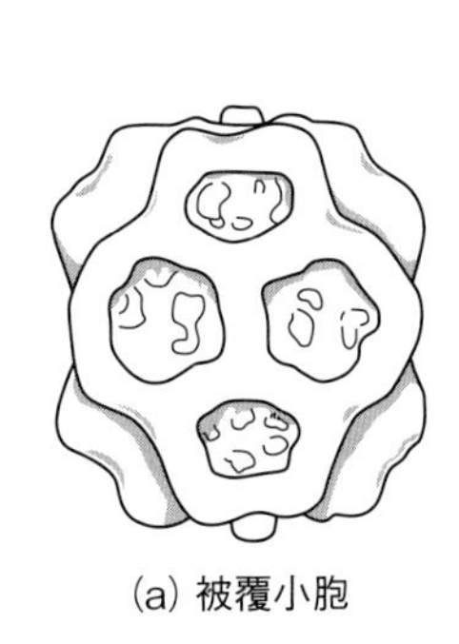
(a) 被覆小胞

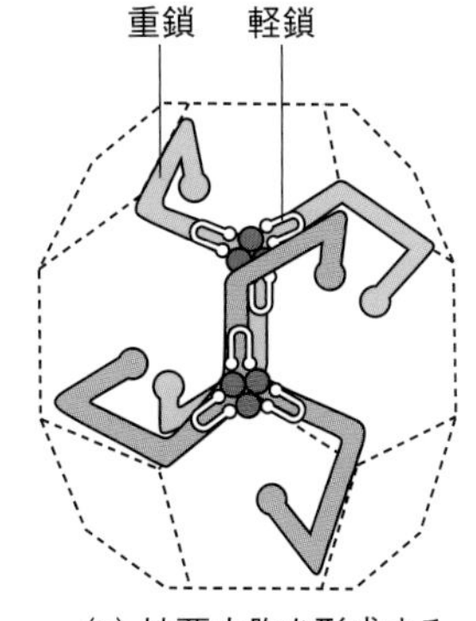

(b) 被覆小胞を形成する
クラスリン重鎖と軽鎖

図 10·13　クラスリン被覆小胞

からなるSV40の構造中のサブユニット間の結合関係を調べてみると，図10·12に見られるように，ペンタマーの5つの各頂点が3つの異なる様式で他のペンタマーと結合関係を結んでいる。この場合にも，非等価な結合の仕方によって，サブユニットの位置の相違に対処しているわけである。このようなペンタマーのみの例は，まだ報告されている微細構造の例が少ないために，どの程度一般的なものなのかは明らかでない。いずれにせよ，このような非等価な結合が存在することは，サブユニットの構造からサブユニット間相互作用を予想することの難しさを改めて示しているように思われる。

球状ウイルスと同様な球殻状の構造体として知られるものに，クラスリン被覆小胞がある（図10·13）。上記の球殻構造と同様な対称性をもつが，ユニットはいわゆる球状タンパク質とはまったく異なる繊維状構造で，多面体の「面」ではなく「稜」を形作ることが注目される。

10.6　細菌べん毛

細菌べん毛は当初，真核生物の鞭毛と同じく鞭打ち運動をしているものと考えられていた。しかし，そうではなく，べん毛自体が回転しているのではないか，と考えられ出した。べん毛は細く，回転するところを観察するのは容易ではない。そこで，シルバーマン（Silverman）とシモン（Simon）は，べん毛が回転していることを証明するために，べん毛に対する抗体を用いて，菌体を顕微鏡のスライドグラスに固定させたバクテリア（“テザードセル”）を観察した（Silverman, M. & Simon, M., 1974）。この方法では回転を定量的に観察することはできないが，バクテリアのべん毛が鞭打ち運動ではなく，回転していることが証明された。べん毛は約30種類のタンパク質からなり，そのすべての遺伝子が同定されている

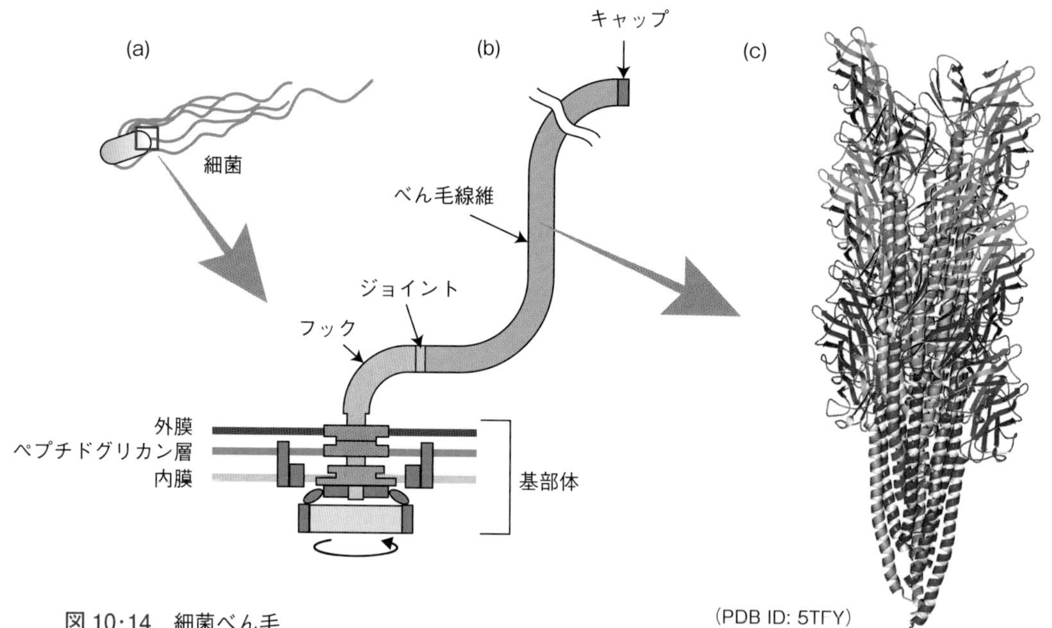

図 10･14　細菌べん毛
べん毛線維（フラジェラ）を形成するに当たって，べん毛を構成するサブユニットタンパク質（フラジェリン）は，基部体からべん毛線維の内部を通って先端まで進み，先端で折りたたまれて固定される。

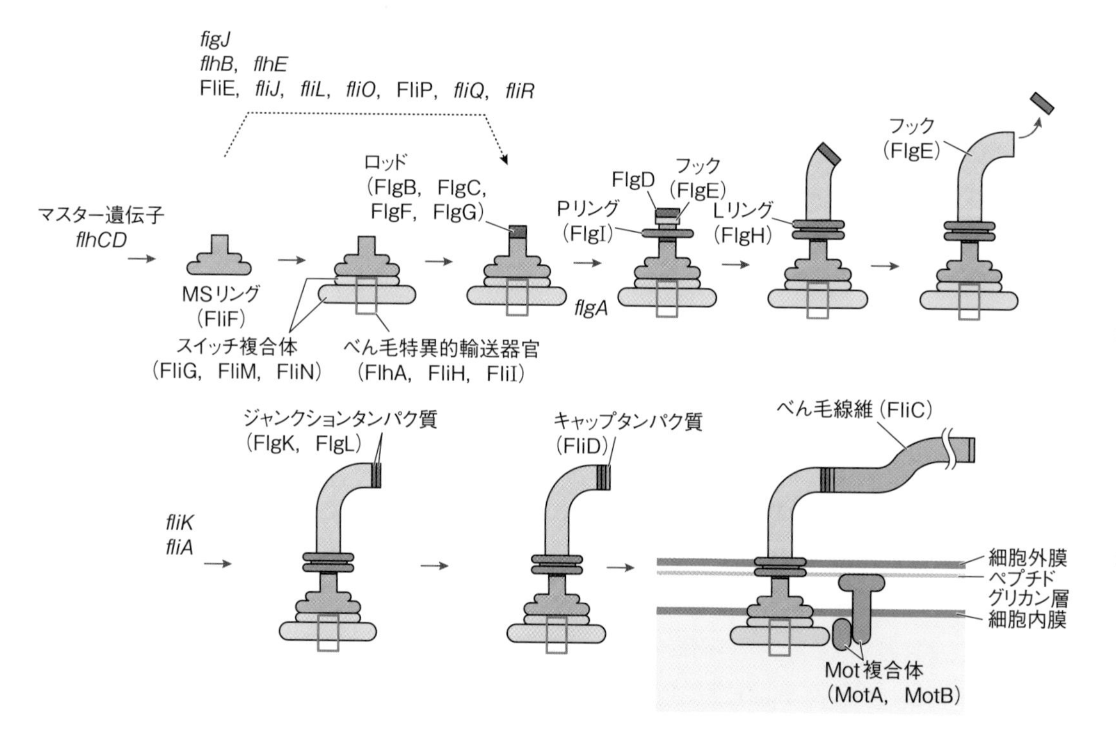

図 10･15　細菌べん毛の分子集合
（久堀智子，1998 より）

(図 10·14)。各遺伝子を1つずつノックアウトしてできる構造体を電子顕微鏡で観察し，SDS 電気泳動により遺伝子産物を同定した結果，図 10·15 のように分子集合の順序が明らかになった。

10.7　バクテリオファージの分子集合

本章の終わりに，比較的大きな部類に属するバクテリオファージ T4（図 10·16）の分子集合を概観しておきたい。T4 ファージは尾繊維が宿主を認識して（レセプターはリポ多糖 LPS の糖）吸着し，尾鞘を収縮して頭部に格納されている約 172 kb の DNA を菌体内に注入することによって感染が始まる。DNA の注入には菌体内膜の化学ポテンシャルが必要という報告があり，DNA はファージが注入するというよりも大腸菌の方が引っ張り込んでいる印象を受ける。

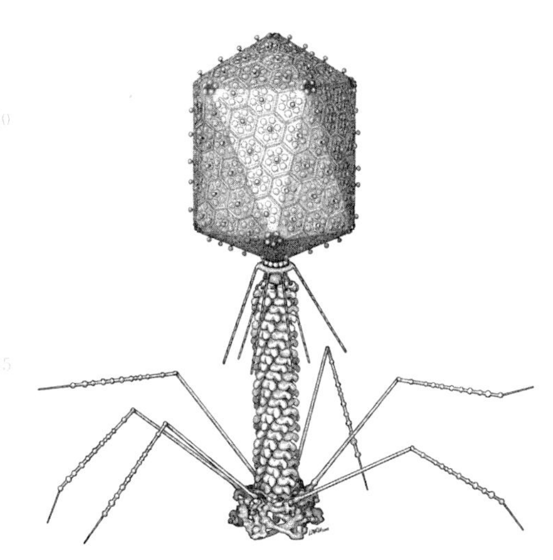

図 10·16　バクテリオファージ T4

感染菌内のファージ DNA は大腸菌の DNA ポリメラーゼによって複製され，コンカテマー（ファージゲノム DNA の数倍の長さをもつ）を生じる。続いて DNA は大腸菌の RNA ポリメラーゼによって，前期遺伝子・中期遺伝子が転写される。中期遺伝子の1つである

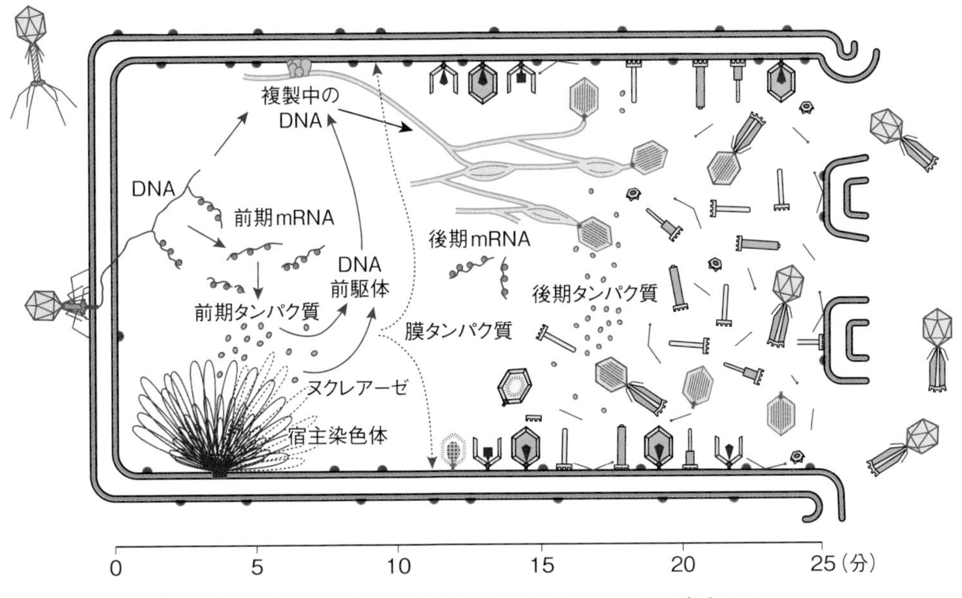

図 10·17　T4 ファージの感染から娘ファージの産生まで
(Mathews, C. K., 1971 より改変)

gp55 はシグマ（σ）因子で，大腸菌のσ因子σ70と置き換わると，後期遺伝子のプロモーターが認識され（T4ファージのプロモーターはTATAAATAという特異な配列をもつ），後期遺伝子が発現される。ファージの構造タンパク質はほとんどすべて後期遺伝子にコードされている（図10·17）。

ファージの頭部，尾部，尾繊維はそれぞれ独立に分子集合（アッセンブリー）が起こり，各遺伝子産物（タンパク質）の結合順序はほぼ厳密に決まっている。3つの部分集合体のうち，頭部の集合は内膜上で起こり，頭殻が完成すると頭部は内膜から離れ，頭部内の足場構造（スキャッフォールド）がファージのプロテアーゼ（gp21）によって消化されて内部に空間が生じると，ATPの加水分解のエネルギーを利用してパッケージングタンパク質がコンカテマーDNAの端に結合して頭部に導き，頭部が一杯になると（ファージゲノムが169 kbであるのに対して約172 kbのDNAが取り込まれる＝末端重複），パッケージング酵素のヌクレアーゼ活性によってDNAは切断され，gp13・gp14ネック複合体がDNAの流出を防ぐように蓋をする形になる。

T4ファージの頭部は縦方向に若干長くなっている。正二十面体は図10·18のように，キャップと側面に分けて考えることができる。正二十面体ではキャップと側面いずれも正三角形であるが，T4ファージでは側面の三角形が縦に伸びた形をしている。三角形に含まれるサブユニットの数は，キャップは $T = 13$ なのに対して，側面は $Q = 21$ である。

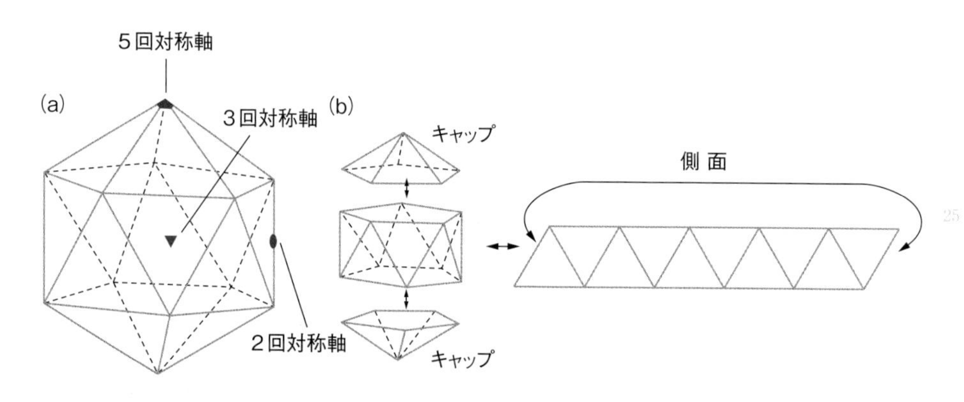

図10·18　正二十面体のキャップと側面

頭部と尾部が合体し，ついで6本の尾繊維が結合すると，感染性のあるファージが完成する（図10·19）。ファージ1個の感染あたり，約100個の娘ファージが生じる。

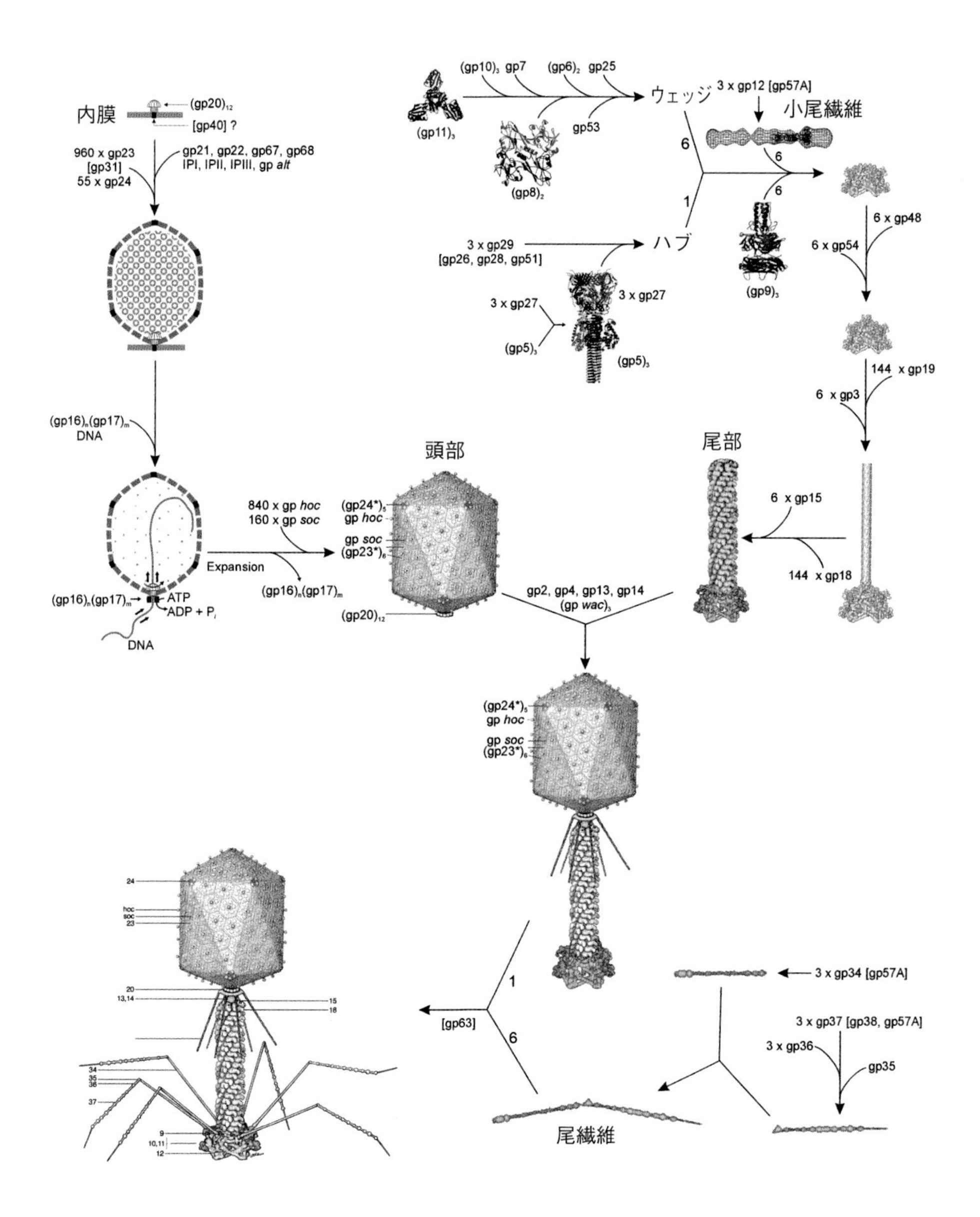

図 10･19　T4 ファージの分子集合

図中，gp は gene product（遺伝子産物），gp の後ろの数字は遺伝子名；数字は必須遺伝子，アルファベットは非必須遺伝子。（Leiman, P. G. *et al*., 2003 より）

11章 タンパク質の概念に大きな影響を与えた発見

1980年代後半から1990年代にかけて，それまでのタンパク質の概念を覆す複数の発見があった。アンフィンセンがリボヌクレアーゼAを使って示したように，タンパク質は自発的に，すなわち他のタンパク質の助けを借りずにアミノ酸配列に依存した立体構造をとる，というのがタンパク質についての常識だった。しかし，実は多くのタンパク質が，分子シャペロンというタンパク質の助けを借りて初めて独自の特異なコンホメーションをとり得ることがわかった。またとくに真核生物では，意外と多くのタンパク質（真核生物のタンパク質の30%強）が特定の構造をとっていない部分をもっていること（天然変性タンパク質の存在）なども明らかになってきた。

本章では上記の他，リボザイムの発見，プリオンの発見なども含めて，タンパク質の概念の発展に大きな影響を与えたタンパク質について述べる。

11.1 分子シャペロン

分子シャペロンについては4.3節で歴史的背景を交えて概略を述べた。ここでは代表的な分子シャペロンについてまとめておきたい（表11·1，図11·1）。タンパク質は合成されて折りたたまれる際に分子シャペロンを必要とすることが多い。このことはセントラルドグマが提唱されたときには考えられていなかったことである（図1·4参照）。タンパク質の立体構造は一次構造によって規定され，それ以外に何の「情報」も必要でないとするいわゆる「アンフィンセンドグマ」が常識になっていて，タンパク質によっては分子シャペロンの助けを借りなければ正しく折りたたまれない，という報告は意外なものだった。

表11·1　分子シャペロンとHSP

HSP60/10（GroEL/ES）	シャペロニン，多くのタンパク質の折りたたみに必要
HSP70（DnaK）	タンパク質のフォールディングに関与。凝集体をHSP104にリクルート
HSP90	ステロイド受容体や転写因子の機能維持
HSP47	コラーゲンの折りたたみに関与
HSP104（CBp1）	凝集体を解きほぐす機能がある

A.

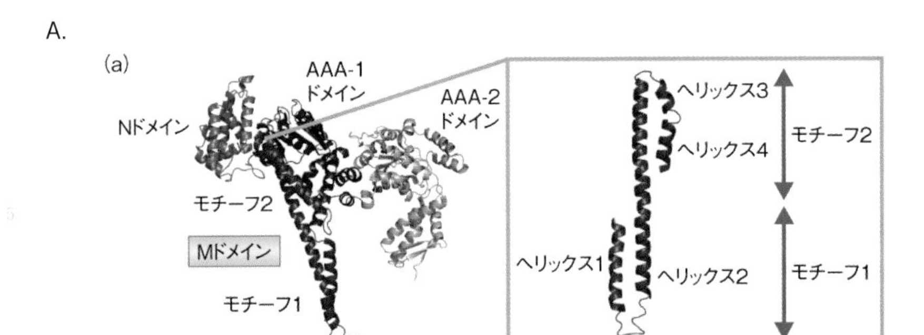

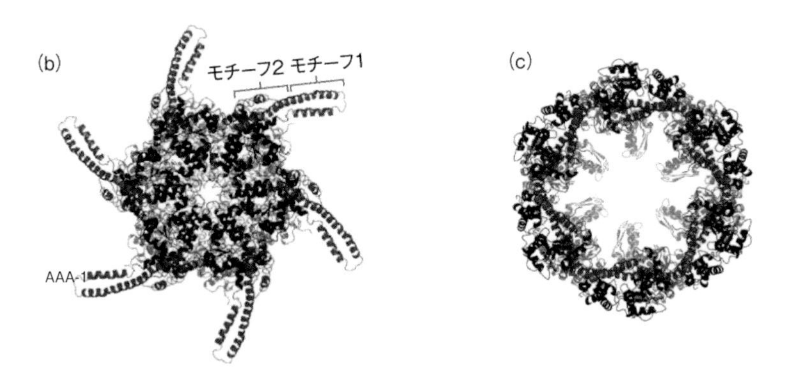

B.

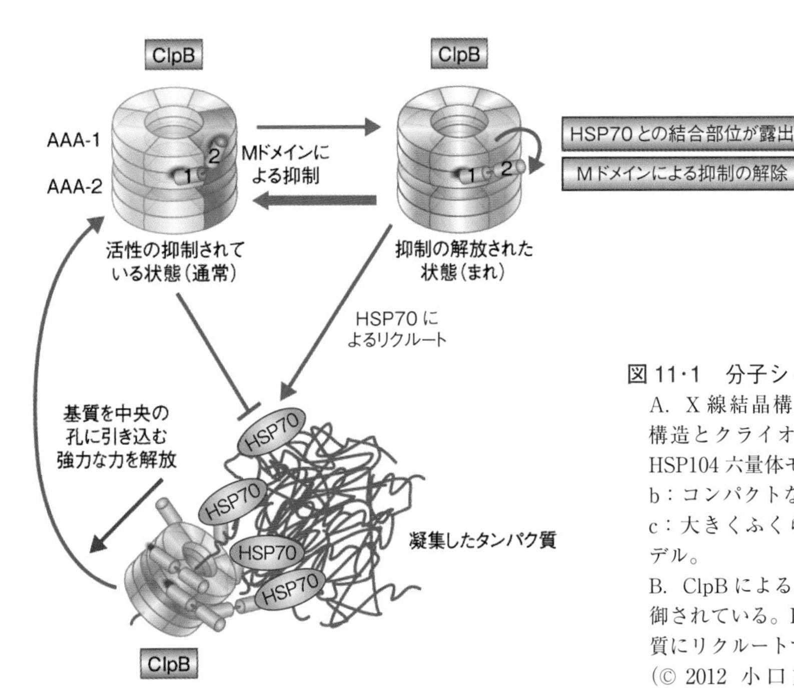

図 11･1　分子シャペロン HSPS（ClpB）

A. X線結晶構造解析による ClpB 単量体の構造とクライオ電子顕微鏡解析による ClpB/HSP104 六量体モデル　a：ClpB 単量体の構造。b：コンパクトな ClpB/HSP104 六量体モデル。c：大きくふくらんだ ClpB/HSP104 六量体モデル。

B. ClpB による脱凝集活性は HSP70 により制御されている。HSP70 は ClpB を凝集タンパク質にリクルートする。

大腸菌の熱ショックタンパク質GroEのホモログHSP60（60は分子量が60 kDaであることを表す）は生物界に広く分布しており，シャペロニンともよばれている（図4·5）。シャペロニンは多くのタンパク質の折りたたみに必要であり，また，変性タンパク質を天然状態に巻き戻す役割があるほか，タンパク質のミトコンドリアへの輸送にも関与している。HSP70もタンパク質の折りたたみに関与しているほか，タンパク質の凝集体をHSP104(ClpB)にリクルートする機能を担っている。

分子シャペロンはふつう，いったん変性・凝集したタンパク質を解きほぐして再び巻き戻すことはないが，HSP104（ClpB）の特殊な点は，他の分子シャペロンと異なり，凝集体を解きほぐす活性がある点である。HSP104は六量体からなるリングを形成し，2つのAAA+モチーフに由来するATPアーゼ活性でATPの加水分解のエネルギーを利用して脱凝集を行うと考えられる（図11·1）。Mドメインは2つのAAA+ドメインの間にあって，普段は脱凝集活性を抑制していると考えられる。

タンパク質に特異的な分子シャペロンも複数存在する。HSP47はコラーゲンに特異的な分子シャペロンとして知られる。酵母のヒストンシャペロンVps75（図11·2）は，ヒストンH3-H4への結合を介してヌクレオソーム（図5·7）の形成とヒストンのアセチル化に関与する。別のヒストンシャペロンCIAは，ヌクレオソームのヒストン八量体中のヒストン四量体 $(H3\text{-}H4)_2$ を半分に分割する活性をもち，ヌクレオソームを解離して，その領域のDNAの複製・転写活性を促進する。

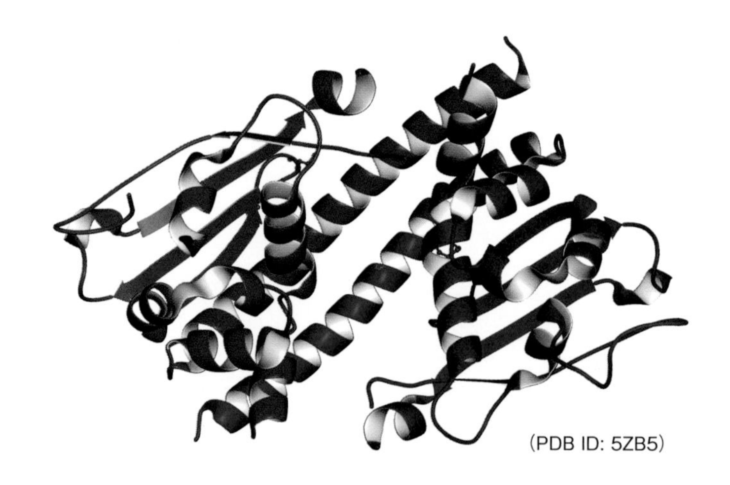

図11·2　ヒストン分子シャペロンVps75（二量体）
Vps75の結晶構造。Vps75は二量体分子。各サブユニットは分子量約33 kDaで，N末端のヘリックス，背骨のヘリックス，および「イヤホーン」ドメインからなる。Vps75はヌクレオソームの形成とヒストンのアセチル化を促進する。

11.2　リボザイム

mRNA のスプライシングを研究していたチェック（Cech, T.R.）のグループは，80 年代の一連の論文で，スプライシングに関与する酵素活性は，タンパク質ではなく RNA に存在することを報告し（自己スプライシング，後述），これは驚きをもって迎えられた。それまで，酵素活性はタンパク質だけがもち得る，というのが常識になっていた。チェックはアルトマン（Altman, S.）と共に，RNA の触媒機能の発見に対して 1989 年度のノーベル化学賞を受賞している。RNA スプライシングは一般に，スプライソソーム（spliceosome）とよばれる巨大な RNA・タンパク質複合体によって行われる（図 11･3）。スプライソソームは 5 種の RNA U1，U2，U4，U5，U6 と多くのタンパク質からなる複合体で，その主要な部分である U4/U6.U5 RNA と約 30 のタンパク質からなる複合体（分子量 150 万）の構造がクライオ電子顕微鏡法（5.7.2 項）によって決定されている（Nguyen, T. H. D., *et al.*, 2015）。

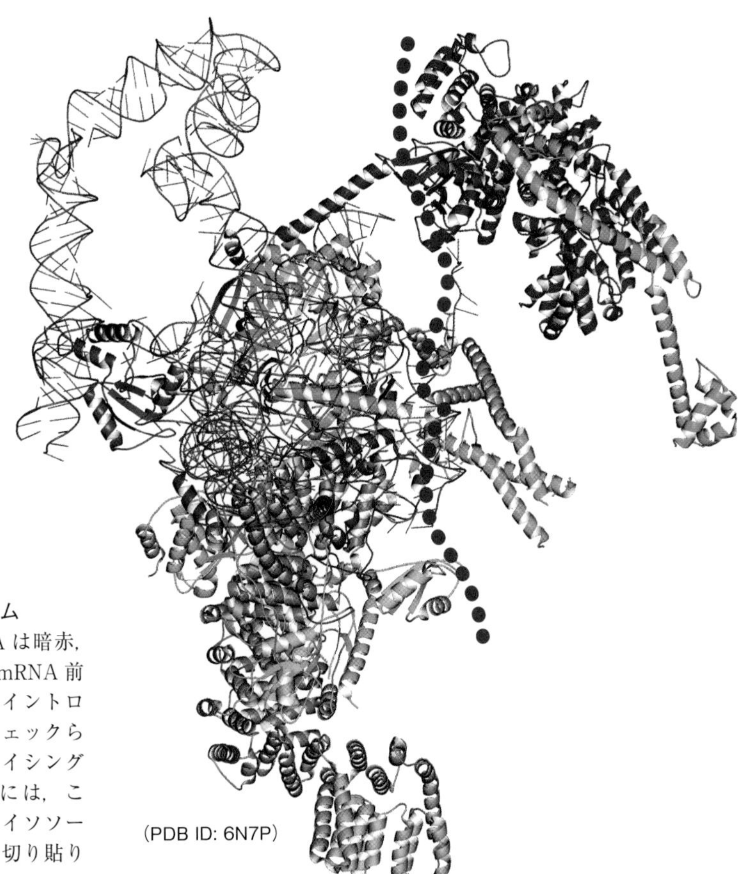

図 11･3　酵母のスプライソソーム
スプライソソーム複合体（RNA は暗赤，タンパク質は青と赤で示す）。mRNA 前駆体（赤丸の曲線）の中にあるイントロンの 5′ 末端を認識している。チェックらによって発見された自己スプライシング RNA（self-splicing RNA）の中には，これと似た仕組みを使い，スプライソソームの助けを借りずに自分自身で切り貼りできるものがある。

リボザイムの発見は，以前から知られていたリボヌクレアーゼP（RNase P）の再検証を促すことになった。その結果，リボヌクレアーゼPに結合しているRNAは補酵素のようなものではなく，活性部位にあって触媒機能の中心であること，すなわち，同酵素もリボザイムであることがわかった（図11·4）。リボヌクレアーゼPは前駆体tRNAの5′領域を切断してtRNAを遊離する。

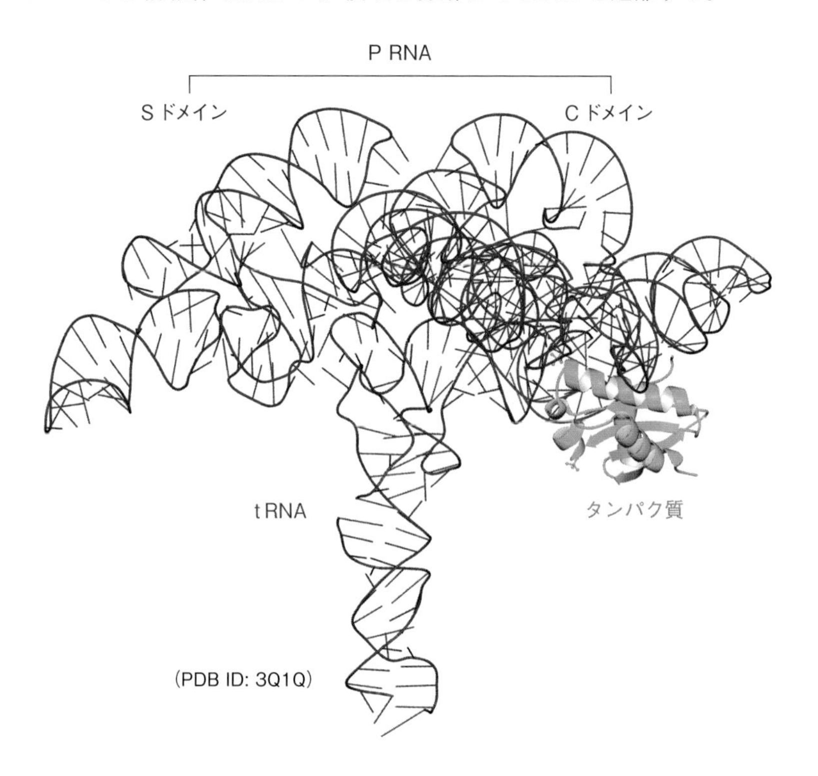

図11·4 リボヌクレアーゼP・tRNA複合体
タンパク質117残基，分子量14.3 kDa，P RNA（リボヌクレアーゼPのRNA部分）338ヌクレオチド，分子量110 kDa，tRNA 76ヌクレオチド，分子量26 kDa。(Reiter, N.J., 2010より)

また，6.1節で述べたリボソームのペプチジルトランスフェラーゼ活性は50Sサブユニットの23S rRNAが担っており，リボソームもリボザイムであることが明らかになった（図6·1参照）。

リボザイムの発見はさらに，原始生命の発生の時期においては，現在ではタンパク質が主役を務めている触媒の役割もRNAが担っていたのではないかとする，RNAワールド説を支持する事例とも受け取られている。RNAはリボースの2′のヒドロキシ基の存在の故にDNAに比べて反応性がより高く，不安定であるが，進化の過程では，当初遺伝情報であると同時に，触媒作用も担っていたが，その後進化の過程で遺伝情報の伝達にはDNAが用いられるようになり，酵素活性はタンパク質に譲ったと考えるのが**RNAワールド説**である。

11.3　プリオン

ガイデュセク（Gajdusek, D.C.）は，パプア・ニューギニアの風土病として知られていたクールー病が，イギリスのヒツジや山羊のスクレイピー，およびヒトのクロイツフェルト・ヤコブ病と症状が似ていることに気づいた。ガイデュセクが地元の政府に遺体の脳を食する風習を止めるように指導したことによってクールー病が治まったという。プルシナー（Prusiner, S.B.）は，タンパク質であるプリオンが病原性物質として振る舞うことを示してノーベル生理学・医学賞を受賞した。細菌やウイルスは核酸をもち，感染・増殖の際に核酸を複製する。タンパク質が感染によって増殖すれば，これはセントラルドグマに抵触するのではないかと思われたが，プリオンはまったく異なる感染機構をもっていることが明らかとなった。

すべてのヒトは，健康なヒトもプリオンタンパク質（図11·5）をもっている。ヒトでは254アミノ酸残基で分子量35～36 kDa，グリコシルホスファチジルイノシトール（GPIアンカー）をもち，脳や神経細胞に多く分布しているが，機能は明らかになっていない。正常なプリオンタンパク質はPrP^{C}と記され，図に示されるようにαヘリックスが多い。これに対して病原性のプリオンタンパク質PrP^{SC}はアミノ酸配列が同一であるにもかかわらずβシート構造が多い（10.4節参照）。PrP^{C}はPrP^{SC}と接触すると，コンホメーションがPrP^{SC}型に変換すると考えられる：

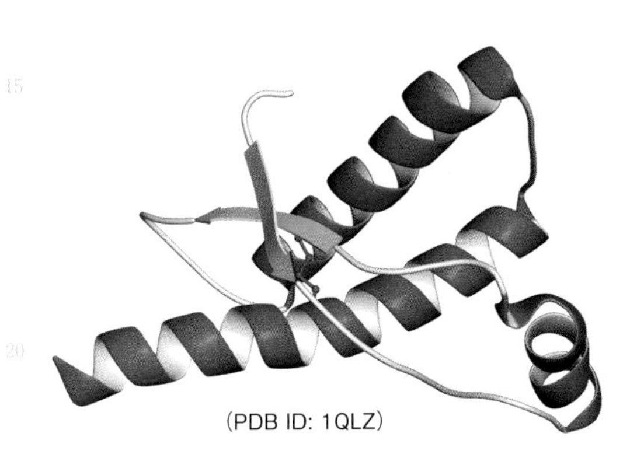

図11·5　プリオンタンパク質
（121－230残基。二次構造別に配色）

$$PrP^{C} + PrP^{SC} \rightarrow 2\,PrP^{SC}$$

こうしてPrP^{SC}に変換されたプリオンタンパク質はアミロイド線維を形成する。アミロイド線維の蓄積によって神経線維の変性消滅が起こり，アルツハイマー病の原因になると考えられる。牛海綿状脳症BSEもこのような機構で脳の神経を変性させると考えられている。タンパク質は自己複製することはないので，感染源とは考えられなかったが，上記のように侵入したタンパク質が常在のタンパク質のコンホメーションを変えて病原性にすることによって感染・伝播すると考えられる。感染の原因がタンパク質であったというのは，以前は考えられなかった新しい概念である。当初はプリオンタンパク質のように特殊なタンパク質がアミロイドを形成すると考えられていたが，ドブソン（Dobson, C.）は，ミオグロビン，ラクトアルブミンを始め，多くのタンパク質が条件次第でアミロイドを形成することを指摘している（参考：李 映昊ら , 2009）。

11.4　天然変性タンパク質

天然変性タンパク質に関してはすでに2.10節で概略を述べたが，可溶性球状タンパク質（ドメイン），繊維状タンパク質（ドメイン），膜タンパク質（ドメイン）と並んで第四のタンパク質（ドメイン）の領域を形成する。原核生物には少なく，真核生物に多い。また，真核生物においては転写因子など核に局在するものが多い（表11·2）。

表11·2　ヒト天然変性タンパク質の細胞内局在

分類カテゴリー	タンパク質数	不規則領域の残基割合
核	1374	42%
核・細胞質	257	32%
細胞質	750	25%
細胞膜	2161	14%
細胞外（分泌性）	813	13%
小胞体（ER），ゴルジ体	124	13%
ミトコンドリア	276	11%
ミトコンドリア膜	131	9%
その他	371	—
合計／平均	6257	23%

（西川 建，2009より）

天然変性領域が立体構造をもつタンパク質に結合すると構造をもつようになる例は，細胞周期の制御にかかわるp21とサイクリンcdkの結合などが知られている。この場合，p21のcdk結合ドメインは単独では立体構造を取らない天然変性領域だが，cdkと共存すると，立体構造を取り結合する。また，天然変性領域どうしの結合も認められており，その場合に結合特異性がどのように担保されているのかはまだわかっていない。

天然変性タンパク質はまだ不明な点が多く，現在活発に研究が進められている。天然変性領域には同じアミノ酸が並ぶ**低複雑性**（LC = low complexity）**配列**が多いことが知られているが，まったく低複雑性配列を含まない天然変性領域もある。

天然変性タンパク質と液－液相分離

天然変性タンパク質が意外と多く自然界に存在することが見いだされたのは，

1980 年代以降の転写因子の研究による。それまでも，天然の状態で決まった立体構造を取らないタンパク質が存在することは次第に明らかになってきていたが，当時，それは例外的な存在であって，アンフィンセンドグマが示すように，タンパク質は基本的にはきちんとした立体構造を取ってはじめて機能を発揮するものと考えられていた。タンパク質全体が変性状態を取るものもあるが，大きなタンパク質では部分的に立体構造を取らない部分が存在する（図 2･19 参照）。そのような領域では同じアミノ酸が連続して存在したり，少数個のアミノ酸からなる単純な配列が多量に見いだされ，LC 配列とよばれている。これらの配列を指標として，ゲノム中の天然変性領域を検索するプログラムも開発されている。

ライト（Wright, P. E.）とダイソン（Dyson, H. J.）は，種々のタンパク質の NMR による研究の結果，転写因子，転写終結因子，細胞周期調節因子，RNA 結合タンパク質などの核内外のタンパク質に天然変性領域が多いことを示し，アンフィンセンドグマの再検討が必要であることを示唆した（Wright, P. E. & Dyson, H. J., 1999）。転写因子に天然変性ドメインが多い一方で，酵素には天然変性タンパク質はないといわれる。天然変性タンパク質は原核生物では全タンパク質の 4% ほどであるのに対して，真核生物では 33% に及んでいる。

他方，近年注目を集めているのが細胞内 液－液相分離である。細胞の核内には核小体など，膜をもたないオルガネラが 20 種類ほど存在する。いずれも液－液相分離によって生じる液滴（ドロップレット）であって，これを単離しようとして希釈するとドロップレットは不安定で解離してしまうため，研究が進んでいなかった。液－液相分離を誘導する分子間相互作用は複数知られている。たとえば，転写因子の 1 つで，がん抑制因子として知られる p53（総アミノ酸残機数 393）は N 末端に 93 アミノ酸残基の天然変性領域をもち，この部分が DNA と相互作用し，液－液相分離によって液滴（ドロップレット）を生じる。天然変性タンパク質を 2 種類混合するとドロップレットを生じる例も複数報告されている（12.4 節）（参考：白木賢太郎，2019）。

細胞内 液－液相分離は種々の重要な細胞の機能に関連していることが明らかにされつつあるが，ここでは，9 章で述べたオートファジーおよびユビキチン化・プロテアソーム系について述べる。

9.5 節で述べたように，オートファジーには 18 種のタンパク質が関与している。このうち，Atg13 は天然変性タンパク質で，リン酸化されているが，飢餓状態になると脱リン酸化が起こり，その結果，他の Atg タンパク質と弱い相互作用で集合して，液－液相分離によりドロップレット（PAS 粒子と名付けられていた）を生じる。PAS 内で Atg1 タンパク質（リン酸化酵素）が活性化されるとオートファゴソームという袋状の構造が形成され，オートファジーが進行する。

ユビキチン化プロテアソーム系では，ユビキチン化タンパク質に，ユビキチン鎖を認識するRAD23Bタンパク質が結合すると，液－液相分離を起こしてドロップレットを生じる。そこにプロテアソームがよび込まれてプロテアソーム液滴が生じると，ユビキチン化タンパク質がプロテアソームに切断される。切断が進行すると，ドロップレットは消失する。

コラム 11.1　アブザイム（抗体酵素）

タンパク質工学を使って，機能を改良したり改変したりすることが試みられるようになって久しい。タンパク質工学を使うと，遺伝子の塩基を置換することによってアミノ酸を別のアミノ酸に置き換えることができるし，長くしたり短くしたり，あるいは別の酵素とドッキングしたりすることも自在にできる。そこで，すでに立体構造が決定されている酵素については，構造を見ながら，さらに酵素活性を増大させたり，異なる基質特異性を付与したり，熱安定性を増大する試みがなされている。

もう 1 つのおもしろい試みとして，抗体を使った新しい酵素の開発がある。この方法の考え方は，酵素反応の第一段階で，基質を結合してこれに力を加えて遷移状態のコンホメーションにするところに着目したものである。すなわち，遷移状態アナログ（遷移状態類似物質）に対する抗体を作る。抗体が基質に結合して，これを遷移状態のコンホメーションに変形させて，活性部位の近傍にさらに反応を進めるのに都合のいい残基があれば，酵素活性をもつことが期待される。

この方法を開発した人たちは，この酵素をアブザイム（abzyme）とよぶことを提案している。この方法の利点は，生体内には無いような反応を触媒する酵素を創製できる可能性があることであろう（Miyashita, H. *et al.*, 1993）。酵素をランダムに改変して，膨大な数の変異酵素の中から，期待される性質をもつ酵素を能率よく選択するための系（進化工学的手法）も開発されている。

12章 ゲノムとタンパク質 —タンパク質科学の新しい局面—

ヒトゲノムを構成するのは30億塩基対という膨大な長さのDNAだが，タンパク質をコードしているのは そのうちのほんの2%に過ぎない。コード領域は砂漠の中のオアシスにも譬えられる。遺伝子の数は2万5千程度とみられるが，実際には10万近いタンパク質があると考えられている。遺伝子数よりも数倍多いタンパク質分子種が生じる理由は，mRNAのスプライシングのされ方，AUG以外の開始コドンからの翻訳開始や終止コドンの読み飛ばし（リードスルー）など，いくつかの可能性が明らかになってきている。

12.1 非翻訳領域の役割の解明

非翻訳RNA（non-coding RNA）はタンパク質に翻訳されないRNAと定義されており，転移RNA（tRNA），リボソームRNA（rRNA），核内低分子RNA（snRNA），スプライソソームを構成するRNAなどが知られている。質量分析法（MS）の進歩によって，試料中に含まれる数千のタンパク質を一度に同定することが可能になった結果，100残基以下の小さなタンパク質の解析が可能になり，これまで非翻訳RNAと考えられていたものが，実は翻訳されている例が見つかりつつある。そのほかにも異常スプライシング，翻訳途上終結，終止コドンの読み飛ばしなど，ゲノム中には未開拓のプロテオーム（ゲノムから発現されるタンパク質の総体）が存在する可能性が示唆されている。

12.2 リボソームプロファイリング

リボソームプロファイリング法では，タンパク質合成中のリボソームをRNase処理したとき，リボソームによって保護されて消化されない28～30残基のヌクレオチドを解析することによって，翻訳の動態を調べることができる。28～30残基にはリボソーム上のE部位，P部位，A部位（図12·1，図6·5a参照）とその両側の数残基ずつが含まれる。

この方法によって，ポリペプチドは，一定の速度で最後まで合成されるのではなく，途中で何回か停止することが知られるようになった。同時に，mRNAの

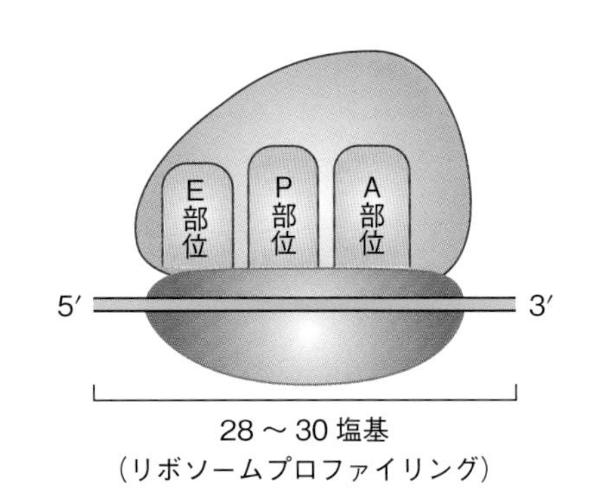

図12･1　リボソームの翻訳部位
（木村悠介・岩崎信太郎，2019を参考に作図）

コード配列以外にもORF（読み枠）として翻訳される場所が存在することが明らかになっている。とくに，5′非翻訳領域（UTR）中にあるuORF（upstream open reading frame）や，終止コドンの読み飛ばしによる終止コドン下流の翻訳，翻訳されないと考えられてきた長鎖非コードRNAの翻訳など，ORFの領域が大幅に拡大しつつある（Miura, N. *et al.*, 2013）。

さらに，リボソームプロファイリングの解析によって，新生鎖に結合する分子シャペロンやその役割も明らかになってきている。

12.3　弱い相互作用に基づくタンパク質集合体

脂肪酸合成酵素の例で見てきたように，細胞内で一連の酵素反応が効率よく初反応から最後の反応まで行われるためには，各反応の産物が次の反応基質となる酵素に速やかに受け渡されることが必要であり，そのためには一連の反応に関わる酵素が集合していることが理想的である。このような酵素の集合体はいくつかの代謝関連酵素で知られている。

他方，プリン生合成に関わるプリノソームや低酸素下で形成されるG-bodyは，必要となる時点で集合体を形成するが，きわめて弱い相互作用によって集合しているため，集合体を分離して性状解析を行うことが困難である。また，これらの集合体はメタボロンと呼ばれる一群の代謝酵素集合体とも考えられ，2つの酵素が1:1で集合するのではなく，多くの酵素が集合したドロップレット（次節参照）である可能性がある（Miura, N. *et al.*, 2013）。

12.4　液－液相分離

細胞内には膜を有しない小器官（液滴＝ドロップレット）が多数存在する。これらの小器官は，小胞体，ゴルジ体，ミトコンドリアなどが脂質二重層で囲まれているのに対して，膜をもたずに周りとは異なる構造物として細胞内に存在している（図12･2）。これは，液－液相分離という現象によって，2つの液体の相が混ざり合わずに構造が保たれているものである。この液－液相分離には，RNAとRNA結合タンパク質，およびタンパク質のLC配列（low complexity = 低複雑性配列，20種類のアミノ酸のうちわずか数種類だけで構成されたタンパク質配列領域）が重要であることがわかってきた（Van Treeck, B. & Parker, R., 2018）。

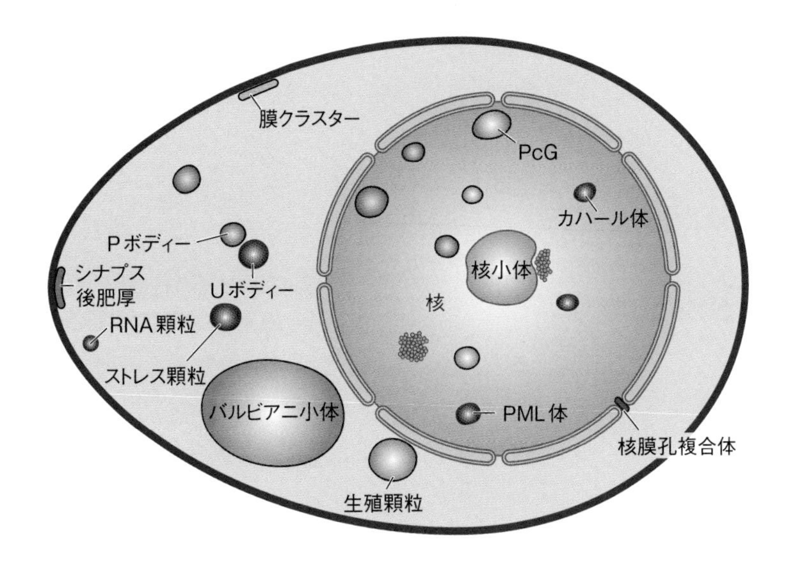

図 12･2　細胞内の細胞膜をもたない構造体
（白木賢太郎，2019より；Banani, S.F. *et al.*, 2017を改変）

核に存在する核小体（仁）も，そのような膜を有しない構造体で，リボソームRNA（rRNA）の転写が活発に行われる。rRNAはリボソームタンパク質と共に集合してリボソームを生成し，生成したリボソームは核膜孔を通って細胞質に運ばれる。同じ核内のカハール体は核小体の20%程度に結合する液滴で，スプライシングを司る巨大なリボヌクレオタンパク質(RNP)複合体，スプライソソーム(図11･3）の生成が行われている。

液－液相分離に基づく多くの顆粒構造の形成には，上記のような非翻訳RNAの関与や天然変性タンパク質の関与（図2･19）のほか，オートファジーのように，脱リン酸化が相分離に関与する例も報告されている。また，二種類の天然変性タンパク質を混合すると液－液相分離が起こることが多い（浦朋人・白木賢太郎，2019)。

12.5　タンパク質と進化

タンパク質は「パートナー分子を特異的に認識して結合する」ことが最大の特徴である。生理的に重要な反応は可逆的であることが一般的であり，その場合，結合，すなわち相互作用は強すぎてはいけない。例えば，酸素はヘモグロビンに結合したあと，離れなくては機能を果たせない。酵素も基質に対する親和性は高いが，酵素反応が起きて産物が生じると産物はすぐに酵素から解離する必要があるため，産物に対する親和性は低い。タンパク質は進化の過程で，特異的な相互作用を獲得すべく進化してきたと考えられる。親和性が高すぎず，かつ高度な特異性を実現する一般的な原理の解明は今後の課題である。

12.5.1　分子進化と中立説

進化の過程では，遺伝子の重複が起こったり，アミノ酸の置換，欠失や挿入がランダムに（規則性なく）起こる。その中で有害な変異は淘汰され，機能の改善されたものは集団の中に高い確率で固定されていく。しかし，変異の中には，機能が改良されることはないが有害でもないものも多い。木村資生博士(1924-1994)は，このような遺伝子の変異が集団の中に固定する確率を調べ，正の淘汰圧をもつ変異（機能を改善する変異）は確かに集団に固定される確率が高いが，中立的変異でも集団内にある確率で固定されることを示した（中立説）。中立説はすでに多くのデータによって支持されている。この理論からは，たとえば，生きた化石といわれるシーラカンスのように3億年前と現在とで形の上ではほとんど変化がないものでも，ヘモグロビンのアミノ酸配列は3億年前と現在では大きく変わっている可能性が示唆される。

実際のタンパク質のアミノ酸配列を比べてみると，タンパク質の種類によって保存性の高いものとそれほど高くないものとがある。たとえば，アクチンやヒストンなどは配列保存性の高いタンパク質として知られている。保存性が高いということは，そのタンパク質の一次構造のほとんどの部分が機能にとって重要であることを示している。しかし，コドンの3番目は縮重していることが多く（表6·1参照），この部位での変異はアミノ酸を変えることが少ないので高い頻度で変化が見られる。最も変異の速度が速いのは，イントロンの部分や，偽遺伝子(pseudo-gene）とよばれる現在では遺伝子として使われていない部分である。このような部分に限れば，変異の速度は一定であると考えられ，このような領域の変異の割合を分子時計として用いることができる。

12.5.2　進化の系統樹

進化の系統樹は，以前には生物の形態的な特徴を元にして作成されてきたが，現在では，いろいろな種の生物において同一の機能をもったタンパク質のアミノ酸配列を比較することによって，より定量的な系統樹を作ることが可能である。具体的にはたとえば，多くの生物種のヘモグロビンやシトクロム c などのタンパク質のアミノ酸配列を調べ，アラインメントを行ったあと，同一のアミノ酸の含有率を指標として進化の系統樹を作る。アラインメントとは，コラム2-1で述べたように，2つの配列を向かい合うアミノ酸残基の一致が最大になるように並べることである。ある生物種がある時期に2つの種に分化したとすると，その時点から現在までの間に2つの配列間に生じた相違の割合は，分かれたときから現在までの時間の2倍に対応すると考えられる。

図12･3には，そのような考えに基づいて求められた進化の系統樹が描かれている。系統樹の枝の長さをより厳密に決定するには，前節で述べたように複数回同一の箇所で変異が起こることを考慮する必要などがある。この目的には，国立

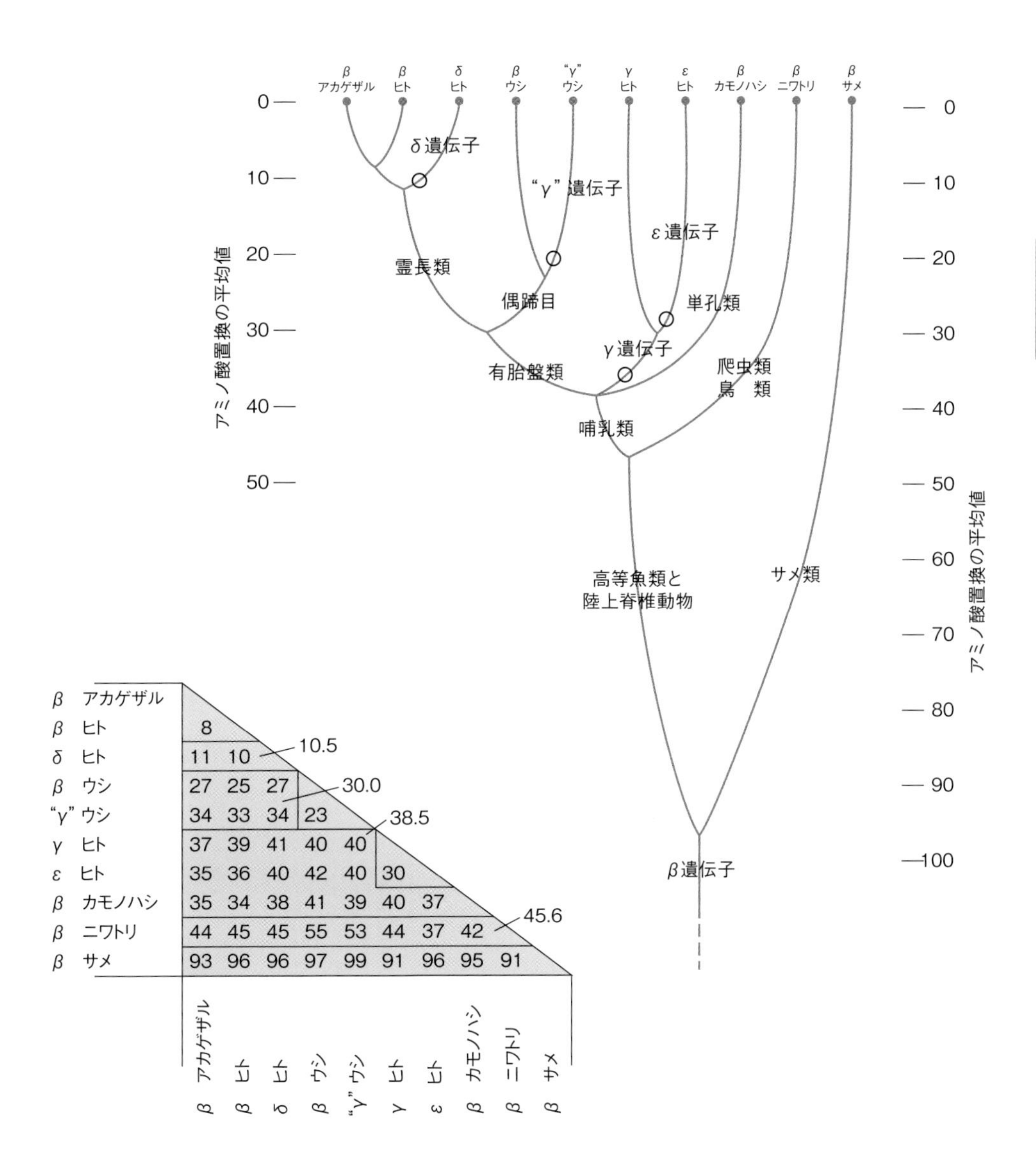

	β アカゲザル	β ヒト	δ ヒト	β ウシ	"γ" ウシ	γ ヒト	ε ヒト	β カモノハシ	β ニワトリ	β サメ
β アカゲザル										
β ヒト	8									
δ ヒト	11	10								
β ウシ	27	25	27							
"γ" ウシ	34	33	34	23						
γ ヒト	37	39	41	40	40					
ε ヒト	35	36	40	42	40	30				
β カモノハシ	35	34	38	41	39	40	37			
β ニワトリ	44	45	45	55	53	44	37	42		
β サメ	93	96	96	97	99	91	96	95	91	

図12･3　進化の系統樹とアミノ酸置換

ヘモグロビンβ，γ，δ，εに基づく系統樹。任意の2つのヘモグロビンの間の距離はそのヘモグロビンが出会う枝分かれの点までの距離の2倍に等しく，両ヘモグロビンの異なるアミノ酸の数に比例する。○で囲んだ位置は遺伝子重複が起こったところで，系統樹の枝分かれの位置を定めるのに用いた4つの値も示してある。(Dickerson, R.E. & Geis, I., 1983より改変)

遺伝学研究所その他のWEBサイトでClustalWなどが利用できる[※12-1]。系統樹を作成するときには，遺伝子の水平移動はない，と仮定しているが，実際にはウイルスによって遺伝子が水平移動する可能性があるので，これも考慮しなければならない。より厳密な系統樹作成の方法については巻末の参考書を参照されたい。

※12-1　ClustalWでは，複数の配列を投稿すると，アラインメントと系統樹の作成を行ってくれる。

参考文献・引用文献

1章

濱口浩三『改訂 蛋白質機能の分子論』学会出版センター（1990）

石倉久之ら『図説 生化学（第3版）』丸善（2000）

大島泰郎ら編『生化学辞典（第4版）』東京化学同人（2007）

Eisenberg, D. The discovery of the α-helix and β-sheet, the principal structural features of proteins. Proc. Natl. Acad. Sci. USA, **100**: 11207-11210 (2003)

Kendrew, J.C. *et al.* Structure of myoglobin: A three-dimensional Fourier synthesis at 2 Å. resolution. Nature, **185**: 422-427 (1960)

Mathews, C. K. & Van Holde, K. E. "Biochemistry"2nd ed., The Benjamin/Cummings Publishing Company, Menlo Park, CA (1996)

Pauling, L. & Corey, R. B. The pleated sheet, A new layer configuration of polypeptide chains. Proc. Natl. Acad. Sci. USA, **37**: 251-256 (1951)

Pauling, L. *et al.* The structure of proteins: Two hydrogen-bonded helical configurations of the polypeptide chain. Proc. Natl. Acad. Sci. USA, **37**: 205-211 (1951)

Perutz, M.F. *et al.* Structure of haemoglobin: a three-dimensional Fourier synthesis at 5.5 Å. resolution, obtained by X-ray analysis. Nature, **185**: 416-422 (1960)

2章

藤本大三郎『コラーゲンの秘密に迫る』裳華房（1998）

太田元規　天然変性タンパク質：既知のこと，未知のこと．実験医学，**37**(18): 3077-3082 (2019)

Fukuchi, S. *et al.* Binary classification of protein molecules into intrinsically disordered and ordered segments. BMC Struct. Biol., **11**: 29 (2011)

Meier, T. *et al.* The crystal structure of a mammalian fatty acid synthase. Science, **321**: 1315-1322 (2008)

Pettersen, E.F. *et al.* UCSF Chimera-A visualization system for exploratory research and analysis. J. Comput. Chem., **25**: 1605-1612 (2004)

Tao, Y. *et al.* Structure of bacteriophage T4 fibritin: a segmented coiled coil and the C-terminal domain. Structure, **5**: 789-798 (1997)

PDB ID: 1BDG　Mulichak, A.M. *et al.* The structure of mammalian hexokinase-1. Nat. Struct. Biol., **5**: 555-560 (1998)

PDB ID: 1C1G　Whitby, F.G. & Phillips Jr., G.N. Crystal structure of tropomyosin at 7 Angstroms resolution. Proteins, **38**: 49-59 (2000)

PDB ID: 1DXC　Brunori, M. *et al.* The role of cavities in protein dynamics: Crystal structure of a photolytic intermediate of a mutant myoglobin. Proc. Natl. Acad. Sci. USA, **97**: 2058-2063 (2000)

PDB ID: 1EI3　Yang, Z. *et al.* Crystal structure of native chicken fibrinogen at 5.5Å resolution. Proc. Natl. Acad. Sci. USA, **97**: 3907-3912 (2000)

PDB ID: 1J4N　Sui, H. *et al.* Structural basis of water-specific transport through the AQP1 water channel. Nature, **414**: 872-878 (2001)

PDB ID: 1KDU　Li, X. *et al.* Solution structure of the kringle domain from urokinase-type plasminogen activator. J. Mol. Biol., **235**: 1548-1559 (1994)

PDB ID: 1MEL　Desmyter, A. *et al.* Crystal structure of a camel single-domain VH antibody fragment in complex with lysozyme. Nat. Struct. Biol., **3**: 803-811 (1996)

PDB ID: 1TKI　Mayans, O. *et al.* Structural basis for activation of the titin kinase domain during myofibrillogenesis. Nature, **395**: 863-869 (1998)

PDB ID: 1TPD　Noble, M.E. *et al.* Structures of the open and closed state of trypanosomal triosephosphate isomerase, as observed in a new crystal form: implications for the reaction mechanism.

Proteins, **16**: 311-326 (1993)

PDB ID: 2JBL　Lancaster, C.R.D. *et al.* A comparison of stigmatellin conformations, free and bound to the photosynthetic reaction center and the cytochrome bc_1 complex. J. Mol. Biol., **368**: 197-208 (2007)

PDB ID: 2PAB　Blake, C.C. *et al.* Structure of prealbumin: secondary, tertiary and quaternary interactions determined by Fourier refinement at 1.8 Å. J. Mol. Biol., **121**: 339-356 (1978)

PDB ID: 2RIK　von Castelmur, E. *et al.* A regular pattern of Ig super-motifs defines segmental flexibility as the elastic mechanism of the titin chain. Proc. Natl. Acad. Sci. USA, **105**: 1186-1191 (2008)

PDB ID: 2TMV　Namba, K. *et al.* Visualization of protein-nucleic acid interactions in a virus. Refined structure of intact tobacco mosaic virus at 2.9 Å resolution by X-ray fiber diffraction. J. Mol. Biol., **208**: 307-325 (1989)

PDB ID: 2VZ8　Maier, T. *et al.* The crystal structure of a mammalian fatty acid synthase. Science, **321**: 1315-1322 (2008)

PDB ID: 2XGF　Bartual, S.G. *et al.* Structure of the bacteriophage T4 long tail fiber receptor-binding tip. Proc. Natl. Acad. Sci. USA, **107**: 20287-20292 (2010)

PDB ID: 3LPW　Bucher, R.M. *et al.* The structure of the FnIII Tandem A77-A78 points to a periodically conserved architecture in the myosin-binding region of titin. J. Mol. Biol., **401**: 843-853 (2010)

PDB ID: 6E2J　Eldirany, S.A. *et al.* Human keratin 1/10-1B tetramer structures reveal a knob-pocket mechanism in intermediate filament assembly. Embo J., **38**: e100741 (2019)

PDB ID: 6RAL　Hofmann, S. *et al.* Conformation space of a heterodimeric ABC exporter under turnover conditions. Nature, **571**: 580-583 (2019)

3章

赤沼哲史　原始タンパク質における少数種アミノ酸組成の実験的検証．Viva Origino（生命の起原および進化学会），**48**, 4 (2020)

江口至洋『タンパク質工学の物理・化学的基礎』共立出版 (1991)

松沢 洋 編『タンパク質工学の基礎』東京化学同人（2004）

中村春木・有坂文雄 編著：『タンパク質のかたちと物性』共立出版（1997）（第2章6節タンパク質の水和（曽田邦嗣））

高木俊夫『電気泳動の歴史』（バイオサイエンス最前線 '97 増刊号），アトー株式会社（1997）

C. タンフォード（妹尾 学・豊島喜則 訳）『疎水性効果－ミセルと生体膜の形成』共立出版（1984）

油谷克英　タンパク質の形の安定性：エントロピー効果の側面（特集 エントロピーの物質科学），日本の科学者，**54**: 135-140 (2019)

油谷克英・中村春木『蛋白質工学』朝倉書店（1991）

Cantor, C.R. & Schimmel, P.R. "Biophysical Chemistry" W.H.Freeman and Company (1980)

Creighton, T. "Proteins Structures and Molecular Properties" 2nd ed., Freeman, New York (1993)

Kuwajima, K. *et al.* Three-state denaturation of α-lactalbumin by guanidine hydrochloride. J. Mol. Biol., **106**: 359-373 (1976)

Kyte, J. & Doolittle, R.F. A simple method for displaying the hydropathic character of a protein. J. Mol. Biol., **157**: 105-132 (1982)

Nojima, H. *et al.* Reversible thermal unfolding of thermostable phosphoglycerate kinase.Thermostability associated with mean zero enthalpy change. J. Mol. Biol., **116**: 429-442 (1977)

Pace, N. Determination and analysis of urea and guanidine hydrochloride denaturation. Methods Enzymol., **131**: 266-280 (1986)

4章

桑島邦博　蛋白質フォールディングの分子機構．分子研レターズ，**65**: 4-7 (2012)

水島 徹『HSPと分子シャペロン―生命を守る驚異のタンパク質』講談社（2012）

仲本 準『分子シャペロン―タンパク質に生涯寄り添い介助するタンパク質』コロナ社（2019）

Chou, P.Y. & Fasman, G.D. Prediction of secondary structure of proteins from their amino acid sequence. Adv. Enzymol. Relat. Areas Mol. Biol., **47**: 45-148 (1978)

Cooper, A.（有坂文雄 訳）『クーパー生物物理化学』化学同人（2014）

Provencher, S.W. & Glöckner, J. Estimation of globular protein secondary structure from circular dichroism. Biochemistry, **20**: 33-37 (1981)

Sreerama, N. *et al.* Estimation of protein secondary structure from circular dichroism spectra: comparison of CONTIN, SELCON, and CDSSTR methods with an expanded reference set. Anal. Biochem., **287**: 252-260 (2000)

PDB ID: 1DKG　Harrison, C.J. *et al.* Crystal structure of the nucleotide exchange factor GrpE bound to the ATPase domain of the molecular chaperone DnaK. Science, **276**: 431-435 (1997)

PDB ID: 1HDJ　Qian, Y.Q. *et al.* Nuclear magnetic resonance solution structure of the human Hsp40 (HDJ-1) J-domain. J. Mol. Biol., **260**: 224-235 (1996)

PDB ID: 1SX4　Chaudhry, C. *et al.* Exploring the structural dynamics of the *E.coli* chaperonin GroEL using translation-libration-screw crystallographic refinement of intermediate states. J. Mol. Biol., **342**: 229-245 (2004)

PDB ID: 2CG9　Ali, M.M.U. *et al.* Crystal structure of an Hsp90-nucleotide-p23/Sba1 closed chaperone complex. Nature, **440**: 1013-1017 (2006)

PDB ID: 2IOQ　Shiau, A.K. *et al.* Structural Analysis of *E. coli* hsp90 reveals dramatic nucleotide-dependent conformational rearrangements. Cell (Cambridge,Mass.), **127**: 329-340 (2006)

PDB ID: 2KHO　Bertelsen, E.B. *et al.* Solution conformation of wild-type *E. coli* Hsp70 (DnaK) chaperone complexed with ADP and substrate. Proc. Natl. Acad. Sci. USA, **106**: 8471-8476 (2009)

PDB ID: 4B9Q　Kityk, R. *et al.* Structure and dynamics of the ATP-bound open conformation of Hsp70 chaperones. Mol. Cell, **48**: 863-874 (2012)

5章

野田春彦『生物物理化学』東京化学同人（1990）

Cantor, C. R. & Schimmel, P. R. "Biophysical Chemistry" Part 1-3, Freeman & Company, San Francisco (1980)

Sakurai, S. *et al.* Structural basis for recruitment of human flap endonuclease 1 to PCNA. EMBO J., **24**, 683-693 (2005)

Van Holde, K.E. ら（田之倉 優・有坂文雄 監訳）『物理生化学』医学出版（2003）

PDB ID: 1DFG　Baldock, C. *et al.* A mechanism of drug action revealed by structural studies of enoyl reductase. Science, **274**: 2107-2110 (1996)

PDB ID: 1GP2　Wall, M.A. *et al.* The structure of the G protein heterotrimer Gi alpha 1 beta 1 gamma 2. Cell (Cambridge,Mass.), **83**: 1047-1058 (1995)

PDB ID: 1I01　Price, A.C. *et al.* Structure of beta-ketoacyl-[acyl carrier protein] reductase from *Escherichia coli*: negative cooperativity and its structural basis. Biochemistry, **40**: 12772-12781 (2001)

PDB ID: 1KAS　Huang, W. *et al.* Crystal structure of beta-ketoacyl-acyl carrier protein synthase II from *E. coli* reveals the molecular architecture of condensing enzymes. EMBO J., **17**: 1183-1191 (1998)

PDB ID: 1U1Z　Kimber, M.S. *et al.* The Structure of (3R)-hydroxyacyl-acyl carrier protein dehydratase (FabZ) from *Pseudomonas aeruginosa*. J. Biol. Chem., **279**: 52593-52602 (2004)

PDB ID: 1UL1　Sakurai, S. *et al.* Structural basis for recruitment of human flap endonuclease 1 to PCNA. EMBO J., **24**: 683-693 (2005)

PDB ID: 2ATC　Honzatko, R.B. *et al.* Crystal and molecular structures of native and CTP-liganded aspartate carbamoyltransferase from *Escherichia coli*. J. Mol. Biol., **160**: 219-263 (1982)

PDB ID: 2FAE　Roujeinikova, A. *et al.* Structural studies of fatty acyl-(acyl carrier protein) thioesters reveal a hydrophobic binding cavity that can expand to fit longer substrates. J. Mol. Biol., **365**: 135-145 (2007)

PDB ID: 2FJ7　Bao, Y. *et al.* Nucleosome core particles containing a poly (dA.dT) sequence element exhibit a locally distorted DNA structure. J. Mol. Biol., **361**: 617-624 (2006)

PDB ID: 3J2T　Yuan, S. *et al.* Changes in apaf-1 conformation that drive apoptosome assembly.

Biochemistry, **52**: 2319-2327 (2013)

PDB ID: 5T0C　Chen, S. *et al.* Structural basis for dynamic regulation of the human 26S proteasome. Proc. Natl. Acad. Sci. USA, **113**: 12991-12996 (2016)

6章

田口英樹企画：実験医学特集「再定義されるタンパク質の常識―古典的なセントラルドグマの刷新と未開拓タンパク質の世界」実験医学，**37**(18)（2019）

Nakatogawa, H. & Ito, K. The ribosomal exit tunnel functions as a discriminating gate. Cell, **108**: 629-636 (2002)

Nyathi,Y. *et al.* Co-translational targeting and translocation of proteins to the endoplasmic reticulum. Biochim. Biophys. Acta., **1833**: 2392-2402 (2013)

Voorhees, R.M. *et al.* The mechanism for activation of GTP hydrolysis on the ribosome. Science, **330**: 835-838 (2010)

Schmeing, T.M. *et al.* The crystal structure of the ribosome bound to EF-Tu and aminoacyl-tRNA. Science, **326**: 688-694 (2009)

PDB ID: 1EIY　Goldgur, Y. *et al.* The crystal structure of phenylalanyl-tRNA synthetase from *Thermus thermophilus* complexed with cognate tRNAPhe. Structure, **5**: 59-68 (1997)

PDB ID: 1EUQ　Sherlin, L.D. *et al.* Influence of transfer RNA tertiary structure on aminoacylation efficiency by glutaminyl and cysteinyl-tRNA synthetases. J. Mol. Biol., **299**: 431-446 (2000)

PDB ID: 1FFY　Silvian, L.F. *et al.* Insights into editing from an ile-tRNA synthetase structure with tRNAile and mupirocin. Science, **285**: 1074-1077 (1999)

PDB ID: 1GAX　Fukai, S. *et al.* Structural basis for double-sieve discrimination of L-valine from L-isoleucine and L-threonine by the complex of tRNA(Val) and valyl-tRNA synthetase. Cell (Cambridge,Mass.), **103**: 793-803 (2000)

PDB ID: 1GTR　Rould, M.A. *et al.* Structural basis of anticodon loop recognition by glutaminyl-tRNA synthetase. Nature, **352**: 213-218 (1991)

PDB ID: 1MFQ　Kuglstatter, A. *et al.* Induced structural changes of 7SL RNA during the assembly of human signal recognition particle. Nat. Struct. Biol., **9**: 740-744 (2002)

PDB ID: 1QF6　Sankaranarayanan, R. *et al.* The structure of threonyl-tRNA synthetase-tRNA(Thr) complex enlightens its repressor activity and reveals an essential zinc ion in the active site. Cell (Cambridge,Mass.), **97**: 371-381 (1999)

PDB ID: 2ZZE　Sokabe, M. *et al.* The structure of alanyl-tRNA synthetase with editing domain. Proc. Natl. Acad. Sci. USA, **106**: 11028-11033 (2009)

PDB ID: 4V69　Villa, E. *et al.* Ribosome-induced changes in elongation factor Tu conformation control GTP hydrolysis. Proc. Natl. Acad. Sci. USA, **106**: 1063-1068 (2009)

7章

廣海啓太郎『酵素反応』岩波書店（1991）

Ackers, G.K. *et al.* Effects of inositol hexasulfate on the oxygen affinity of hemoglobin: verification of the integral function theory of thermodynamic linkage. Biochemistry, **21**: 875-879 (1982)

Ackers, G.K. *et al.* Molecular code for cooperativity in hemoglobin. Science, **255**: 54-63 (1992)

Herzfeld, J. & Stanley, H.E. A general approach to co-operativity and its application to the oxygen equilibrium of hemoglobin and its effectors. J. Mol. Biol., **82**: 231-265 (1974)

Herzfeld, J. & Stanley, H.E. A general model of cooperativity and its application to DPG inhibition of hemoglobin oxygenation. Biochem. Biophys. Res. Commun., **48**: 307-313 (1972)

Imai, K. Allosteric models of hemoglobin still evolving. In "Hemoglobin: Recent Developments and Topics" (Ed. by Masako Nagai) Research Signpost (2011)

Imai, K. *et al.* Description of hemoglobin oxygenation under universal solution conditions by a global allostery model with a single adjustable parameter. Biophys. Chem., **98**: 79-91 (2002)

Imai, K. The Monod-Wyman-Changeux allosteric model describes haemoglobin oxygenation with only one adjustable parameter. J. Mol. Biol., **167**: 741-749 (1983)

Koshland Jr., D.E. Comparison of experimental binding data and theoretical models in proteins containing subunits. Biochemistry, **5**: 365-385 (1966)

Monod, J. *et al.* On the nature of allosteric transitions: a plausible model. J. Mol. Biol., **12**: 88-118 (1965)

Pauling, L. The oxygen equilibrium of hemoglobin and its structural interpretation. Proc. Natl. Acad. Sci. USA, **21**: 186-191 (1935)

Perutz, M.F. Stereochemistry of cooperative effects in haemoglobin. Nature, **228**: 726-739 (1970)

Roughton, F.J. *et al.* The determination of the individual equilibrium constants of the four intermediate reactions between oxygen and sheep haemoglobin. Proc. R. Soc. Lond. B. Biol. Sci., **144**: 29-54 (1955)

Szabo, A. & Karplus, M. A mathematical model for structure-function relations in hemoglobin. J. Mol. Biol., **72**: 163-197 (1972)

8章

橋本せつ子・森本香織 編『Biacoreを用いた相互作用解析実験法（Springer Lab Manual)』シュプリンガー・ジャパン（現在は丸善出版）(2009)

Blair, D. & Van Holde, K.E. Sedimentation equilibrium studies of a complex association reaction. Biophys. Chem., **5**: 165-170 (1976)

Frisch, C. *et al.* Thermodynamics of the interaction of barnase and barstar: changes in free energy versus changes in enthalpy on mutation. J. Mol. Biol., **267**: 696-706 (1997)

Ito, W. *et al.* Effects of substitutions of closely related amino acids at the contact surface in an antigen-antibody complex on thermodynamic parameters. J. Biol. Chem., **268**: 16639-16647 (1993)

Klotz, I. M. *et al.* In "The Proteins"3rd ed. (eds. Neurath, H. & Hill, R.L.), Vol. 1, pp. 293-411. Academic Press, New York (1975)

Mathews, C.K. *et al.*（清水孝雄ら監訳）『カラー 生化学』西村書店（2003）

McGhee, J.D. & von Hippel, P.H. Theoretical aspects of DNA-protein interactions: co-operative and non-co-operative binding of large ligands to a one-dimensional homogeneous lattice. J. Mol. Biol. **86**: 469-489 (1974)

Minton, A.P. Molecular crowding: analysis of effects of high concentrations of inert cosolutes on biochemical equilibria and rates in terms of volume exclusion. Methods Enzymol., **295**: 127-149 (1998)

Ogasahara, K. *et al.* Origin of the mutual activation of the alpha and beta 2 subunits in the alpha 2 beta 2 complex of tryptophan synthase. Effect of alanine or glycine substitutions at proline residues in the alpha subunit. J. Biol. Chem., **267**: 5222-5228 (1992)

Pierce, M.M. *et al.* Isothermal titration calorimetry of protein-protein interactions. Methods, **19**: 213-221 (1999)

Yohannes, G. *et al.* Asymmetrical flow field-flow fractionation technique for separation and characterization of biopolymers and bioparticles. J. Chromatogr. A., **1218**: 4104-4116 (2011)

9章

田中啓二　細胞内タンパク質のリサイクルとその生理的意義. 日本栄養・食糧学会誌, **64**: 221-228（2011）

Campbell, M.K. *et al.* "Biochemistry" Cengage Learning (1999)

Ciechanover, A. *et al.* A heat-stable polypeptide component of an ATP-dependent proteolytic system from reticulocytes. 1978. Biochem. Biophys. Res. Commun., **425**: 565-570 (2012)

Ciechanover, A. *et al.* A heat-stable polypeptide component of an ATP-dependent proteolytic system from reticulocytes. Biochem. Biophys. Res. Commun., **81**: 1100-1105 (1978)

Etlinger, J.D. & Goldberg, A.L. A soluble ATP-dependent proteolytic system responsible for the degradation of abnormal proteins in reticulocytes. Proc. Natl. Acad. Sci. USA, **74**: 54-58 (1977)

Saeki, Y. *et al.* Lysine 63-linked polyubiquitin chain may serve as a targeting signal for the 26S proteasome. EMBO J., **28**: 359-371 (2009)

Schoenheimer, R. "The Dynamic State of Body Constituents"（Harvard university monographs in medicine and public health）. Harvard University Press, H. Milford (1942)

Simpson, M.V. The release of labeled amino acids from the proteins of rat liver slices. J. Biol. Chem., **201**: 143-154 (1953)

10章

久堀智子　べん毛モーターの分子構築―特異的輸送機関としてのべん毛．細胞工学，**17**(3): 428-437 (1998)

Argos, P. An investigation of protein subunit and domain interfaces. Protein Eng., **2**: 101-113 (1988)

Caspar, D.L. & Klug, A. Physical principles in the construction of regular viruses. Cold Spring Harb. Symp. Quant. Biol., **27**: 1-24 (1962)

Darnell, D.W. & Klotz, I.M. In "Practical Handbook of Biochemistry and Molecular Biology" (ed. by Fasman, G.D.) CRC Press, Inc. Boca Raton, Florida (1989)

Leiman, P.G. *et al.* Structure and morphogenesis of bacteriophage T4. Cell Mol. Life Sci., **60**: 2356-2370 (2003)

Mathews, C.K. "Bacteriophage Biochemistry" Van Nostrand Reinhold Inc.,U.S. (1971)

Miller, S. The structure of interfaces between subunits of dimeric and tetrameric proteins. Protein Eng., **3**: 77-83 (1989)

Oosawa, F. & Asakura, S. "Thermodynamics of the Polymerization of Protein" Academic Press, New York (1975)

Silverman, M. & Simon, M. Flagellar rotation and the mechanism of bacterial motility. Nature, **249**: 73-74 (1974)

PDB ID: 1SR6　Risal, D. *et al.* Myosin subfragment 1 structures reveal a partially bound nucleotide and a complex salt bridge that helps couple nucleotide and actin binding. Proc. Natl. Acad. Sci. USA, **101**: 8930-8935 (2004)

PDB ID: 1TUB　Nogales, E. *et al.* Structure of the alpha beta tubulin dimer by electron crystallography. Nature, **391**: 199-203 (1998)

PDB ID: 2LMO　Paravastu, A.K. *et al.* Molecular structural basis for polymorphism in Alzheimer's beta-amyloid fibrils. Proc. Natl. Acad. Sci. USA, **105**: 18349-18354 (2008)

PDB ID: 3G37　Murakami, K. *et al.* Structural basis for actin assembly, activation of ATP hydrolysis, and delayed phosphate release. Cell (Cambridge,Mass.), **143**: 275-287 (2010)

PDB ID: 3HBT　Wang, H. *et al.* The structure of native G-actin. Cytoskeleton (Hoboken), **67**: 456-465 (2010)

PDB ID: 3L1C　Heuston, E. *et al.* A kinesin motor in a force-producing conformation. BMC Struct. Biol., **10**: 19 (2010)

PDB ID: 5TFY　Poweleit, N. *et al.* CryoEM structure of the *Methanospirillum hungatei* archaellum reveals structural features distinct from the bacterial flagellum and type IV pili. Nat. Microbiol., **2**: 16222 (2016)

PDB ID: 6I5A　Song, B. *et al.* Capabilities of the Falcon III detector for single-particle structure determination. Ultramicroscopy, **203**: 145-154 (2019)

PDB ID: 6X0R　Dai, J. *et al.* Protein-Embedded Metalloporphyrin Arrays Templated by Circularly Permuted Tobacco Mosaic Virus Coat Proteins. Acs Nano (2020)

11章

西川 建　天然変性タンパク質とは何か？　生物物理，**49**: 4-10 (2009)

李 映昊ら　アミロイド科学の新世界．生化学，**81**: 677-687 (2009)

白木賢太郎『相分離生物学』東京化学同人（2019）

Miyashita, H. *et al.* Prodrug activation via catalytic antibodies. Proc. Natl. Acad. Sci. USA, **90**: 5337-5340 (1993)

Nguyen, T.H.D. *et al.* The architecture of the spliceosomal U4/U6.U5 tri-snRNP. Nature, **523**: 47-52 (2015)

Reiter, N.J. *et al.* Structure of a bacterial ribonuclease P holoenzyme in complex with tRNA. Nature, **468**: 784-789 (2010)

Wright, P.E. & Dyson, H.J. Intrinsically unstructured proteins: re-assessing the protein structure-function paradigm. J. Mol. Biol., **293**: 321-331 (1999)

PDB ID: 1QLZ　Zahn, R. *et al.* NMR solution structure of the human prion protein. Proc. Natl. Acad. Sci. USA, **97**: 145-150 (2000)

PDB ID: 3Q1Q　Reiter, N.J. *et al.* Structure of a bacterial ribonuclease P holoenzyme in complex with tRNA. Nature, **468**: 784-789 (2010)

PDB ID: 5ZB5　Chen, Y. *et al.* Structural basis for the acetylation of histone H3K9 and H3K27 mediated by the histone chaperone Vps75 in *Pneumocystis carinii*. Signal Transduct. Target. Ther., **4**: 14 (2019)

PDB ID: 6N7P　Li, X. *et al.* A unified mechanism for intron and exon definition and back-splicing. Nature, **573**: 375-380 (2019)

12章

加藤昌人・廣瀬哲郎 企画：実験医学特集「細胞内の相分離―タンパク質や核酸分子を整理し，反応の場を作り，生命を駆動する」実験医学，**37**(9)（2019）

木村悠介・岩崎信太郎　リボソームプロファイリングによる網羅的翻訳解析の最前線. 実験医学，**37**(18): 3055-3062（2019）

白木賢太郎『相分離生物学』東京化学同人（2019）

田口英樹 企画：実験医学特集「再定義されるタンパク質の常識―古典的なセントラルドグマの刷新と未開拓タンパク質の世界」実験医学，**37**(18)（2019）

浦 朋人・白木賢太郎　液－液相分離による酵素連続反応　細胞内にある代謝の理解．実験医学，**37**(18): 3083-3088 (2019)

Banani, S.F. *et al.* Biomolecular condensates: organizers of cellular biochemistry. Nat. Rev. Mol. Cell Biol., **18**: 285-298 (2017)

Dickerson, R.E. & Geis, I. "Hemoglobin: Structure, Function, Evolution, and Pathology" The Benjamin/Cummings Publishing Co., Inc., Menlo Park, CA (1983)

Miura, N. *et al.* Spatial reorganization of *Saccharomyces cerevisiae* enolase to alter carbon metabolism under hypoxia. Eukaryot. Cell, **12**: 1106-1119 (2013)

Van Treeck, B. & Parker, R. Emerging roles for intermolecular RNA-RNA interactions in RNP assemblies. Cell, **174**: 791-802 (2018)

索　引

著者略歴

有坂文雄（ありさか ふみお）

1948年　神奈川県に生まれる
1972年　東京大学教養学部基礎科学科卒業
1974年　東京大学大学院理学系研究科修士課程修了
　　　　（生物化学専攻）
1977年　米国オレゴン州立大学大学院博士課程修了
　　　　（生物物理学専攻）Ph.D.
1977年　スイスバーゼル大学バイオセンター博士研究員
1980年　北海道大学薬学部助手
1990年　東京工業大学生命理工学部助教授
2010年　東京工業大学大学院生命理工学研究科教授
2014年　東京工業大学名誉教授

主な著書・訳書

「タンパク質のかたちと物性」（共立出版，1997，共編）
「物理生化学」（医学出版，2003，監訳）
「バイオサイエンスのための蛋白質科学入門」（裳華房，2004）
「タンパク質科学：構造・物性・機能」（化学同人，2005，共著）
「タンパク質の構造と機構」（医学出版，2006，共訳）
「タンパク質をみる：構造と挙動」（化学同人，2009，共著）
「クーパー生物物理化学：生命現象への新しいアプローチ」（化学同人，2014，訳）
「よくわかる スタンダード生化学」（裳華房，2015）

タンパク質科学 ―生物物理学的なアプローチ―

2021年 8月20日　第1版1刷発行
2023年10月20日　第1版2刷発行

検印省略

定価はカバーに表示してあります．

著作者　有坂文雄
発行者　吉野和浩
発行所　東京都千代田区四番町8-1
電話　03-3262-9166（代）
郵便番号 102-0081
株式会社 裳華房
印刷所　株式会社 真興社
製本所　牧製本印刷株式会社

一般社団法人
自然科学書協会会員

ISBN 978-4-7853-5244-8